高等职业教育系列教材

三菱FX_{2N}系列PLC应用技术

第2版

主　编　刘建华　张静之
副主编　陈　梅
参　编　文　娟　朱世华

机械工业出版社

本书以三菱 FX_{2N} 系列 PLC 为典型机型，从实用角度出发，介绍 PLC 的产生、发展、硬件结构、编程软件、基本指令、步进顺控指令、功能指令、模拟量模块及通信联网功能等内容。通过引入大量编程实例，重点说明指令在实用程序中的应用，以及 PLC 的编程方法。

本书既可作为高职高专机电类专业的教材，又可作为相关工程技术人员的参考书籍。

本书除配有 39 个二维码视频外，还提供配套的电子课件、FXGPWIN 和组态王软件和源程序、综合题库和答案等文件，教师可登录 www.cmpedu.com 免费注册、审核通过后下载，或联系编辑索取（微信：13261377872，电话：010-88379739）。

图书在版编目（CIP）数据

三菱 FX2N 系列 PLC 应用技术 / 刘建华，张静之主编. —2 版. —北京：机械工业出版社，2018.9（2025.3 重印）

高等职业教育系列教材

ISBN 978-7-111-60544-7

Ⅰ. ①三… Ⅱ. ①刘… ②张… Ⅲ. ①PLC 技术－高等职业教育－教材

Ⅳ. ①TM571.61

中国版本图书馆 CIP 数据核字（2018）第 166245 号

机械工业出版社（北京市百万庄大街 22 号　邮政编码 100037）

责任编辑：李文铁　　责任校对：张艳霞

责任印制：郜　敏

北京富资园科技发展有限公司印刷

2025 年 3 月 • 第 2 版第 11 次印刷

184mm×260mm • 15 印张 • 365 千字

标准书号：ISBN 978-7-111-60544-7

定价：55.80 元

电话服务

客服电话：010-88361066

010-88379833

010-68326294

网络服务

机　工　官　网：www.cmpbook.com

机　工　官　博：weibo.com/cmp1952

金　　书　　网：www.golden-book.com

机工教育服务网：www.cmpedu.com

高等职业教育系列教材机电专业
编委会成员名单

前　言

党的二十大报告指出：坚持把发展经济的着力点放在实体经济上，推进新型工业化，加快建设制造强国、质量强国、航天强国、交通强国、网络强国、数字中国。实施产业基础再造工程和重大技术装备攻关工程，支持专精特新企业发展，推动制造业高端化、智能化、绿色化发展。

在智能制造系统中，PLC 不仅仅是机械装备和生产线的控制器，而且是制造信息的采集器和转发器，不仅有高性价比、高可靠性、高易用性的特点，还具有分布式 IO、嵌入式智能和无缝衔接的性能，尤其在强有力的 PLC 软件平台的支持下，未来 PLC 将继续在工业自动化领域发挥着广泛而重要的作用。

本书是在 2010 年出版的《三菱 FX_{2N} 系列 PLC 应用技术》的基础上进行改版，于 2021 年获评上海市高职院校优秀教材一等奖，2024 获批“十四五”首批上海市职业教育规划教材。2021 年，本书的升级版《三菱 FX_{3U} 系列 PLC 编程技术与应用》获批人社部“技工教育规划教材”和“国家级技工教育和职业培训教材”。

“PLC 应用技术”是高职高专机电类专业一门重要的专业课。本书是根据高职教育的教学目标和学生学习特点，具有深入浅出、应用性强的特征。教材作为岗课赛证融通教材，本着理论、应用、素养、思政结合，重在培养学生掌握编程方法应用规范性，拓展学生编程思路创新性的前提下，选取企业应用案例、职业技能课题、全国职业院校技能大赛赛题等内容作了 55 个实践案例，结合指令分析、讲解、实践。结合数字资源建设，在教材中设置 39 个二维码微课资源，并考虑到学生可在校外进行仿真练习，制作 17 个图形化组态仿真资源，并提供仿真资源源程序，便于读者进一步开发应用。通过实际应用背景的案例，引导学生形成实事求是的科学态度，激发学生科技报国的使命担当，培养学生精益求精的大国工匠精神。

教材内容涵盖可编程序控制器概述、三菱 FX_{2N} 系列 PLC 基本指令系统及编程、步进顺控指令及编程、典型功能指令在编程中的应用、模拟量控制模块及应用、联网通信及应用、PLC 应用系统设计等内容，以“一题多解”的形式呈现分析过程，将继电控制、电子技术、数学算法等编程思路融入 PLC 系统设计，使学生对先进生产线系统设计形成全局性认识，帮助学生养成科学思维和创新习惯。教材结构紧凑，图文并茂，配套丰富的立体化数字资源（微课视频、案例源程序、仿真资源、习题库、试题库），具有较强的可读性与可实践性。对重点、难点录制教学视频，通过二维码形式嵌入教材中，可以通过扫描二维码实现线上线下混合式教学和学习，是一本“互联网+”新形态教材。

本书由上海工程技术大学刘建华、张静之主编。其中第 1 章与第 2 章的 2.2 节由陈梅编写；第 2 章的 2.1 节、第 3 章、第 4 章及第 6 章的 6.2 节由刘建华编写；第 5 章、第 7 章的

7.2 节、第 8 章的 8.2 节、8.3 节及各章习题部分由张静之编写；第 6 章的 6.1 节及第 7 章的 7.1 节由文娟编写；第 8 章的 8.1 节由朱世华编写；全书由刘建华负责统稿。在编写过程中，参考了一些书刊并引用了一些资料，在此一并对作者们表示衷心的感谢。

本书配有 39 个二维码视频，还提供电子课件、FXGPWIN 软件和组态王软件、源程序、题库及其答案等资源，教师可登录 www.cmpedu.com 免费注册、审核通过后下载，或联系编辑索取（微信：13261377872，电话：010-88379739）。

由于编者水平有限，错误在所难免，恳请使用本书的师生和读者提出宝贵的意见。

编　者

目　　录

第1章　可编程序控制器概述

1.1　PLC的产生与发展

1.1.1　PLC的产生与特点

20 世纪 60 年代末，现代制造业为适应市场需求、提高竞争力，生产出小批量、多品种、多规格、低成本且高质量的产品，要求生产设备的控制系统必须具备更灵活、更可靠、功能更齐全且响应速度更快等特点。随着微处理器技术、计算机技术和现代通信技术的飞速发展，可编程序控制器（Programmable Controller）应运而生。

1．PLC的由来

早期的自动化生产设备基本上都是采用继电-接触器控制方式，系统复杂程度不高，但自动化水平有限。主要存在的问题包括：机械触点和系统运行可靠性差；工艺流程改变时要改变大量的硬件接线，要耗费许多人力、物力和时间；功能局限性大；体积大、耗能多。由此产生的设计和开发周期、运行维护成本及产品调整能力等方面的问题，越来越不能满足工业生产的需求。

由于美国汽车制造工业竞争激烈，为适应生产工艺不断更新的需要，1968 年，美国通用汽车公司公开招标，要求用新的控制装置取代机电控制盘。公司提出如下 10 项指标：

1）编程简单，可在现场修改程序。

2）维护方便，采用插件式结构。

3）可靠性高于继电-接触器控制系统。

4）体积小于继电-接触器控制系统。

5）数据可以直接被送入计算机。

6）成本可与继电-接触器控制系统竞争。

7）输入可为市电（美国市电是 115V 电压）。

8）输出为市电（可以控制 115V 交流电压，电流达 2A 以下的负载），能直接驱动电磁阀、接触器等。

9）通用性强、易于扩展。

10）用户存储器容量大于 4KB。

1969 年，美国数字设备公司（DEC）研制成功第一台可编程序控制器 PDP-14，它具有逻辑运算、定时和计算功能，称为 PLC（Programmable Logic Controller）；接着美国 MODICON 公司开发出可编程序控制器 084；1971 年，日本研制出本国第一台可编程序控制器 DSC-8；1973 年，西欧等国也研制出他们的第一台可编程序控制器；我国从 1974 年开始可编程序控制器的研制，并于 1977 年开始投入工业应用。如今，可编程序控制器已经实现了国产化，并大量应用在各种自动化设备中。

早期的可编程序控制器采用存储程序指令完成顺序控制，仅具有逻辑运算、计时和计数等顺序控制功能，用于开/关量的控制，通常称为 PLC。20 世纪 70 年代，随着微电子技术的发展，其功能得到增强，不再局限于逻辑运算，因此称为 PC（Programmable Controller）。但为与个人计算机（PC）相区别，仍称为 PLC。

2．PLC 的定义

国际电工委员会（IEC）在 1987 年 2 月颁布的 PLC 标准草案（第三稿）中对 PLC 作了如下定义：可编程序控制器是一种数字运算操作的电子装置，专为在工业环境下应用而设计。它采用可编程序的存储器，用来在其内部存储程序，执行逻辑运算、顺序控制、定时、计数和算术运算等操作的指令，并通过数字式或模拟式的输入和输出，控制各种类型的机械或生产过程。可编程序控制器及其有关的外围设备，都应按易于与工业控制系统联成一个整体且易于扩展其功能的原则设计。

3．PLC 的特点

可编程序控制器是专为工业环境下的应用而设计的工业计算机，主要有以下特点：

1）可靠性高，抗干扰能力强。PLC 本身具有较强的自诊断功能，保证在“硬核”都正常的情况下执行用户的控制程序。以本书所使用的日本三菱公司 PLC 为例，F1、F2 系列平均无故障时间长达 30 万小时。

2）编程简单，设计和施工周期短。PLC 常用的编程方法有指令语句表、梯形图、功能图和高级语言等。对于普通操作人员，一般只要几天的训练即可学会编程。使用 PLC 完成一项控制工程，在系统设计完成后，现场施工和 PLC 程序设计可同时进行，施工周期短，而且程序的调试与修改方便。

3）控制程序可变，硬件配置方便。在生产工艺流程改变或生产线设备更新的情况下，可通过硬件扩充或少量地改变配置与接线，以及改变内部程序来满足要求，从而避免大量的硬件线路更改与安装工作。

4）功能完善。现代 PLC 具有数字/模拟量的输入/输出、逻辑和算术运算，定时、计数、顺序控制、功率驱动、通信、人机对话、自检、记录和显示等功能，大大提高设备控制水平。

5）体积小、重量轻和功耗低。由于 PLC 采用半导体大规模集成电路，因此整个产品结构紧凑、体积小、重量轻和功耗低，以三菱 FX_{0N}-24M 型 PLC 为例，其外形尺寸仅为 130mm×90mm×87mm，重量只有 600g，功耗小于 50W。所以，PLC 很容易装入机械设备内部，是实现机电一体化的理想的控制设备。

综上所述，PLC 的优越性能使其在工业控制设备中得到迅速普及。目前，PLC 在制造、建筑、电力、交通和商业等众多领域都得到了广泛的应用。

1.1.2 PLC 的分类和常见品牌

通常，PLC 可根据输入/输出（I/O）点数、结构形式和功能等进行分类。

按 I/O 点数，PLC 可分为小型、中型和大型。I/O 点数在 256 点以下的为小型 PLC，其中 I/O 点数小于 64 点的为超小型或微型 PLC。I/O 点数在 256 点以上、2048 点以下的为中型 PLC。I/O 点数在 2048 以上的为大型 PLC，其中 I/O 点数超过 8192 点的为超大型 PLC。

按结构形式，PLC 可分为整体式、模块式和紧凑式，如图 1-1～图 1-3 所示。整体式 PLC 是将电源、CPU 和 I/O 接口等部件都集中装在一个机箱内，具有结构紧凑、体积小且价格低等特点。模块式 PLC 是将 PLC 各组成部分分别做成若干个单独的模块，如 CPU 模块、I/O 模块、电源模块（有的含在 CPU 模块中）以及各种功能模块。紧凑式 PLC 则是各种单元和 CPU 自成模块，但不安装基板，各单元一层一层地叠装，它结合了整体式结构紧凑和模块式结构独立、灵活的特点。

码 1-1　PLC 的分类

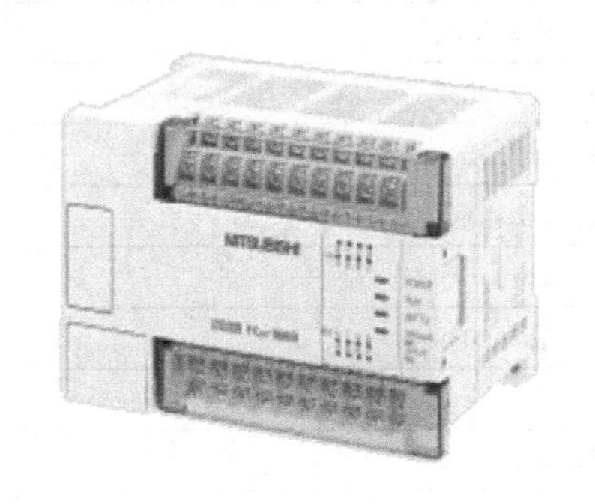

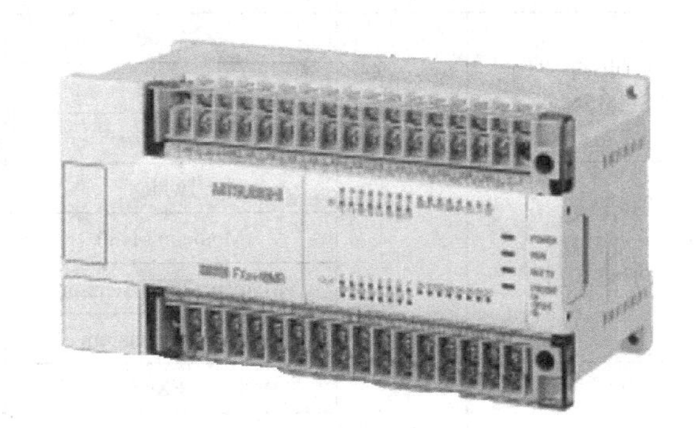

图 1-1　整体式 PLC 结构形式

图 1-2　模块式 PLC 结构形式

图 1-3　紧凑式 PLC 结构形式

按功能，PLC 可分为低档、中档和高档等。低档 PLC 具有逻辑运算、定时、计数、移位以及自诊断、监控等基本功能，还可有少量模拟量输入/输出、算术运算、数据传送和比较及通信等功能。中档 PLC 除具有低档 PLC 的基本功能外，还增加了模拟量输入/输出、算术运算、数据传送和比较、数制转换、远程 I/O、子程序及通信联网等功能。有些还增设了中断和 PID 控制等功能。高档 PLC 除具有中档 PLC 的功能外，还增加了带符号算术运算、矩阵运算、位逻辑运算、平方根运算及其他特殊功能函数运算、制表及表格传送等。高档 PLC 具有更强的通信联网功能。

生产 PLC 的厂家很多，每个厂家的 PLC 都自成系列，可根据点数、容量和功能上的需求做出不同选择。目前，PLC 的常见品牌及其典型系列如表 1-1 所列。

表 1-1　PLC 的常见品牌及其典型系列

品　　牌	国　　家	系　　列	主 要 特 点
A-B（Allen&Bradley）	美国	MicroLogix	微型，最大 250 点
		ControlLogix	集成顺序、过程和运动控制等高级功能
		PLC5	模块式，最大 3072 点
		SLC500	小型模块式，最大 4096 点
通用电气（GE-Fanuc）	美国	Versamax Micro、Nano	小型，176 点
		Versamax PLC	256～4096 点
		90-30	4096 点，基于 Intel 386EX 的处理器
		90-70	基于 Intel 的处理器
西门子（SIEMENS）	德国	S7-200	小型，最大 256 点
		S7-300	中型，最大 2048 点
		S7-400	大型，最大 32×1024 点
斯耐德（SCHNEIDER）	法国	Twido	紧凑型，264 点
		Modicon M430	512～1024 点
		Modicon TSX Premium	中型，最大 2048 点
		Modicon Quantum	大型
三菱（MITSUBISHI）	日本	FX	小型，最大 256 点
		A	中型，最大 2048 点
		Q	有基本型、高性能型、过程型和冗余型等
欧姆龙（OMRON）	日本	CPM	小型，最大 362 点
		C200H SYSMAC a	中型，最大 640 点
		CV、CS	大型，CS 最大 5120 点
松下电工（Matsushita Electric）	日本	FP-X	内置 4 轴高速脉冲输出，最大 300 点
		FPO	超小型，最大 128 点
		FP Σ	超小型，带定位控制，最大 384 点
		FP、FP2SH	中型，最大 2048 点，FP2SH 具有超高速功能
光洋电子（KOYO）	日本	SH/SH1、SN	整体型，SH/SH1 最大 80 点，SN 最大 160 点
		SZ、SR/DL	超小型，SZ 最大 256 点，SR/DL 最大 368 点
		SU	中、小型，最大 2048 点
LS 产电（LS Industrial）	韩国	Master-K	最大 1024 点
		XGB、XGT	XGB 为超小型模块式，最大 256 点，采用自研芯片 NGP1000；XGT 本地最大 3072 点，远程最大 32768 点
		GLOFA	最大 16000 点
台达（DELTA）	中国台湾	DVP-E	紧凑型，最大 512 点
		DVP-S	模块型，最大 238 点
永宏（FATEK）	中国台湾	FBS-MA	经济型，采用自研芯片 SoC 开发
		FBS-MC	高功能型，最大 512DIO，128AIO
		FBS-MN NC	定位控制型

目前，市面上的可编程序控制器种类繁多，包括西门子系列、三菱和松下等主要的品牌。

1. 三菱 FX_{2N} 系列 PLC

三菱 FX_{2N} 系列可编程序控制器的 I/O 点数最少为 16 点，最多可提供 256 点；内置存储器（RAM）的容量为 8KB，也可以通过扩展达到 16KB；CPU 处理运算速度每个程序步为 0.08μs；三菱 FX_{2N} 系列可编程序控制器提供了各种输入扩展模块、输出扩展模块与特殊功能模块；晶体管输出型基本单元提供 2 轴独立定位功能，其输出频率最高为 20kHz。

FX_{2N} 系列 PLC 的特点：

1）具有较高的执行程序速度，加强了通信功能，提供了各类等级的电源标准，提供了可以满足各类需要的各种特殊功能模块，为满足自动化生产提供灵活多变的控制能力。

2）具有模拟 I/O 和高速计数器等多种特殊功能模块，可以满足不同用户的需求。

3）能够实现 16 轴定位控制和脉冲高速输出，为 J 型热电偶、K 型热电偶以及 Pt 传感器等专门开发了配套的温度模块。

4）在数据通信与网络方面，可以连接到 CC-Link、DeviceNet 与 Profibus DP 等开放式网络系统，也可通过传感器层次的网络来实现数据的传输。

5）可以提供 24V、400mA DC 电源，实现与传感器等外围设备连接。

2. 西门子 SIMATIC S7-300 系列

SIMATIC S7-300 系列 PLC 采用模块化结构，能通过各种模块之间的组合满足系统的控制要求；具有运算速度可达 0.6～0.1μs/步的高速指令；在软件工具方面，具有方便用户完成参数赋值处理的功能；在人机界面服务系统方面，降低了人机对话的编程要求；S7-300 的 CPU 具有智能化诊断系统，能够对系统实现连续监控，判断是否存在功能异常、记录错误和超时情况、记录模块更换等；用户可以设置多级口令保护，防止在未经许可的情况下进行复制和修改，还可以高效地对用户的技术机密进行保护；S7-300 PLC 为客户提供了一个钥匙，这是一个可以拔出并随身携带的选择开关，在钥匙拔出时，就不能改变设备的操作方式；S7-300 PLC 通信功能强大，可完成 AS-I 总线接口与工业以太网总线系统的连接；串行通信处理器用于实现点到点的通信系统连接；集成在 CPU 中的 MPI 接口，可以与手持式编程器、人机界面系统、上位机、其他 SIMATIC S7/M7/C7 等自动化控制系统以及外部相关设备连接。

3. 松下系列

提供 3000 步以上指令，具有速度达到 0.58μs/步的基本指令；输出形式为继电器与晶体管的混合型，可以最大限度地满足多种客户需求；最大可接受 4 路 50kHz 信号的高速计数；一台控制单元最多可连续扩展 3 台 FPX 的扩展单元。

此外，还具有内置模拟量输入/输出功能、内置日历/时钟、超强安全性能、Network 、Ethernet、PLC 连接、计算机连接和通用串行通信等功能。

在这些 PLC 中，西门子 PLC 的价格相对较为昂贵，对模拟量控制精确度高，但是编程复杂，在高精密设备和复杂生产线控制系统中应用较多；三菱 PLC 价格较低，编程方法也比较简单，对模拟量控制的精确度比西门子的差，主要用于一般设备的控制；松下系列 PLC 的功能也是比较完善的，但没有三菱 PLC 应用得广泛。

我国有不少厂家研制和生产 PLC，如深圳的艾默生、德维森，及北京的和利时等，但目前市场占有率有待进一步提高。

1.1.3 PLC 的发展

PLC 从产生到现在已经经历了几十年的发展，实现了从初始的简单逻辑控制到现在的运动控制、过程控制、数据处理和联网通信，随着科学技术的进步，面对不同的应用领域、不同的控制需求，PLC 还将有更大的发展。目前，PLC 的发展趋势主要体现在规模化、高性能、多功能、模块智能化、网络化和标准化等方面。

1．产品规模向大、小两个方向发展

大型化是指大中型 PLC 向大容量、智能化和网络化发展，使之能与计算机组成集成控制系统，对大规模、复杂系统进行综合性的自动控制。现已有 I/O 点数达 14336 点的超大型 PLC，使用 32 位微处理器，多 CPU 并行工作和大容量存储器。小型 PLC 整体结构向小型模块化方向发展，使配置更加灵活。为适应市场需要已开发了各种简易、经济的超小型微型 PLC，最小配置的 I/O 点数为 8～16 点，以适应单机及小型自动控制的需要。

2．向高性能、高速度、大容量方向发展

PLC 的扫描速度是衡量 PLC 性能的一个重要指标。为了提高 PLC 的处理能力，要求 PLC 具有更好的响应速度和更大的存储容量。目前，有些 PLC 的扫描速度可达每千步只需 0.1ms 左右。在存储容量方面，有些 PLC 最高可达几十兆字节。为了扩大存储容量，有的公司已使用了磁泡存储器或硬盘。

3．向模块智能化方向发展

分级控制和分布控制是增强 PLC 控制功能和提高处理速度的有效手段。智能 I/O 模块是以微处理器和存储器为基础的功能部件，它们可独立于主机 CPU 工作，分担主机 CPU 的处理任务。主机 CPU 可随时访问智能模块，修改控制参数，这样有利于提高 PLC 的控制速度和效率，简化设计、减少编程工作量、提高动作可靠性和实时性，满足复杂控制的要求。为满足各种控制系统的要求，目前已开发出许多功能模块，如高速计数模块、模拟量调节（PID 控制）模块、运动控制（步进、伺服、凸轮控制等）模块、远程 I/O 模块、通信模块和人机接口模块等。

4．向网络化方向发展

加强 PLC 的联网能力可实现分布式控制，适应工业自动化控制和计算机集成制造系统发展的需要。PLC 的联网与通信主要包括 PLC 与 PLC 之间、PLC 与计算机之间，以及 PLC 与远程 I/O 之间的信息交换。随着 PLC 与其他工业控制计算机组网构成大型控制系统以及现场总线的发展，PLC 将向网络化和通信的简便化方向发展。

5．向标准化方向发展

随着生产过程自动化要求的不断提高，PLC 的能力也在不断增强，过去那种不开放的、各品牌自成一体的结构显然已经不适合，为提高兼容性，在通信协议、总线结构和编程语言等方面需要一个统一的标准。国际电工委员会为此制定了国际标准 IEC61131。该标准由总则、设备性能和测试、编程语言、用户手册、通信、模糊控制的编程、可编程序控制器的应用和实施指导八部分和两个技术报告组成。

几乎所有的 PLC 生产厂家都表示支持 IEC61131，并开始向该标准靠拢。

1.2　PLC 的组成及工作原理

1.2.1　PLC 的组成

可编程序控制器是专为工业环境下的应用而设计的工业计算机，其基本结构与一般计算机相似，为了便于操作、维护与扩充功能，提高系统的抗干扰能力，其结构组成又与一般计算机有所区别。

PLC 系统通常由基本单元、扩展单元、扩展模块及特殊功能扩展模块等组成，如图 1-4 所示。

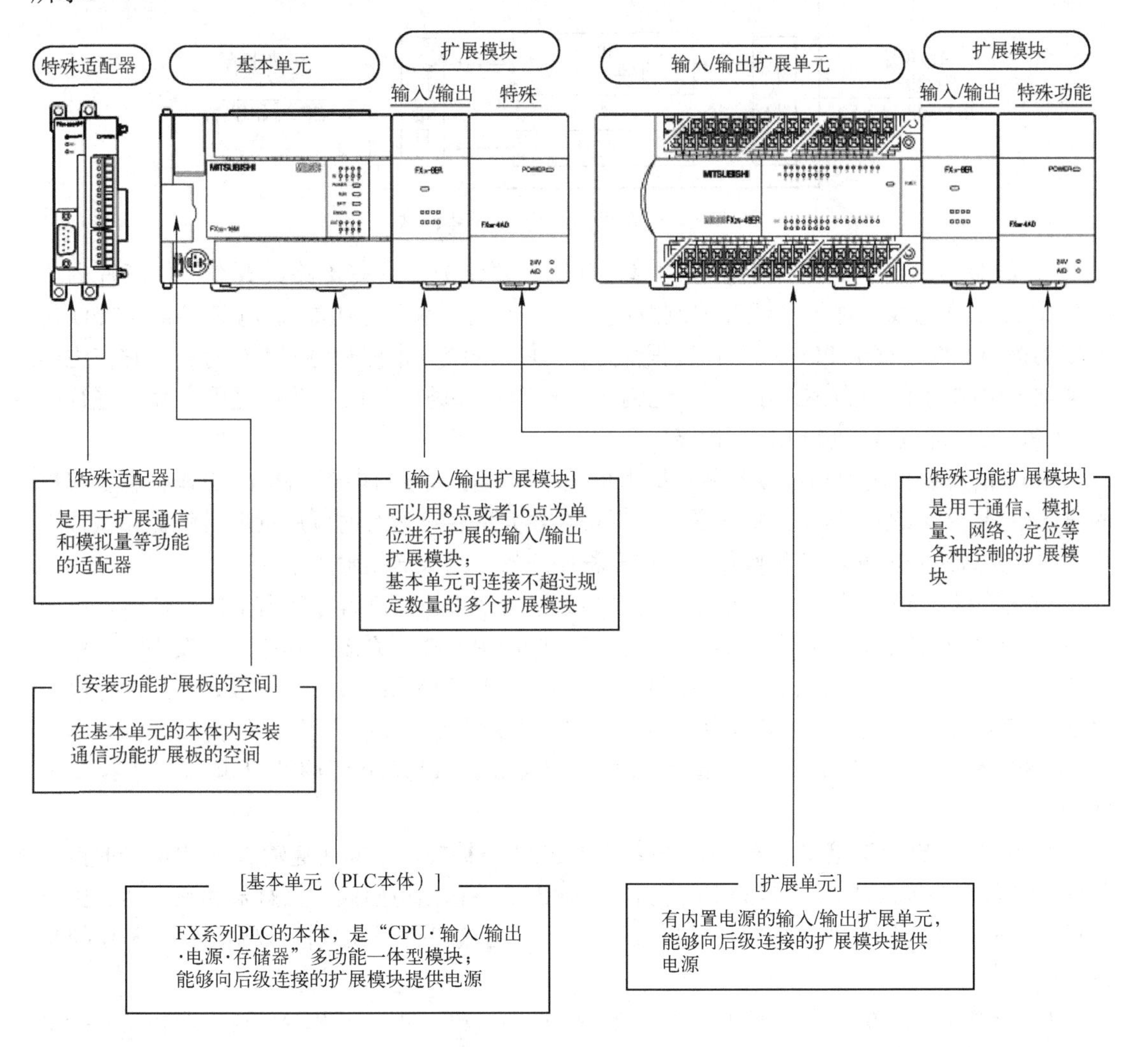

图 1-4　PLC 系统组成

基本单元内设中央处理器（CPU）、存储器、I/O 和电源等，是 PLC 的主要部分，可独立工作。扩展单元内设电源，用于扩展 I/O 点数。扩展模块用于增加 I/O 点数和 I/O 点数比例，内无电源，由基本单元和扩展单元供电。扩展单元、扩展模块内无 CPU，需要和基本单元一起才能工作。特殊功能单元是一些特殊用途的装置。

1．PLC 的硬件

可编程序控制器的品种和类型很多，但其基本组成相同，主要由中央处理器（CPU）、存储器、输入/输出接口、电源及编程器等外围设备组成，如图 1-5 所示。

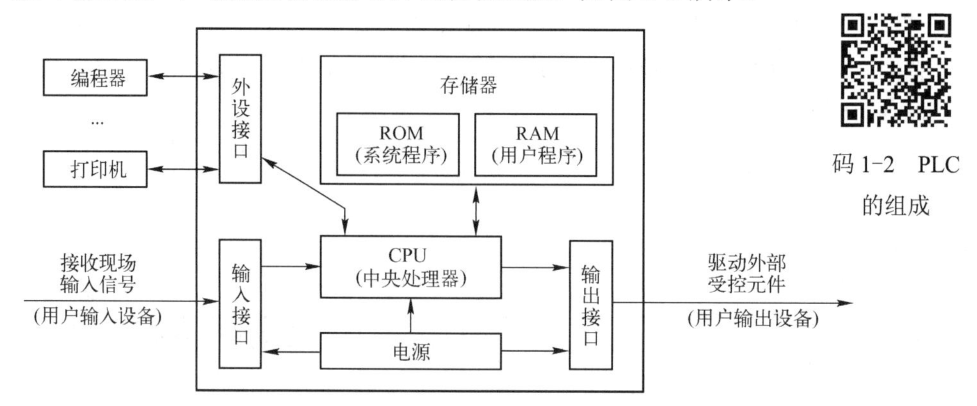

码 1-2　PLC 的组成

图 1-5　可编程序控制器的基本组成

1）CPU。CPU 一般由控制器、运算器和寄存器组成，这些电路集成在一块芯片内。CPU 通过数据总线、地址总线和控制总线与存储单元、输入/输出接口电路相连。CPU 是 PLC 的核心部件，整个 PLC 的工作过程都是在 CPU 的统一指挥和协调下进行的。它在生产厂家预先编制的系统程序控制下，通过输入装置读入现场输入信号并按照用户程序进行处理。CPU 的性能直接影响 PLC 的性能。

CPU 的主要作用包括：接收并存储用户程序和数据；诊断电源、PLC 工作状态及编程的语法错误；接收输入信号，将其送入数据寄存器并保存；运行时顺序读取、解释和执行用户程序，完成用户程序的各种操作；将用户程序的执行结果送至输出端。

2）存储器。PLC 的存储器是存放程序和数据的地方。可编程序控制器的存储器按用途分为系统程序存储器和用户存储器。系统程序存储器用于存放系统工作程序、模块化应用功能子程序、命令解释、功能子程序调用和管理等程序及各种系统参数，一般采用只读存储器 ROM（PROM）。用户存储器用于存放用户编制的控制程序，分为随机存储器（CMOSRAM）、可擦写可编程只读存储器（EPROM）以及电可擦写可编程只读存储器（EEPROM）等。

3）输入/输出 I/O 接口。输入/输出接口是 PLC 与被控对象间传递输入/输出信号的接口部件。输入部件包括开关、按钮和传感器等。输出部件包括电磁阀、接触器和继电器。由于现场信号的类别不同，为适应控制的需要，输入/输出接口有开关量输入/输出接口和模拟量输入/输出接口。

4）外围设备。PLC 可配有编程器、外部存储器、打印机、EPROM 写入器和高分辨率屏幕监控系统等外围设备。

编程器用于用户程序的编制、编辑、调试检查和监视，以及调用和显示 PLC 内部状态和系统参数。编程器分为简易型和智能型两大类。简易型只能联机编程；智能型既能联机编程，又能脱机编程。简易型只能输入指令语句表编程；智能型既可输入指令语句表编程，又可输入梯形图编程。

外部存储器是指磁带和磁盘，工作时可将用户程序和数据存储在盒式录音机的磁带上或磁盘驱动器的磁盘中，作为程序备份。当 PLC 内存中的程序被破坏或丢失时，可将外部存储器中的程序重新装入。

打印机用来打印带注释的梯形图程序、语句表程序，以及各种报表。系统实时运行过程中，打印机用来提供运行过程中发生事件的记录。

5）电源。PLC 内部配有一个专用开关式稳压电源，可将 PLC 外部连接的电源电压转化为 CPU、存储器及输入/输出接口等电路工作所需的直流电源，并为外部输入元件提供 24V 直流电源。需要注意的是，PLC 负载的电源一般是由用户另外提供的。

2. PLC 的软件

（1）软件组成

PLC 的软件包括系统监控程序和用户程序两大部分。

系统监控程序是由 PLC 的生产厂家编制的，用于控制 PLC 的运行，包括管理程序、用户指令解释程序及标准程序模块和系统调用三个部分。其中，管理程序主要实现的功能包括运行管理、生成用户元件和系统内部自检等。

用户程序又称用户软件和应用软件等，是 PLC 的使用者编制的针对控制问题的程序，可用梯形图、指令语句表、高级语言和汇编语言等编制，包括自动化系统控制程序及数据表格等。

（2）应用软件常用的编程语言

目前，PLC 常用的编程语言包括梯形图、指令语句表、功能图、功能块图和高级编程语言等。

1）梯形图：梯形图是用图形符号在图中的相互关系来表示控制逻辑的编程语言。梯形图通过连线，可将许多功能强大的 PLC 指令的图形符号连在一起，以表达所调用的 PLC 指令及其前后顺序关系，是目前最为常用的可编程序控制器程序设计语言。

梯形图的优点是简单、直观。它是从继电器控制电气原理图变化过来的，因此，梯形图在形式上与继电器控制电气原理图相似，读图方法和习惯也相同。对从事电气专业的人员来说，易学、易懂。

图 1-6 所示为三菱 FX_{2N} 系列 PLC 的简单梯形图实例。梯形图由左母线、右母线和逻辑行组成，逻辑行由各软元件的触点和线圈组成。右母线可省略不画。

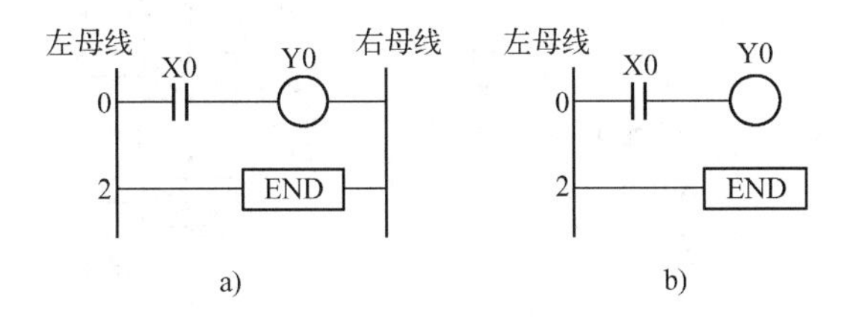

图 1-6　梯形图

a) 左、右母线和逻辑行　b) 右母线省略

码 1-3　PLC 的编程语言

PLC 梯形图与继电器控制电气原理图元器件符号有一定的对应关系，如图 1-7 所示。图 1-8 为继电器控制电气原理图与相应的 PLC 梯形图的比较示例。

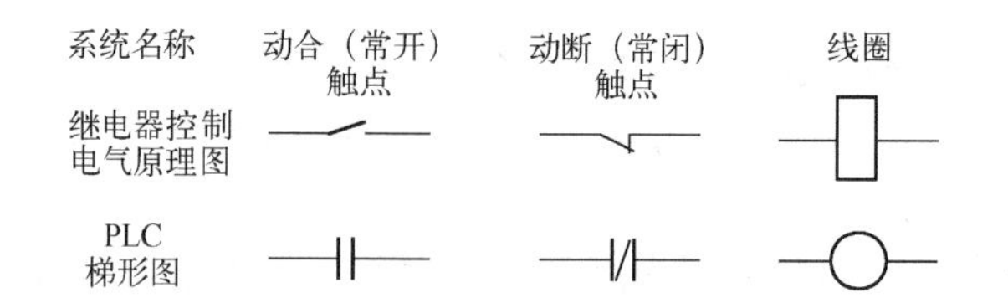

图 1-7　PLC 梯形图与继电器控制电气原理图元器件符号

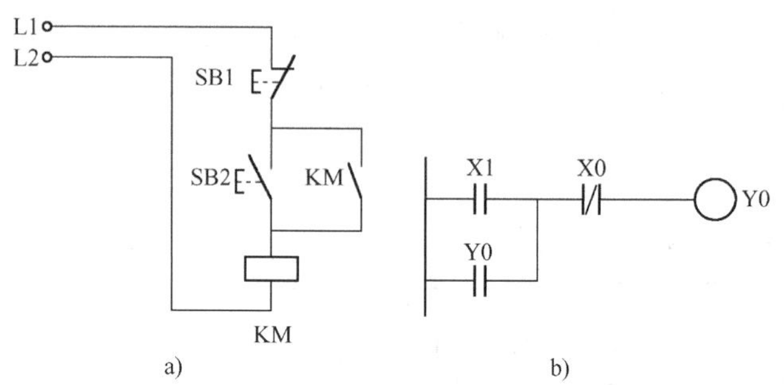

图 1-8　继电器控制电气原理图与相应的 PLC 梯形图的比较示例

a) 继电器控制电气原理图　b) PLC 梯形图

2）指令语句表：指令语句用来规定可编程序控制器中 CPU 如何动作。每个控制功能由一个或多个语句组成的程序来执行，语句是指令语句表的基本单元。PLC 的指令是一种与微型计算机的汇编语言指令类似的助记符表达式。基本指令语句的基本格式包括地址（或步序）、助记符和操作元件等部分，图 1-6 所示的 PLC 梯形图所对应的指令语句如图 1-9 所示。其中，助记符常用 2～4 个英文字母组成，表示操作功能。操作元件为执行该指令所用的元件和设定值等。某些基本指令仅有助记符，无操作元件，而有些则有两个或更多操作元件。

3）功能图：功能图又称状态流程图，是用状态来描述控制过程的流程图，如图 1-10 所示，它包含状态、转移条件和动作三要素。功能图的特点是逻辑功能清晰，输入与输出关系明确，适用于顺序控制系统的程序编制（详见第 4 章）。

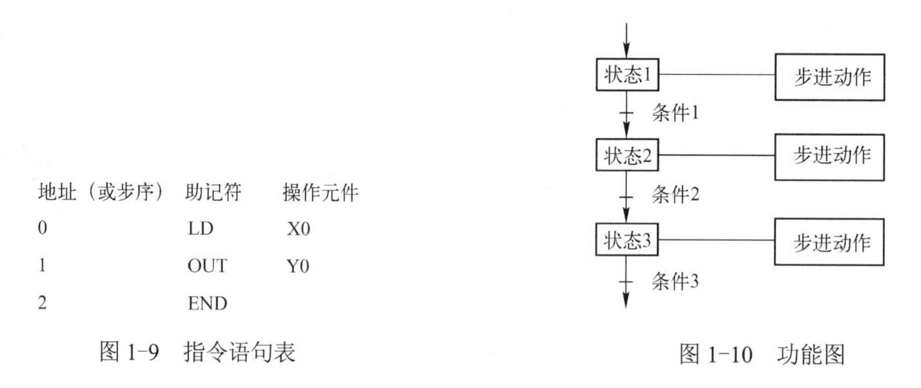

地址（或步序）	助记符	操作元件
0	LD	X0
1	OUT	Y0
2	END	

图 1-9　指令语句表

图 1-10　功能图

4）功能块图：功能块图是一种类似数字逻辑门电路的编程语言。该语言用类似“与门”和“或门”的方框表示逻辑运算关系，方框左侧为逻辑运算的输入变量，右侧为逻辑运算的输出变量，输入、输出端的小圆圈表示“非”运算。用“导线”把方框连接起来，信号从左向右流动，如图 1-11 所示。

5）高级编程语言：随着 PLC 技术的发展，大型、高档的 PLC 具有很强的运算与数据处理等功能，为方便用户编程，增加程序的可移植性，许多高档 PLC 都配备了 BASIC 或 C 等高级编程语言。

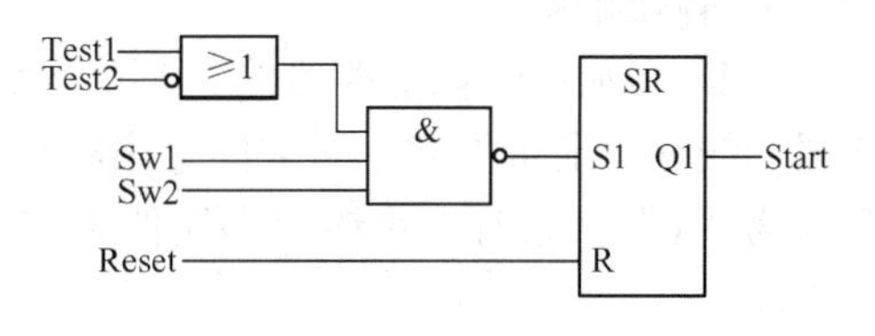

图 1-11　功能块图的实例

1.2.2　PLC 的工作原理

PLC 程序执行时的工作原理如图 1-12 所示。PLC 通过循环扫描输入端口的状态，执行用户程序，实现控制任务。CPU 在每个扫描周期开始时扫描输入模块的信号状态，并将其状态送入输入映像寄存器区域。然后，根据用户程序中的程序指令来处理传感器信号，并将处理结果送到输出映像寄存器区域，在每个扫描周期结束时送入输出模块。

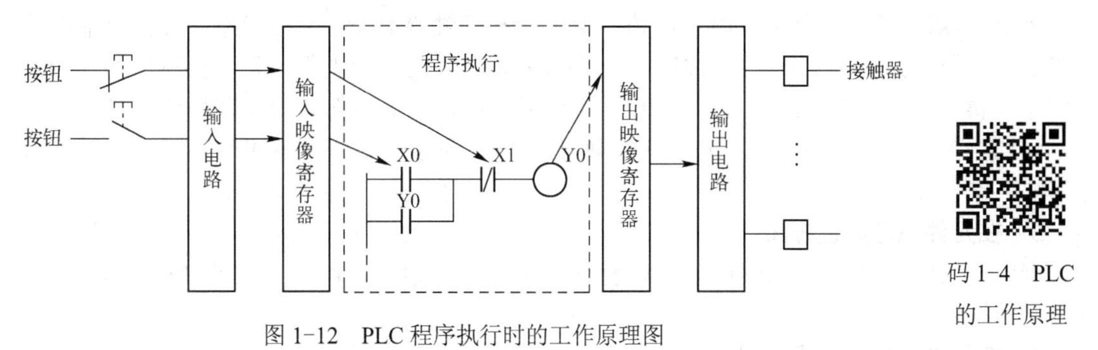

图 1-12　PLC 程序执行时的工作原理图

码 1-4　PLC 的工作原理

图 1-13 所示为循环扫描的工作过程。每一次扫描所用的时间称为一个扫描周期。在一个扫描周期内，可编程序控制器的工作过程分为如下 3 个阶段。

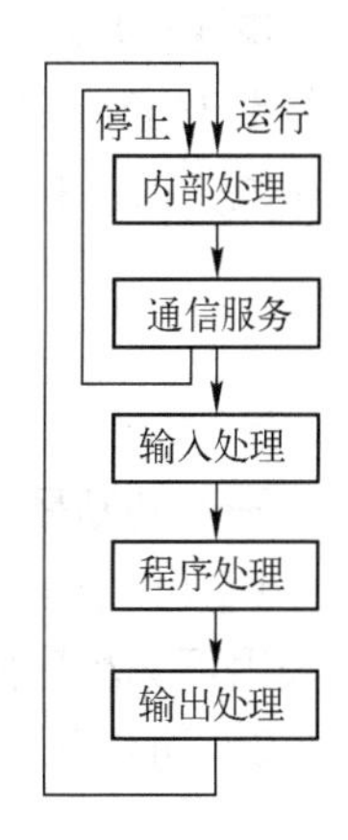

图 1-13　循环扫描的工作过程

1. 输入采样

可编程序控制器把所有外部输入电路的接通/断开（ON/OFF）状态读入输入映像寄存器。外接的输入电路接通时，对应的输入映像寄存器为“1”，梯形图中对应的输入继电器的常开触点接通，常闭触点断开。外接的输入电路断开时，对应的输入映像寄存器为“0”，梯形图中对应的输入继电器的常开触点断开，常闭触点接通。需要注意的是，只有采样时刻，输入映像寄存器中的内容才与输入信号一致，而其他时间范围内输入信号的变化是不会影响输入映像寄存器中的内容的，输入信号的变化状态只能在下一个扫描周期的输入处理阶段被读入。

2. 程序执行

在没有跳转指令时，CPU 从第一条指令开始，逐条顺序地执行用户程序，直到用户程序结束之处，并根据指令的要求执行相应的逻辑运算，并将运算的结果写入对应的元件映像寄存器中。因此，各编程元件的映像寄存器（输入映像寄存器除外）的内容随着程序的执行而变化。

3．输出刷新

CPU 将输出映像寄存器的“0”或“1”状态传送到输出锁存器。梯形图中某一输出继电器的线圈“通电”时，对应的输出映像寄存器为“1”状态。某一编程元件对应的映像寄存器为“1”状态时，称该编程元件为 ON；映像寄存器为“0”状态时，称该编程元件为 OFF。

1.2.3 可编程序控制器与继电-接触器控制的区别

1．在组成器件方面

继电-接触器控制电路是由各种真正的硬件继电器和接触器组成的，继电器和接触器触点易磨损。而 PLC 梯形图则由许多所谓的软继电器组成，这些软继电器实质上是存储器中的某一位触发器，可以置“0”或置“1”，软继电器无磨损现象。

2．在工作方式方面

继电-接触器控制电路工作时，电路中继电器和接触器都处于受控状态，凡符合条件吸合的继电器和接触器都处于吸合状态，受各种制约条件不应吸合的继电器和接触器都处于断开状态，属于“并行”的工作方式。PLC 梯形图中各软继电器都处于周期循环扫描工作状态，受同一条件制约的各个软继电器的线圈工作和它的触点动作并不同时发生，属于“串行”的工作方式。

3．在元件触点数量方面

继电-接触器控制电路的硬件触点数量是有限的，一般只有 4～8 对。而 PLC 梯形图中软继电器的触点数量无限，在编程时可无限次使用。

4．控制电路实施方式不同

继电-接触器控制电路是依靠硬件接线来实施控制功能的，其控制功能通常是不变的，当需要改变控制功能时必须重新接线。PLC 控制电路是采用软件编程来实现控制的，可进行在线修改，控制功能可根据实际要求灵活实施。

习　　题

一、判断题

1．可编程序控制器是一种数字运算操作的电子系统，专为在工业环境下应用而设计，它采用可编程序的存储器。（　　）

2．可编程序控制器的输出端可直接驱动大容量电磁铁、电磁阀和电动机等大负载。（　　）

3．PLC 采用了典型的计算机结构，主要是由 CPU、RAM、ROM 和专门设计的输入/输出接口电路等组成。（　　）

4．梯形图是程序的一种表示方法，也是控制电路。（　　）

5．梯形图两边的两根竖线就是电源线。（　　）

6．PLC 的指令语句是由操作码、标识符和参数组成。（　　）

7．PLC 是以“并行”方式进行工作的。（　　）

8．PLC 产品技术指标中的存储容量是指其内部用户存储器的存储容量。（　　）

9．PLC 产品技术指标中的存储容量是指内部所有 RAM、ROM 的存储容量。（　　）

10．PLC 虽然是电子产品，但它的抗干扰能力很强，可以直接安装在强电柜中。（　　）

二、选择题

1．可编程序控制器是以（　　）为基本元件所组成的电子设备。

A．输入继电器触点　　B．输出继电器触点

C．集成电路　　D．各种继电器触点

2．PLC 的基本系统需要哪些模块组成？（　　）

A．CPU 模块　　B．存储器模块

C．电源模块和输入输出模块　　D．以上都要

3．PLC 的程序编写有哪些图形方法？（　　）

A．梯形图和流程图　　B．图形符号逻辑

C．继电器原理图　　D．卡诺图

4．PLC 的整个工作过程分五个阶段，PLC 通电运行时，第四个阶段应为（　　）。

A．与编程器通信　　B．执行用户程序

C．读入现场信号　　D．自诊断

5．输入采样阶段，PLC 的中央处理器对各输入端进行扫描，将输入信号送入（　　）。

A．累加器　　B．指针寄存器

C．状态寄存器　　D．存储器

6．PLC 将输入信息采入 PLC 内部，执行（　　）后达到的逻辑功能，最后输出达到控制要求。

A．硬件　　B．元件　　C．用户程序　　D．控制部件

7．PLC 的扫描周期与程序的步数、（　　）及所用指令的执行时间有关。

A．辅助继电器　　B．计数器　　C．计时器　　D．时钟频率

三、简答题

1．1968 年，美国通用汽车公司公开招标提出的 10 项 PLC 指标是什么？

2．简述 PLC 的定义。

3．PLC 有哪些主要特点?

4．与继电-接触器控制系统相比，PLC 具有哪些优点?

5．试说明 PLC 的工作过程。

第 2 章　认识三菱 FX_{2N} 系列 PLC

2.1　三菱 PLC 组成

2.1.1　FX_{2N} 系列 PLC 的面板

在实际的控制电路中，我们经常用可编程序控制器进行控制。三菱 FX_{2N} 系列为小型 PLC，采用叠装式的结构形式，如图 2-1 所示。

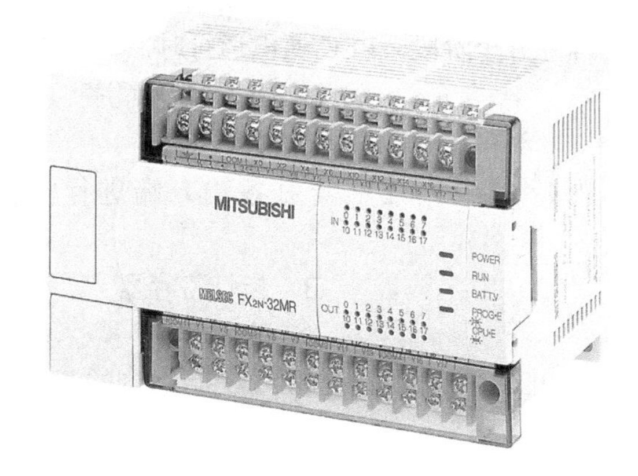

图 2-1　三菱 FX_{2N} 系列可编程序控制器

图 2-2 所示为三菱 FX_{2N} 系列 PLC 的面板，主要包含型号（Ⅰ区）、状态指示灯（Ⅱ区）、模式转换开关与通信接口（Ⅲ区）、PLC 的电源端子与输入端子（Ⅳ区）、输入指示灯（Ⅴ区）、输出指示灯（Ⅵ区）和输出端子（Ⅶ区）。

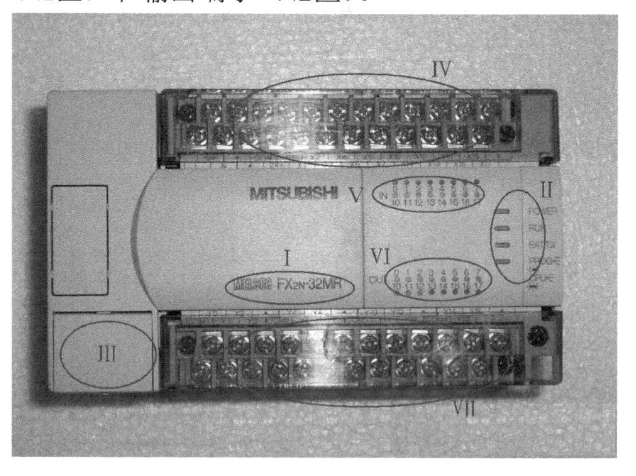

码 2-1　PLC 面板简介

图 2-2　三菱 FX_{2N} 系列 PLC 的面板

1. PLC 的型号（Ⅰ区）

三菱 FX 系列 PLC 型号的标注含义如图 2-3 所示。

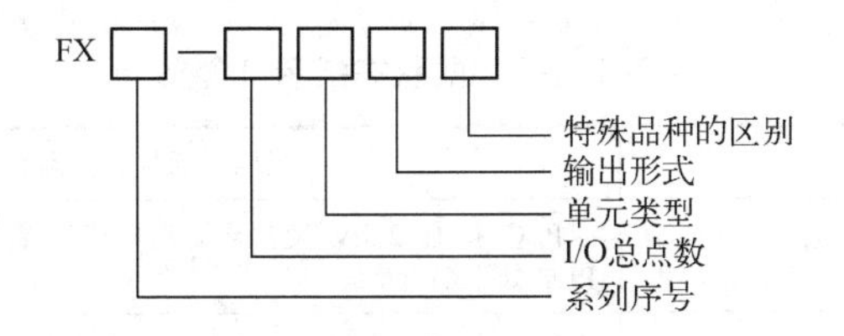

图 2-3　FX 系列 PLC 的型号

1）系列序号：0、2、0N、2C、2N，即 FX0、FX2、FX_{0N}、FX_{2C}、FX_{2N}。

2）I/O 总点数：16~256 点。

3）单元类型：M、E、Ex、Ey。

M——基本单元；

E——输入/输出混合扩展单元及扩展模块；

EX——输入专用扩展模块；

EY——输出专用扩展模块。

4）输出形式：R、T、S。

R——继电器输出；

T——晶体管输出；

S——晶闸管输出。

5）特殊品种的区别：D、AI、H、V、C、F、L、S。

D——DC 电源，DC 输入；

A1——AC 电源，AC 电源输入；

H——大电流输出扩展模块（1A/1 点）；

V——立式端子排的扩展模块；

C——接/插口输入/输出方式；

F——输入滤波器 1ms 的扩展模块；

L——TTL 输入型扩展模块；

S——独立端子（无公共端）扩展模块。

图 2-4 所示的 PLC 型号为 FX_{2N}-32MR，说明该 PLC 为三菱 FX_{2N} 系列，输入/输出点数为 32 点，为继电器输出形式的基本单元。

2．PLC 的状态指示灯（Ⅱ区）

如图 2-5 所示，PLC 提供 4 盏指示灯，来显示 PLC 当前的工作状态。其含义如表 2-1 所列。

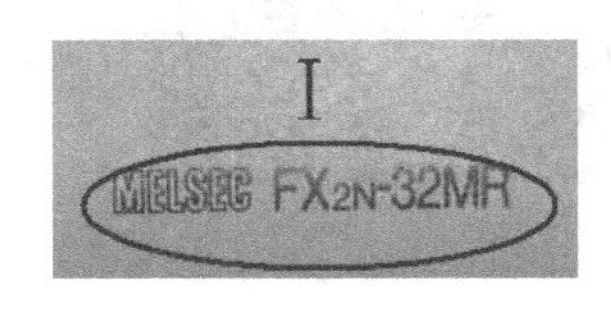

图 2-4　PLC 的型号

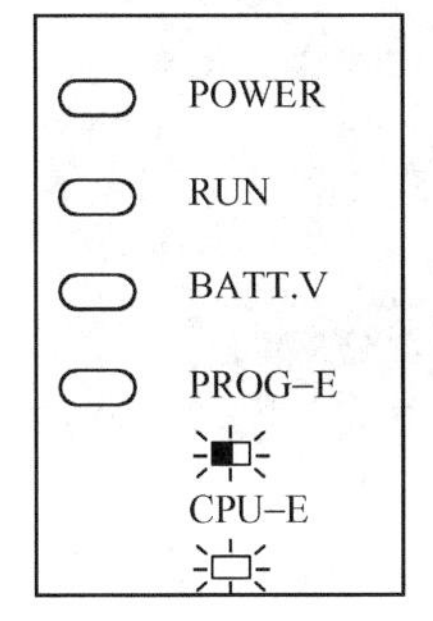

图 2-5　PLC 的状态指示灯

码 2-2　PLC 的状态指示灯

表 2-1　PLC 的状态指示灯含义

指　示　灯	指示灯的状态与当前运行的状态
POWER：电源指示灯（绿灯）	PLC 接通 220V 交流电源后，该灯点亮，正常时仅有该灯点亮，表示 PLC 处于编辑状态
RUN：运行指示灯（绿灯）	当 PLC 处于正常运行状态时，该灯点亮
BATT.V：内部锂电池电压过低指示灯（红灯）	如果该指示灯点亮，说明锂电池电压不足，应更换
PROG.-E（CPU-E）：程序出错指示灯（红灯）	如果该指示灯闪烁，说明出现以下类型的错误： 1）程序语法错误 2）锂电池电压不足 3）定时器或计数器未设置常数 4）干扰信号使程序出错 5）程序执行时间超出允许时间，此时该灯连续亮

3. 模式转换开关与通信接口（Ⅲ区）

将区域Ⅲ的盖板打开，可见到 PLC 的操作模式转换开关与通信接口位置，如图 2-6 所示。

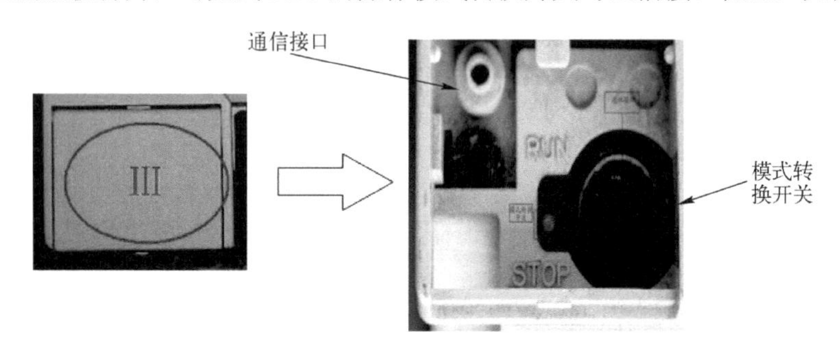

图 2-6　操作模式转换开关与通信接口

模式转换开关用来改变 PLC 的工作模式，PLC 电源接通后，将转换开关打到 RUN 位置上，则 PLC 的运行指示灯（RUN）发光，表示 PLC 正处于运行状态。将转换开关打到 STOP 位置上，则 PLC 的运行指示灯（RUN）熄灭，表示 PLC 正处于停止状态。

通信接口用来连接手持式编程器或计算机，保证 PLC 与手持式编程器或计算机的通信。通信线一般分为手持式编程器通信线和计算机通信线两种，如图 2-7 所示。通信线与 PLC 连接如图 2-8 所示。通信线与 PLC 连接时，务必注意通信线接口内的“针”与 PLC 上的接口正确对应后才可将通信线接口用力插入 PLC 的通信接口，以避免损坏接口。

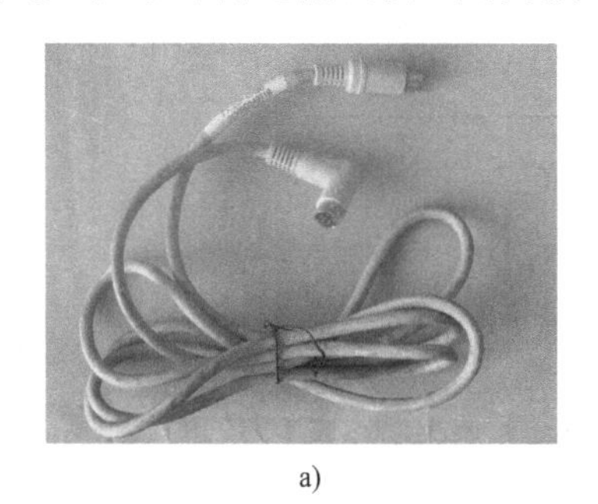

a)

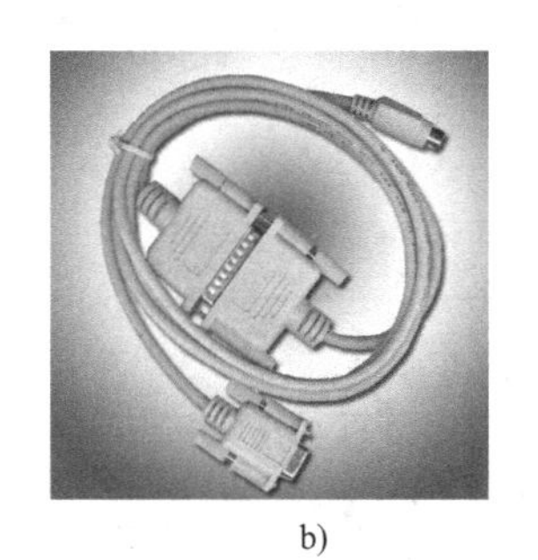

b)

图 2-7　PLC 的通信线

a) 手持式编程器通信线　b) 计算机通信线

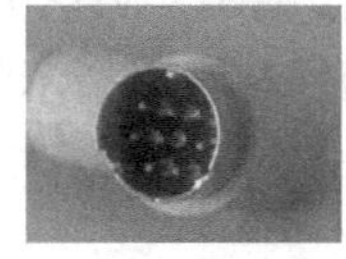

图 2-8　通信线与 PLC 连接

4．PLC 的电源端子与输入端子（Ⅳ区）和输入指示灯（Ⅴ区）

PLC 的电源端子与输入端子和输入指示灯如图 2-9 所示。

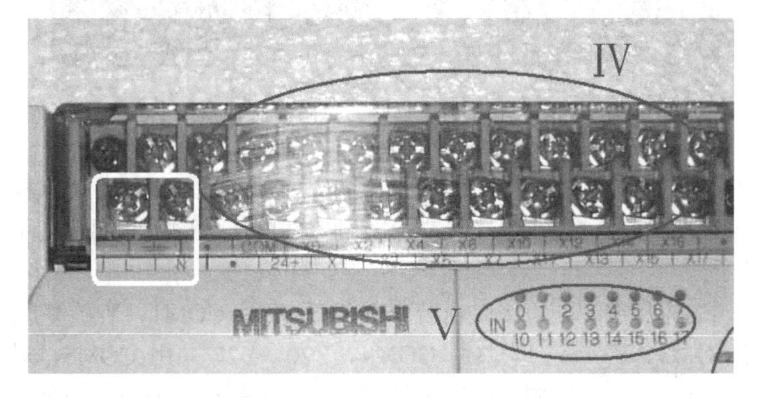

图 2-9　PLC 的电源端子、输入端子与输入指示灯

1）外接电源端子：图 2-9 所示方框内的端子为 PLC 的外部电源端子（L、N、地），通过这部分端子外接 PLC 的外部电源（AC 220V）。

2）输入公共端子 COM：在外接传感器、按钮和行程开关等外部信号元件时必须接的一个公共端子。

3）+24V 电源端子：PLC 自身为外围设备提供的直流 24V 电源，多用于三端传感器，如图 2-10 所示。

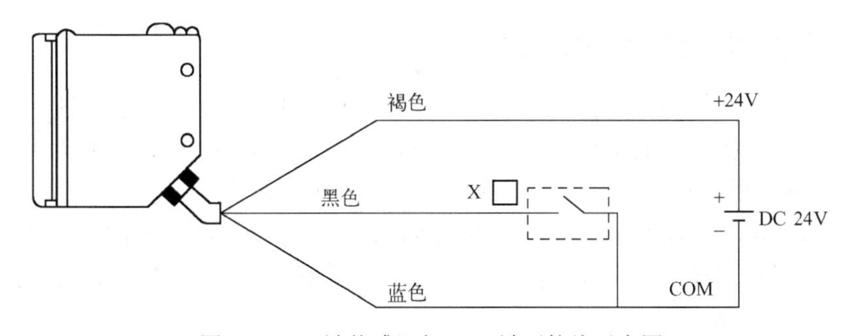

图 2-10　三端传感器与 PLC 端子接线示意图

4）X□端子：X□端子为输入（IN）继电器的接线端子，是将外部信号引入 PLC 的必

经通道。

5）“ • ”端子带有“ • ”符号的端子表示该端子未被使用，不具有功能。

6）输入指示灯为 PLC 的输入（IN）指示灯，PLC 有正常输入时，对应输入点的指示灯亮。

5. PLC 的输出端子（Ⅵ区）与输出指示灯（Ⅶ区）

PLC 的输出端子与输出指示灯如图 2-11 所示。

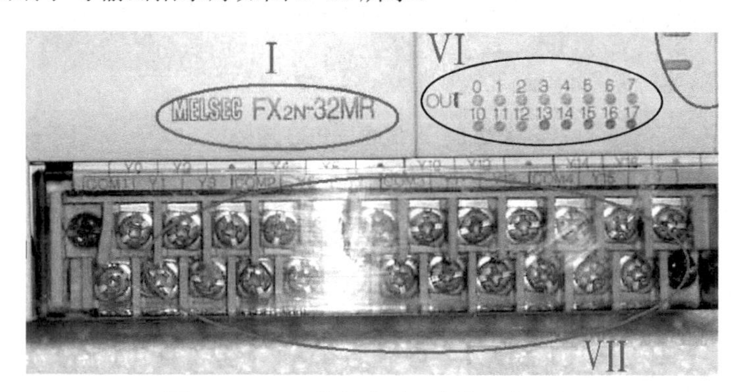

图 2-11　PLC 的输出端子与输出指示灯

1）输出公共端子 COM：在图 2-11 所示区域可以发现标有 COM1 等字样的端子，此端子为 PLC 输出公共端子，是在 PLC 连接交流接触器线圈、电磁阀线圈和指示灯等负载时必须连接的一个端子。

负载使用不同的电压类型和等级时，若 Y0～Y3 共用 COM1、Y4～Y7 共用 COM2、Y10～Y13 共用 COM3、Y14～Y17 共用 COM4、Y20～Y27 共用 COM5，对于共用一个公共端子的同一组输出，必须采用同一电压类型和同一电压等级。但不同的公共端子组可使用不同的电压类型和电压等级。

当负载使用相同的电压类型和等级时，则将 COM1、COM2、COM3、COM4 用导线短接起来。

2）Y□端子：在图 2-11 所示Ⅶ区域可以发现标有 Y□等字样的端子，Y□端子为 PLC 的输出（OUT）继电器的接线端子，是将 PLC 指令执行结果传递到负载侧的必经通道。

3）输出指示灯：在图 2-11 所示Ⅵ区域中为 PLC 的输出指示灯，当某个输出继电器被驱动后，对应的 Y□指示灯就会点亮。

2.1.2　FX_{2N}系列 PLC 的输入继电器

PLC 内部提供给用户使用的输入继电器/输出继电器都称为元件，由于这些元件都可以用程序（即软件）来指定，故又称为软元件，但它们与真实元件不同，一般称它们为“软继电器”。这些编程用的继电器，它的工作线圈没有工作电压等级、功耗大小和电磁惯性等问题，触点没有数量限制、没有机械磨损和电蚀等问题。在不同的指令操作下，其工作状态可以无记忆，也可以有记忆，还可以为作为脉冲数字元件使用。一般情况下，输入继电器用 X 表示，输出继电器用 Y 表示。

PLC 的输入端子是从外部接收信号的端口，PLC 内部与输入端子连接的输入继电器（X）是用光电隔离的电子继电器，它们的编号与接线端子编号一致，按八进制进行编号，线圈的通断取决于 PLC 外部触点的状态，不能用程序指令驱动。内部提供常开/常闭两种触点供编程时使用，且使用次数不限。

外部输入设备通常分为主令电器和检测电器两大类。主令电器产生主令输入信号，如按钮和转换开关等；检测电器产生检测运行状态的信号，如行程开关、继电器的触点和传感器等。输入回路的连接示意图如图 2-12 所示。图中，当按下 SB2 按钮时，COM 点和 X2 接通，此时相对应的输入点 X2 从“OFF”变为“ON”（即“0”→“1”），该输入信号被送到 PLC 的内部。

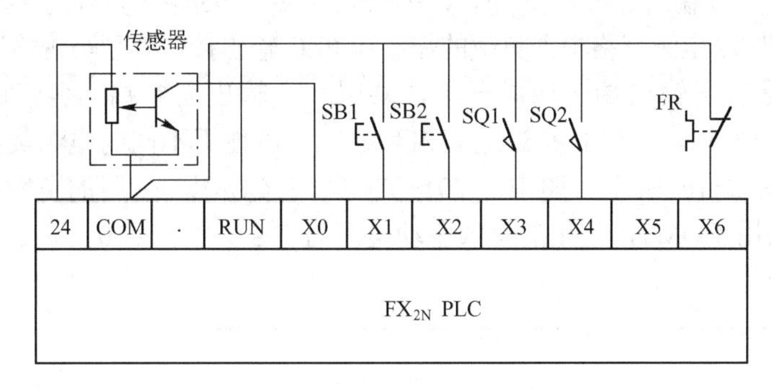

图 2-12　输入回路的连接

开关量输入接口按所使用的外信号电源类型可分为直流输入电路、交流输入电路及交直流输入电路等类型，如图 2-13～图 2-15 所示，但无论 PLC 输入接口采用哪种形式，其内部编程使用的输入继电器都用 X 表示。

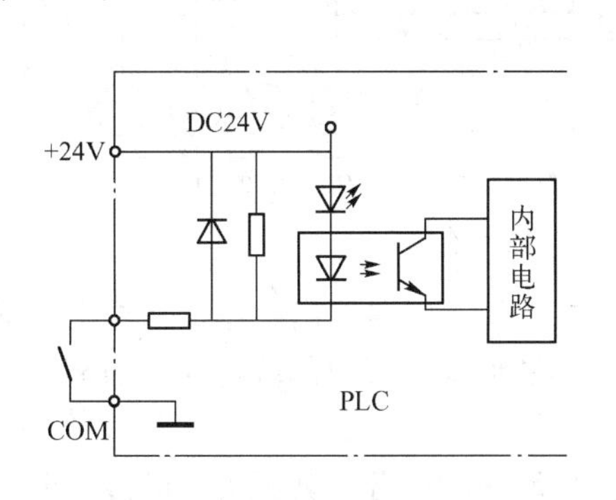

图 2-13　直流输入电路

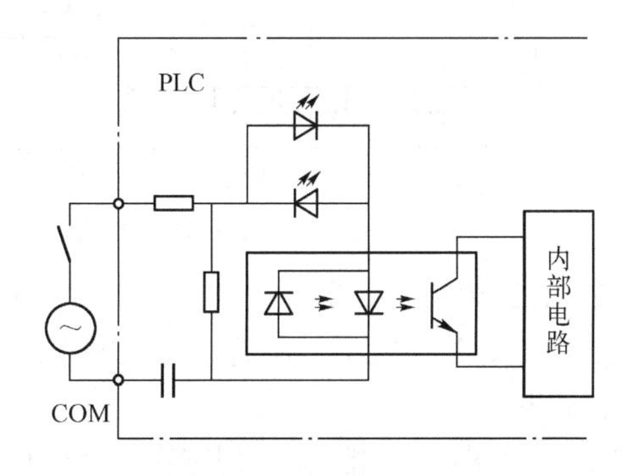

图 2-14　交流输入电路

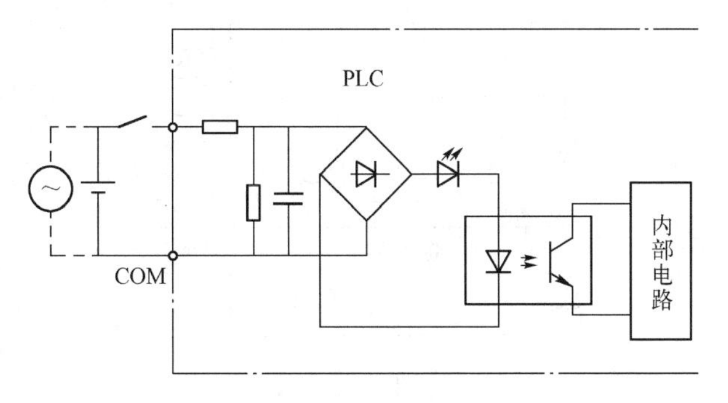

图 2-15　交直流输入电路

码 2-3　PLC 的输入继电器

2.1.3 FX_{2N}系列 PLC 的输出继电器

PLC 的输出端子是向外部负载输出信号的端口。输出继电器线圈的通断由程序驱动，输出继电器也按八进制编号，其外部输出主触点接到 PLC 的输出端子上供驱动外部负载使用，内部提供常开/常闭触点供程序使用，且使用次数不限。

外部输出设备通常分为驱动负载和显示负载两大类。驱动负载，如接触器、继电器和电磁阀等；显示负载，如指示灯、数字显示装置、电铃和蜂鸣器等。输出回路是 PLC 驱动外部负载的回路，PLC 通过输出点将负载和驱动电源连接成一个回路，负载的状态由 PLC 输出点进行控制。负载的驱动电源规格根据负载的需要和 PLC 输出接口类型与规格进行选择。

输出公共端是若干输出端子构成一组，共用一个输出公共端，各组的输出公共端用 COMl、COM2……表示，各组公共端之间相互独立，可使用不同的电源类型和电压等级负载驱动电源，如图 2-16 所示。图中，Y0～Y3 共用 COMl，使用的负载驱动电源为 AC 220V；Y4～Y7 共用 COM2，使用的负载驱动电源为 DC 24V；Y10～Y13 共用 COM3，使用的负载驱动电源为 AC 6.3V。

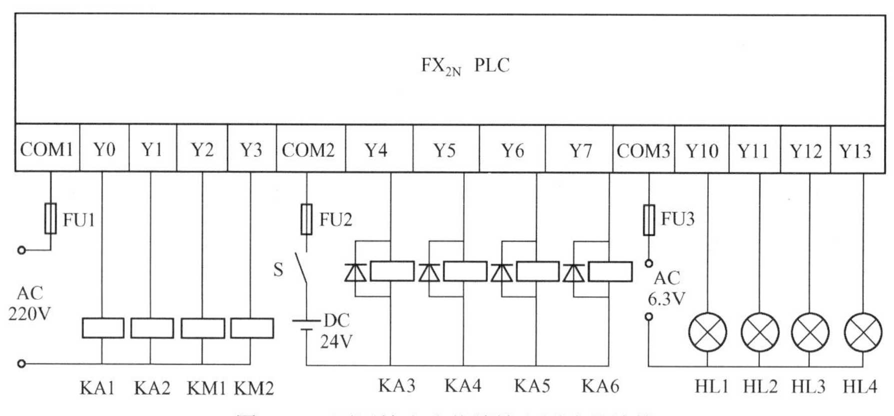

图 2-16　不同输出公共端输出回路的连接

按 PLC 内使用元器件的不同，开关量输出接口可分为继电器输出、晶体管输出和双向晶闸管输出共 3 种类型。但无论 PLC 输出接口采用哪种形式，其内部编程使用的输入继电器都用 Y 表示。

图 2-17 所示为继电器输出接口，可用于交流及直流两种电源，其开关速度慢，但过载能力强。

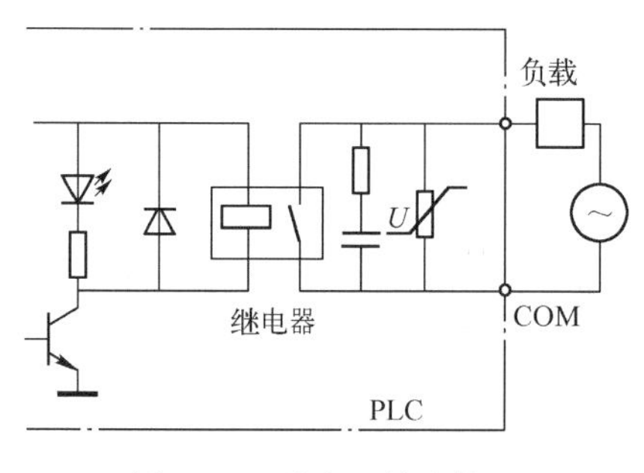

图 2-17　继电器输出接口

码 2-4　PLC 的输出继电器

图 2-18 所示为晶体管输出接口，只适用于直流电源，开关速度快，但过载能力差。

图 2-19 所示为双向晶闸管输出接口，只适用于交流电源，其开关速度快，但过载能力差。

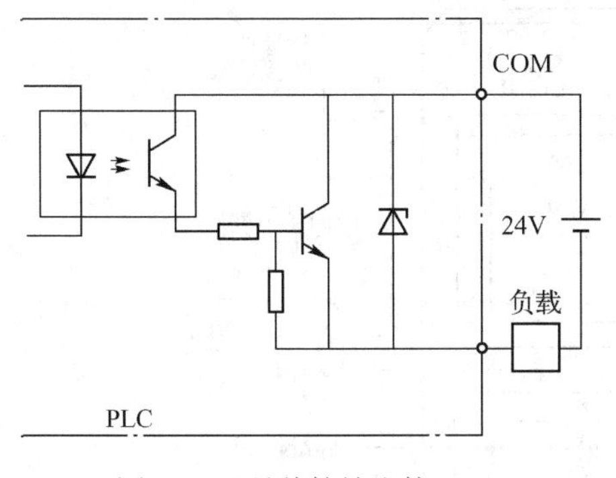

图 2-18 晶体管输出接口

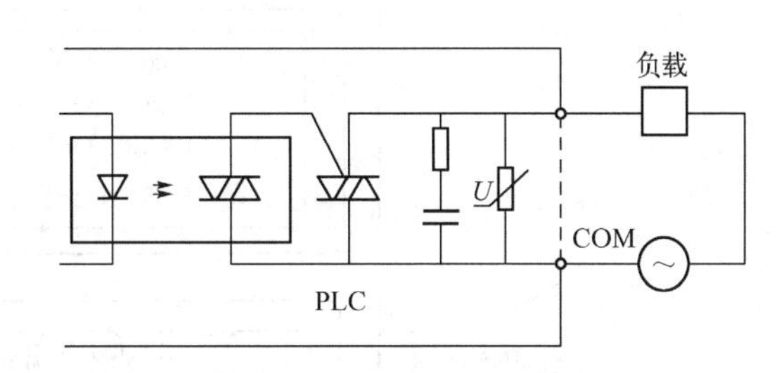

图 2-19 双向晶闸管输出接口

2.2 编程器及编程软件的应用

编程器是可编程序控制器主要的外围设备，它不仅能对 PLC 进行程序的写入、修改和读出，还能对 PLC 的运行状况进行监控。

FX 系列 PLC 的编程器可分为 FX-20P-E 简易编程器、GP-80FX-E 图形编程器、SWOPC-FXGP/WIN-C 和 GX_GX Develeper 计算机软件编程器。本节主要介绍 FX-20P-E 简易编程器、SWOPC-FXGP/WIN-C 和 GX_GX Develeper 计算机编程软件的使用。

2.2.1 FX-20P 手持式编程器的使用

FX-20P-E 具有在线编程（亦称联机编程）和离线编程（亦称脱机编程）两种方式。在线编程方式时，编程器和 PLC 直接连接，对 PLC 用户程序存储器直接进行操作；离线编程方式时，编制的用户程序先写入编程器内部的 RAM，再由编程器传送到 PLC 的用户程序存储器。

编程器与主机之间采用专用电缆连接，主机的型号不同，电缆的型号也不同。连接方式如图 2-20 所示。

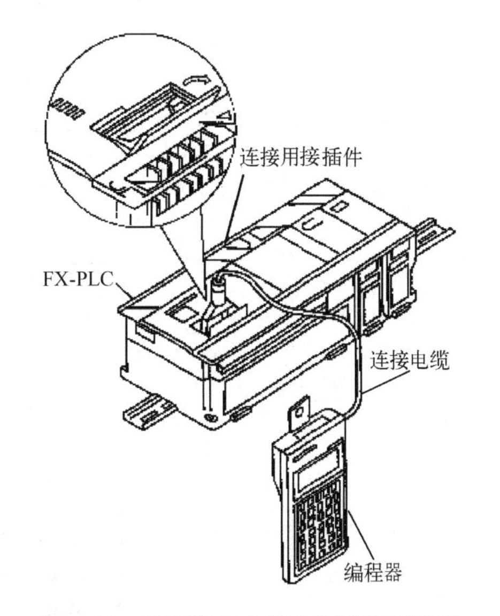

图 2-20 编程器与主机之间连接示意图

1. FX-20P-E 简易编程器

FX-20P-E 简易编程器由液晶显示屏、ROM 写入器接口、存储器卡盒接口，以及包括功能键、指令键、元件符号键和数字键等的键盘组成。其操作面板如图 2-21 所示。

（1）液晶显示屏

FX-20P-E 简易编程器有一个液晶显示屏（带后照明）。它在编程时显示指令（程序的地址、指令和数据)；在运行监控时，显示元器件工作状态。液晶显示屏只能同时显示 4 行，每行 16 个字符。进行编程操作时，液晶显示屏上的显示画面如图 2-22 所示。

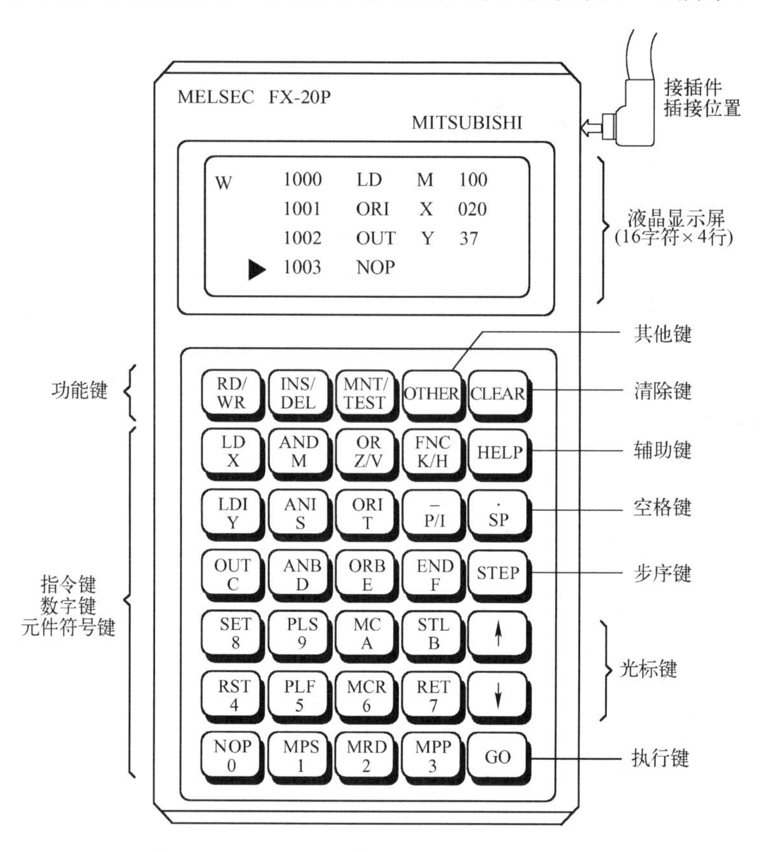

图 2-21　FX-20P-E 简易编程器的操作面板图

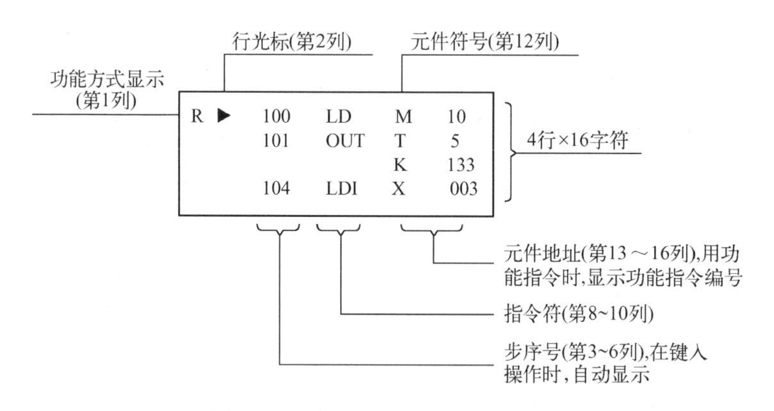

图 2-22　液晶显示屏上的显示画面

R（Read）—读出　　　W（Write）—写入

I（Insert）—插入　　　D（Delete）—删除

M（Monitor）—监视　　　T（Test）—测试

（2）键盘

键盘由 35 个按键组成，包括功能键、指令键、元件符号键和数字键等。键盘上各键的作用如下。

1）功能键：

[RD/WR]——读出/写入，R 表示程序读出，W 表示程序写入。

[INS/DEL]——插入/删除，I 表示程序插入，D 表示程序删除。

[MNT/TEST]——监视/测试，M 表示监视，T 表示测试。

功能键上、下部的功能交替起作用，按一次选择第一功能，再按一次则选择第二功能，如按一次[RD/WR]键显示 R（读出功能），再按一次[RD/WR]键，则选择显示 W（写入功能）。

2）执行键：

[GO]——用于指令的确认、执行、显示画面和检索。

3）清除键：

[CLEAR]——如在按执行键[GO]前按此键，则清除键入的数据，该键也可以用于清除显示屏上的错误信息或恢复原来的画面。

4）其他键：

[OTHER]——在任何状态下按此键，都将显示方式项目菜单。安装 ROM 写入模块时，在脱机方式项目上进行项目选择。

5）辅助键：

[HELP]——显示应用指令一览表。在监视方式下，进行十进制数和十六进制数的转换。

6）空格键：

[SP]——输入指令时用此键指定元件号和常数。

7）步序键：

[STEP]——设定步序号。

8）光标键：

[↑]、[↓]——移动光标和提示符；指定当前元件的前一个或后一个地址号的元件；逐行滚动。

9）指令键、元件符号键和数字键：这些键都是复用键，每个键的上面为指令符号，下面为元件符号或者数字。上、下部的功能根据当前所执行的操作自动进行切换，其下面的元件符号 Z/V、K/H、P/I 是交替使用的，反复按键时，交替切换。

2. 编程操作

无论是联机方式，还是脱机方式，基本编程操作相同，其步骤如图 2-23 所示。

（1）程序清零

PLC 内存带有后备电源，断电后存储器 RAM 中的程序仍保留下来，在输入一个新程序时，一般应将原有的程序清除。要清除原有的程序可采用 NOP 的成批写入。清除过程如下：

[RD/WR]→[RD/WR]→[NOP]→[A]→[GO]→[GO]

在 PLC STOP 状态下，进入写入（W）功能，依次按[NOP]、[A]和[GO]键，则出现“ALL　CLEAR?　OK→GO　NO→CLEAR”，提示是否要全部清除，如要全部清除则按[GO]键，则显示：

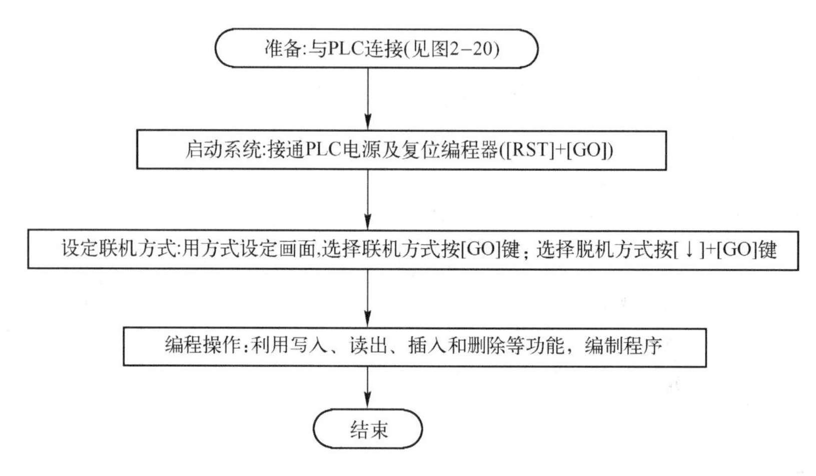

图 2-23　基本编程操作步骤

W　→　0　NOP

　　　　1　NOP

　　　　2　NOP

　　　　3　NOP

表示已全部清除，如不是，则再重复 NOP 的成批写入操作，即依次按[NOP]、[A]和[GO]键。

（2）程序写入

1）基本指令的写入。

基本指令有三种情况：一是仅有指令助记符，不带元件，如 ANB、ORB、MPS、MRD、MPP、END、NOP 等指令；二是有指令助记符和一个元件，如 LD、LDI、AND、ANI、OR、ORI、SET、RST、PLS、PLF、MCR、OUT（除 OUT　T 和 OUT　C 外）等指令；三是有指令助记符带两个元件，如 OUT　T、OUT　C、MC 等指令。写入上述 3 种基本指令的操作如下。

情况一：[写入功能]→[指令]→[GO]。

情况二：[写入功能]→[指令]→[元件符号]→[元件号]→[GO]。

情况三：[写入功能]→[指令]→[第一元件符号]→[第一元件号]→[SP]→[第二元件符号]→[第二元件号]→[GO]。

例如，将图 2-24 所示的梯形图程序写入 PLC，可按下述操作进行：

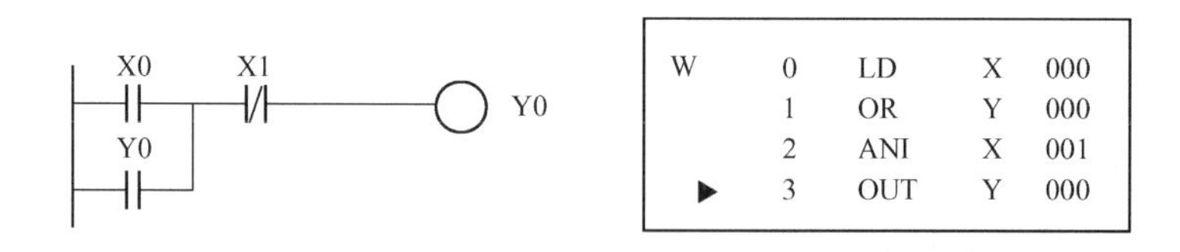

图 2-24　基本指令的梯形图及液晶屏显示

W：[LD]→[X]→[0]→[GO]→[OR]→[Y]→[0]→[GO]→[ANI]→[X]→[1]→[GO]→[OUT]→[Y]→[0]→[GO]

在指令的写入过程中，若需要修改，方法如图 2-25 所示。

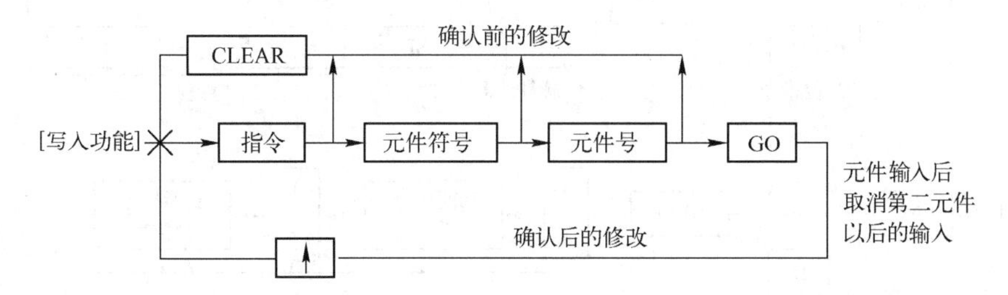

图 2-25　修改程序的操作

例如，输入指令 OUT　T0　K50，确认（按[GO]键）前，欲将 K50 改为 D1，可按下述操作进行：

① 按指令键，输入第一元件和第二元件；

② 为取消第二元件，按一次[CLEAR]键；

③ 输入修改后的第二元件；

④ 按[GO]键，确认。

即 W：[OUT]→[T]→[0]→[SP]→[K]→[5]→[0]→[CLEAR]→[D]→[1]→[GO]。

若确认后（已按过[GO]键），上例修改可按下述操作进行：

① 按指令键，输入第一元件和第二元件；

② 按[GO]键，确认上一步的输入；

③ 将行光标移到 K50 的位置上；

④ 输入修改后的第二元件；

⑤ 按[GO]键，确认。

即 W：[OUT]→[T]→[0]→[SP]→[K]→[5]→[0]→[GO]→[↑]→[D]→[1]→[GO]。

2）功能指令的写入。

写入功能指令时，按[FNC]键后再输入功能指令号。这时不能像写入基本指令那样使用元件符号键。功能指令的输入方法有两种：一种是直接输入指令号；另一种是借助于[HELP]键的功能，在所显示的指令一览表上检索指令编号后再输入。功能指令输入的基本操作如图 2-26 所示。

例如，将图 2-27 所示的梯形图程序写入 PLC，可按下述操作进行：

① 按指令键，输入第一元件和第二元件；

② 按[FNC]键，选择功能指令；

③ 指定 32 位指令时，在键入指令号之前或之后，按[D]键；

④ 键入指令号；

⑤ 在指定脉冲指令时，键入指令号后按[P]键；

⑥ 写入元件时，按[SP]键，再依次键入元件符号和元件号；

⑦ 按[GO]键，确认。

即 W：[LD]→[X]→[0]→[FNC]→[D]→[1]→[2]→[P]→[SP]→[D]→[1]→[0]→[SP]→[D]→[1]→[2]→[GO]。

上述操作完成后，液晶屏显示如图 2-28 所示。

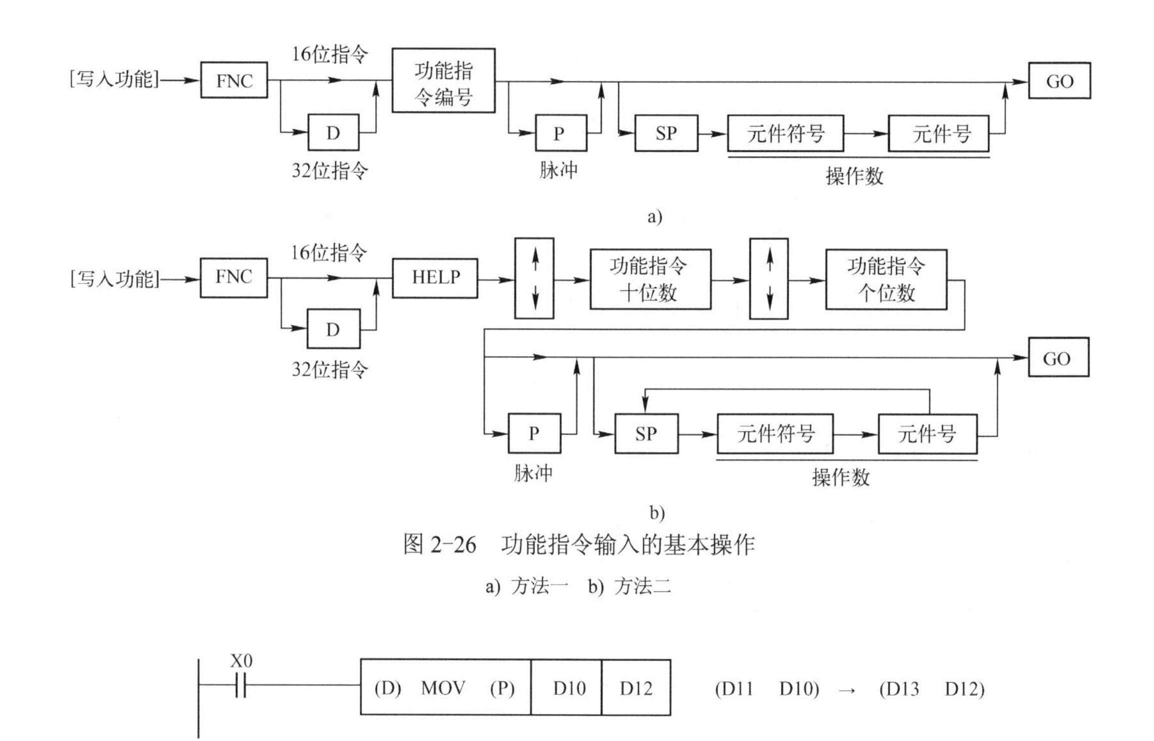

图 2-26　功能指令输入的基本操作

a) 方法一　b) 方法二

图 2-27　梯形图

3）元件的写入。

在基本指令和功能指令的写入中，往往要涉及元件的写入。下面用一个实例来说明元件写入的方法。

例如，写入功能指令 MOV　K1X0Z　D1，可按下述操作进行：

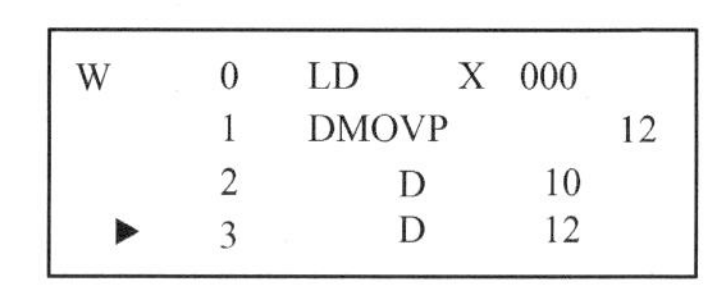

图 2-28　液晶屏显示

① 写入功能指令号；

② 指定位数，K1 表示 4 个二进制位。K1～K4 用于 16 位指令，K1～K8 用于 32 位指令（K1X0 表示由输入继电器 X0～X3 组成的一位十进制数）；

③ 键入第一元件符号和第一元件号，变址寄存器 Z、V 将附加在元件号上一起使用；

④ 键入第二元件符号和第二元件号。

即 W：[FNC]→[1]→[2]→[SP]→[K]→[1]→[X]→[0]→[Z]→[SP]→[D]→[1]→[GO]。

4）标号的写入。

在程序中 P（指针）、I（中断指针）作为标号使用时，其输入方法和指令相同，即按[P]或[I]键，再键入标号编号，最后按[GO]键。

5）程序的改写。

在指定的步序上改写指令。

例如，将原 50 步上的指令改写为 OUT　C0　K3，可按下述操作进行：

① 根据步序号读出程序；

② 按[WR]键后，依次键入指令、元件符号及元件号；

③ 按[SP]键，键入第二元件符号和第二元件号；

④ 按[GO]键，确认重新写入的指令。

即 W：[读出第 50 步]→[WR]→[OUT]→[C]→[0]→[SP]→[K]→[3]→[GO]。

如果需要改写读出步数中的某些内容，可将光标直接移到需要改写的地方，重新键入新的内容即可。

例如：将第 100 步的 MOV(P)指令元件 K2Y1 改写为 K1Y0，可按下述操作进行：

① 根据步序号读出程序；

② 按[WR]键后，将行光标移动到要改写的元件位置上；

③ 在指定位置时，按[K]键，键入数值；

④ 键入元件符号和元件号，再按[GO]键，改写元件结束。

即 W：[读出第 100 步]→[WR]→[↓]→[K]→[1]→[Y]→[0]→[GO]。

6）NOP 的成批写入。在指定范围内，将 NOP 成批写入的基本操作如图 2-29 所示。

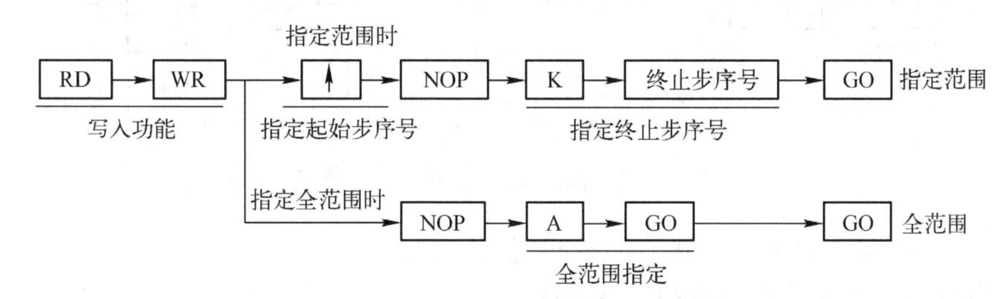

图 2-29　将 NOP 成批写入的基本操作

例如，从 100 步到 200 步范围内成批写入 NOP，可按下述操作进行：

① 按[↑]或[↓]键，将行光标移至写入 NOP 的起始位置；

② 依次按[NOP]、[K]键，再键入终止步序号；

③ 按[GO]键，则在指定范围内成批写入 NOP。

即 W：[↑]或[↓]至第 100 步→[NOP]→[K]→[2]→[0]→[0]→[GO]。

（3）程序读出

在 PLC 编程中经常需要把已写入 PLC 的程序读出。如程序输入完成后，要把程序读出进行检查，此时可按功能键[RD/WR]将写入（W）状态改为读出（R）状态，再用[↑]或[↓]键逐条读出以检查，如有差错可按上述方法进行修改。在实际编程中，在程序的插入、删除时也经常用到读出功能。

从 PLC 的内存中读出程序，可以通过步序号、指令、元件及指针等几种方式。在联机方式下，PLC 在运行状态时要读出指令，只能根据步序号读出；若 PLC 为停止状态时，还可以根据指令、元件以及指针读出。在脱机方式中，无论 PLC 处于何种状态，上述 4 种读出方式均可。

1）根据步序号读出程序。指定步序号，从 PLC 用户程序存储器中读出并显示程序的基本操作如图 2-30 所示。

例如，要读出第 100 步的程序，可按下述操作进行：

① 按[STEP]键，键入指定的步序号；

② 按[GO]键，执行读出。

即 R：[STEP]→[1]→[0]→[0]→[GO]。

2）根据指令读出程序。指定指令，从 PLC 用户程序存储器中读出并显示程序（此时

PLC 应处于停止状态）的基本操作如图 2-31 所示。

图 2-30　根据步序号读出程序的基本操作

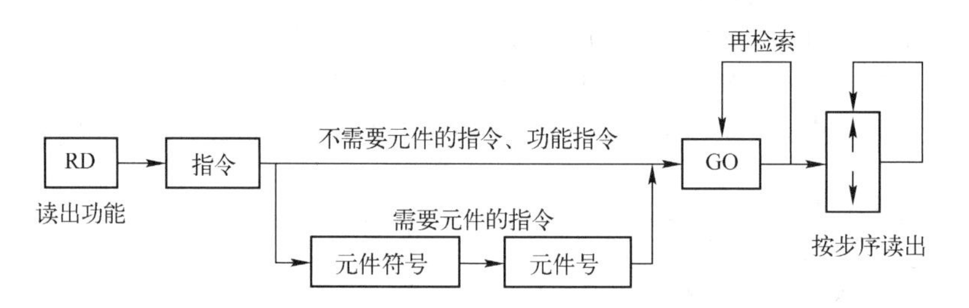

图 2-31　根据指令读出程序的基本操作

例如，要读出指令 PLF　M10，可按下述操作进行：

① 按指令键，输入元件符号和元件号；

② 按[GO]键，执行读出。

即 R：[PLF]→[M]→[1]→[0]→[GO]。

3）根据元件读出程序。指定元件符号和元件号，从 PLC 用户程序存储器读出并显示程序（此时 PLC 应处于停止状态）的基本操作如图 2-32 所示。

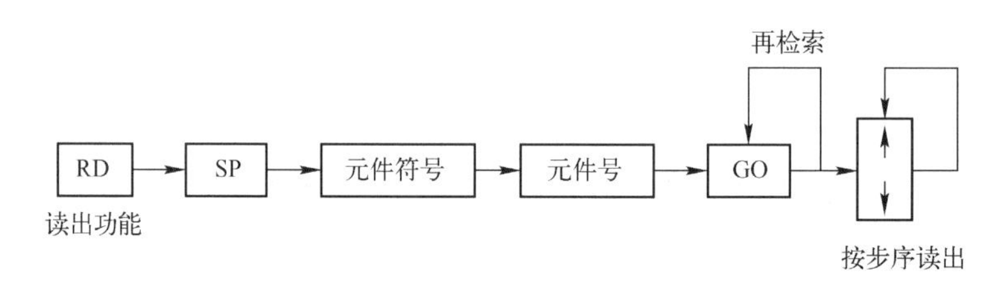

图 2-32　根据元件读出程序的基本操作

例如，要读出 M120，可按下述操作进行：

① 按[SP]键，输入元件符号和元件号；

② 按[GO]键，执行读出。

即 R：[SP]→[M]→[1]→[2]→[0]→[GO]。

4）根据指针读出程序。指定指针，从 PLC 的用户程序存储器读出并显示程序（此时 PLC 应处于停止状态）的基本操作如图 2-33 所示。

例如，要读出指针号为 2 的标号，可按下述操作进行：

① 按[P]键，输入指针号；

② 按[GO]键，执行读出。

即 R：[P]→[2]→[GO]。

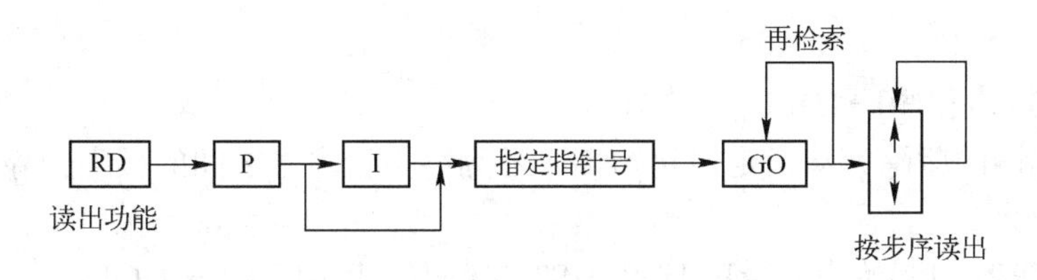

图 2-33 根据指针读出程序的基本操作

（4）插入程序

插入程序操作是先根据步序号读出程序，再在指定的位置上插入指令或指针，其基本操作如图 2-34 所示。

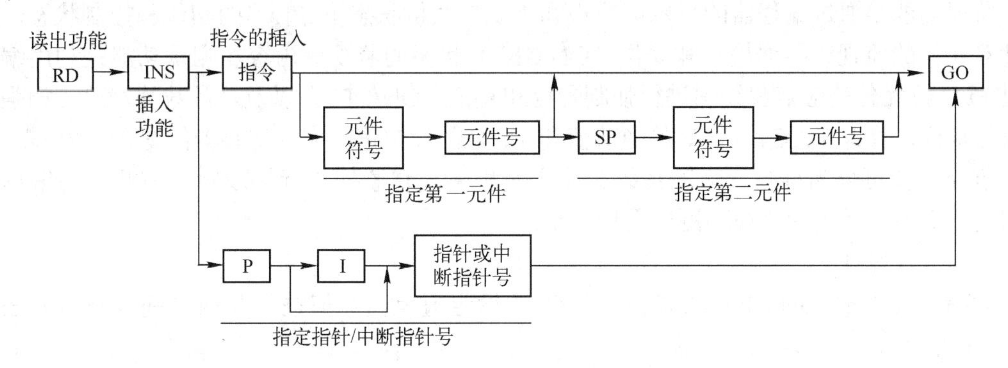

图 2-34 插入程序的基本操作

例如，在第 100 步前插入 ANI M12，可按下述操作进行：

① 根据步序号读出相应的程序，按[INS]键，设定在行光标指定步序处插入。无步序号的行不能进行插入；

② 键入指令、元件符号和元件号（指针或中断指针号）；

③ 按[GO]键，插入指令或指针。

即：[读出第 100 步程序]→[INS]→[ANI]→[M]→[1]→[2]→[GO]。

（5）删除程序

删除程序分为逐条删除、指定范围的删除和 NOP 式成批删除三种方式。

1）逐条删除。读出程序，逐条删除光标指定的指令或指针，基本操作如图 2-35 所示。

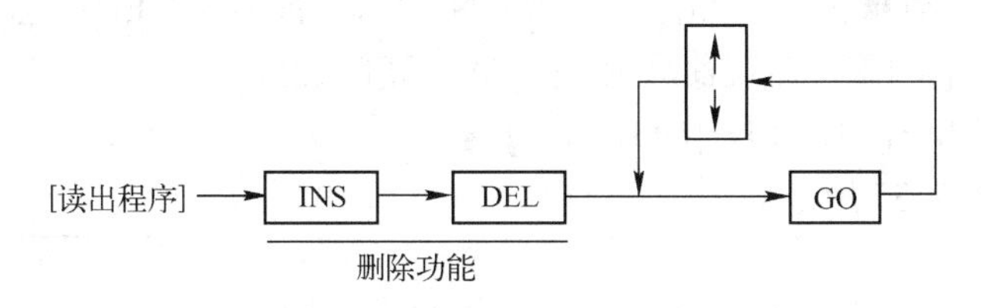

图 2-35 逐条删除程序的基本操作

例如，删除第 200 步 ANI 指令，可按下述操作进行：

① 根据步序号读出相应程序，按[INS]键和[DEL]键；

② 按[GO]键后，即删除了行光标所指定的指令或指针，而且以后各步的步序号自动向

前提。

即：[读出第 200 步程序]→[DEL]→[GO]。

2）指定范围的删除。从指定的起始步序号到终止步序号之间的程序删除，可按下述操作进行：

即 D：[STEP]→[起始步序号]→[SP]→[STEP]→[终止步序号]→[GO]。

3）NOP 式成批删除。将程序中所有的 NOP 一起删除，可按下述操作进行：

即：[INS]→[DEL]→[NOP]→[GO]。

3. 监控操作

在实际应用中经常使用监控操作功能，监控操作可分为监视和测试。

监视功能是通过编程器的显示屏监视和确认在联机状态下 PLC 的动作和控制状态，它包括对元件的监视、导通检查和动作（ON/OFF）状态的监视等内容。测试功能是利用编程器对 PLC 位元件的触点和线圈进行强制置位和复位（ON/OFF）以及对常数的修改，如强制置位与复位，修改 T、C、Z、V 的当前值和 T、C 的设定值，文件寄存器的写入等内容。

监控操作可分为准备、启动系统、设定联机方式和监控执行等步序，前几步与编程操作相同。下面对常用的监视和测试进行介绍。

（1）元件监视

对指定元件的 ON/OFF 状态和 T、C 的设定值及当前值进行监视，基本操作方法如图 2-36 所示。

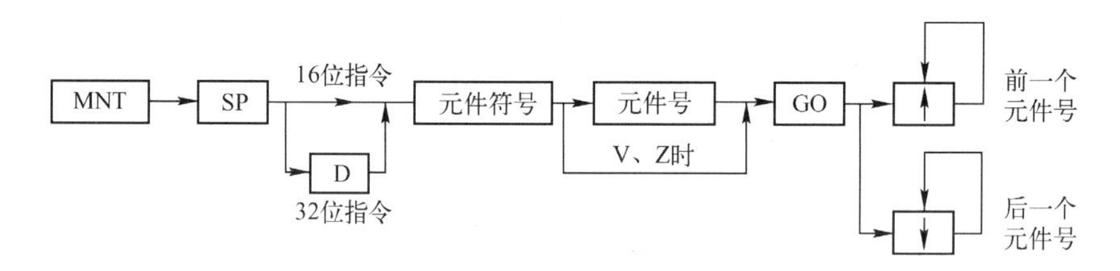

图 2-36　元件监视的基本操作

例如，监视 X0 及其以后的元件，可按下述操作进行：

① 按[MNT]键后，进入监视 M 方式；

② 按[SP]键，键入元件符号及元件号；

③ 按[GO]键后，有■标记的元件，则为 ON 状态，否则为 OFF 状态；

④ 通过按[↑]、[↓]键，监视前后元件的 ON/OFF 状态。

即：[MNT]→[SP]→[X]→[0]→[GO]→[↑]或[↓]。

液晶屏显示如图 2-37 所示。

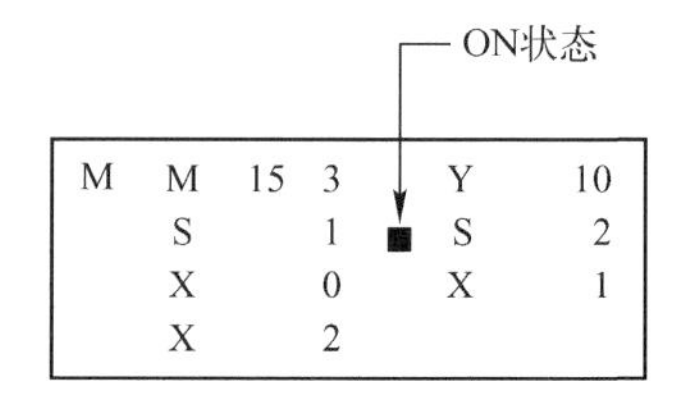

图 2-37　液晶屏显示

（2）导通检查

利用导通检查功能可以监视元件线圈动作和触点的导通状态。先根据步序号或指令读出程序，再监视元件线圈动作和触点的导通状态，基本操作方法如图 2-38 所示。

例如，读出 100 步并作导通检查的键操作如下：

读出以指定步序号为首的 4 行指令后，根据显示在元件左侧的■标记，可监视触点的导通情况和线圈的动作状态。利用[↑]、[↓]键进行滚动监视。

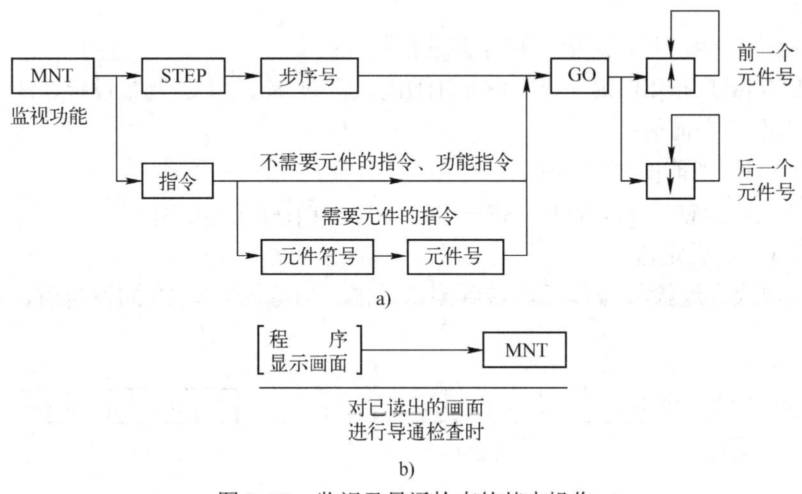

图 2-38　监视及导通检查的基本操作

a) 监视操作　b) 导通检查

即：[MNT]→[STEP]→[1]→[0]→[0]→[GO]。

（3）动作状态的监视

利用步进指令，监视 S 的动作状态（状态号从小到大，最多为 8 点），其操作如下：

即：[MNT]→[STL]→[GO]。

（4）强制 ON/OFF

对元件进行强制 ON/OFF 操作时，应先对元件进行监视，然后进行测试。基本操作如图 2-39 所示。

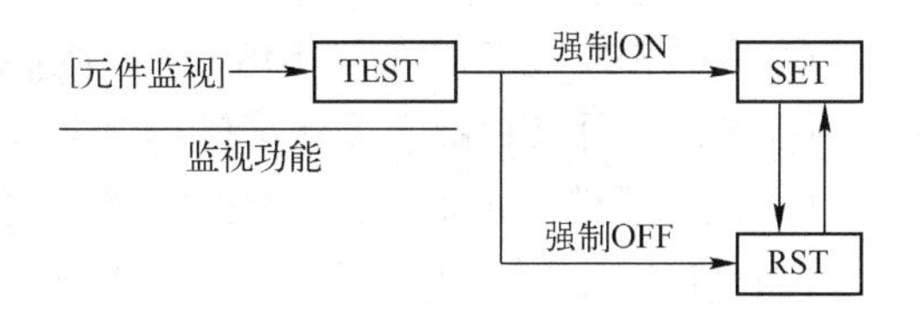

图 2-39　强制 ON/OFF 的基本操作

例如，对输出元件 Y3 强制进行 ON/OFF，可按下述操作进行：

① 利用监视功能，对元件 Y3 进行监视；

② 按[TEST]键，若此时被监视元件 Y3 为 OFF 状态，则按[SET]键，可强制为 ON 状态；若此时被监视元件 Y3 为 ON 状态，则按[RST]键，可强制 Y3 处于 OFF 状态。

即：[Y3 元件监视]→[TEST]→[SET]→[RST]。

注意：强制 ON/OFF 操作只在一个运行周期内有效。

（5）修改 T、C、D、Z、V 等的当前值

先进行元件监视，再进入测试功能。修改 T、C、D、Z、V 等当前值的基本操作如图 2-40 所示。

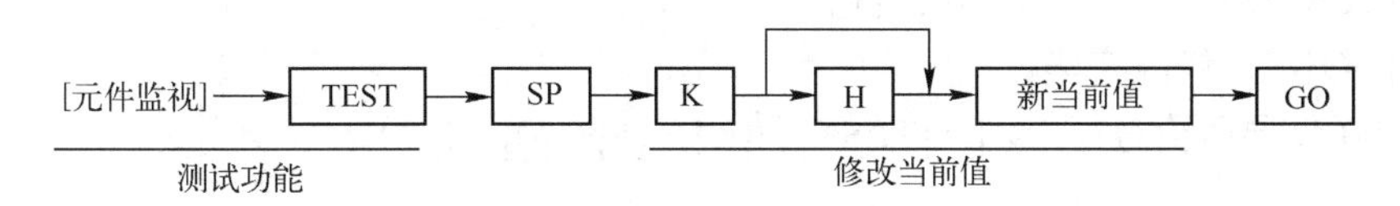

图 2-40　修改 T、C、D、Z、V 等当前值的基本操作

例如，将 32 位计数器当前值寄存器（D11、D10）的当前值 K1024 修改为 K100，可按下述操作进行：

① 应用监视功能，对设定值的寄存器进行监视；

② 按[TEST]键后按[SP]键，再按[K]或[H]键（常数 K 为十进制数设定、H 为十六进制数设定），键入新的当前值；

③ 按[GO]键，当前值变更结束。

即：[D10 元件监视]→[TEST]→[SP]→[K]→[1]→[0]→[0]→[GO]。

（6）修改 T、C 设定值

对元件监视或导通检查操作后，转到测试功能，可修改 T、C 的设定值，基本操作如图 2-41 所示。

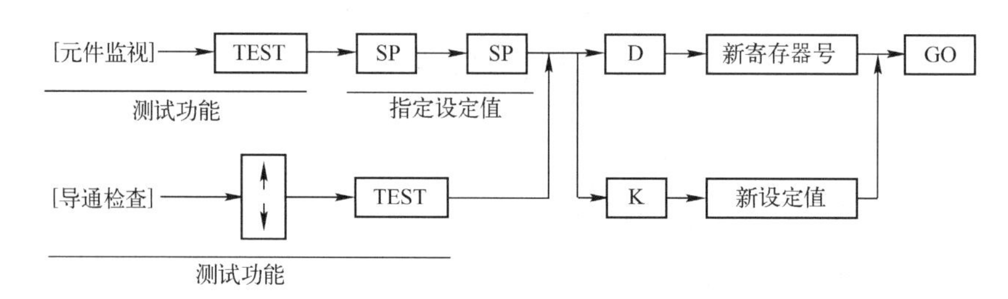

图 2-41　修改 T、C 设定值的基本操作

例如，将定时器 T10 的设定值 K50 改为 K30，可按下述操作进行：

① 利用监控功能对 T10 进行监视；

② 按[TEST]键后，按一下[SP]键，则提示符出现在当前值的显示位置上；

③ 再按一下[SP]键，提示符移到设定值的显示位置上；

④ 键入新的设定值，按[GO]键，设定值修改完毕。

即：[T10 元件监视]→[TEST]→[SP]→[SP]→[K]→[3]→[0]→[GO]。

又如，将定时器 T10 的设定值 D10 改为 D100，可按下述操作进行：

① 利用监控功能对 T10 进行监视；

② 按[TEST]键后，按两次[SP]键，则提示符移到设定值所用的数据寄存器地址号的位置上，键入变更的数据寄存器地址号；

③ 按[GO]键，修改完毕。

即：[T10 元件监视]→[TEST]→[SP]→[SP]→[D]→[1]→[0]→[0]→[GO]。

再如，将第 200 步的 OUT　T10 指令的设定值 K100 改为 K50，可按下述操作进行：

① 利用监控功能，将第 200 步 OUT　T10 元件显示于导通检查画面上；

② 将行光标移至设定值行；

③ 按[TEST]键后，键入新的设定值；

④ 按[GO]键，修改完毕。

即：[200 步导通检查]→[↓]→[TEST]→[K]→[5]→[0]→[GO]。

2.2.2　FXGP/WIN 编程软件的应用

三菱电机公司早期提供的编程软件是 MEDOC，目前为 GPPW 和 SWOPC-FXGP/WIN-

C。GX_GX Developer 编程软件可以用于生成涵盖所有三菱电机公司 PLC 设备的软件包，可以为 FX、A、QnA、Q 系列 PLC 生成程序。SWOPC-FXGP/WIN-C 是应用于 FX 系列 PLC 的中文编程软件，可在 Windows 9x 或 Windows 3.1 及以上的操作系统运行。下面主要对 SWOPC-FXGP/WIN-C 和 GX_GX Developer 软件所需的系统配置、软件功能，以及安装了该编程软件后，如何进行用户程序的创建、修改和编辑作简要介绍。

1．系统配置

（1）计算机

要求机型：IBM PC/AT（兼容）；CPU：486 处理器以上；内存：8MB 或更高（推荐 16MB 以上）；显示器：分辨率为 800×600 像素，16 色或更高；硬盘：必需。

（2）接口单元

采用 FX-232AWC 型 RS-232C/RS-422 转换器（便携式）或 FX-232AWC 型 RS-232C/RS-422 转换器（内置式），以及其他指定转换器。

（3）通信电缆

可供选择的通信电缆有：

1）FX-422CABO 型 RS-422 缆线（用于 FX2、FX_{2C}、FX_{2N} 型 PLC，0.3m）。

2）FX-422CAB-150 型 RS-422 缆线（用于 FX2、FX_{2C}、FX_{2N} 型 PLC，1.5m）。

2．SWOPC-FXGP/WIN-C 软件功能

SWOPC-FXGP/WIN-C 编程软件为用户提供了程序录入、编辑和监控等手段，与手持式编程器相比，其功能强大，使用方便，编程电缆的价格比手持式编程器便宜很多。SWOPC-FXGP/WIN-C 编程软件的主要功能有：

1）可通过梯形图符号、指令语言及 SFC（顺序功能图）符号来创建程序，程序中可加入中、英文注释，建立注释数据及设置寄存器数据。

2）能够监控 PLC 运行时的动作状态和数据变化等情况，还具有程序和监控结果的打印功能。

3）通过串行通信，可将用户程序和数据寄存器中的值下载到 PLC，可以读出未设置口令的 PLC 中的用户程序，或检查计算机和 PLC 中的用户程序是否相同。

图 2-42　FX 编程软件快捷方式图标

3．用户程序的创建、修改、编辑和开启监控的基本步骤

1）运行软件。双击桌面上图 2-42 所示的图标，出现图 2-43 所示的初始界面窗口。

图 2-43　初始界面窗口

2）新建程序文件。单击图 2-43 所示界面中的“新建文件”图标按钮，出现图 2-44 所示的“PLC 类型设置”对话框。

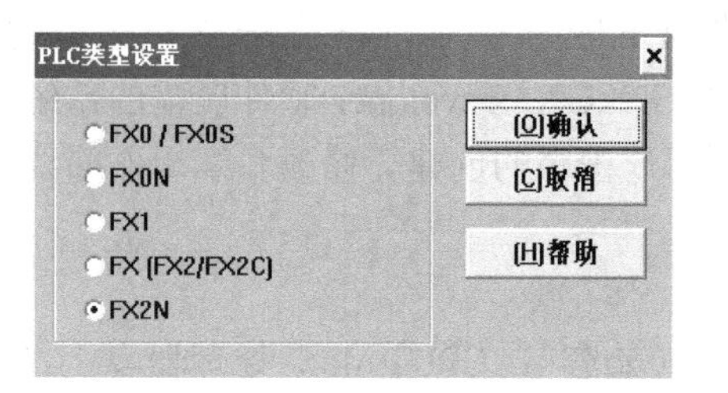

图 2-44 “PLC 类型设置”对话框

码 2-5 PLC 软件的使用

3）机型选择。在图 2-44 所示对话框中选择机型，如 FX_{2N}，单击“确认”按钮，出现图 2-45 所示编程界面窗口。

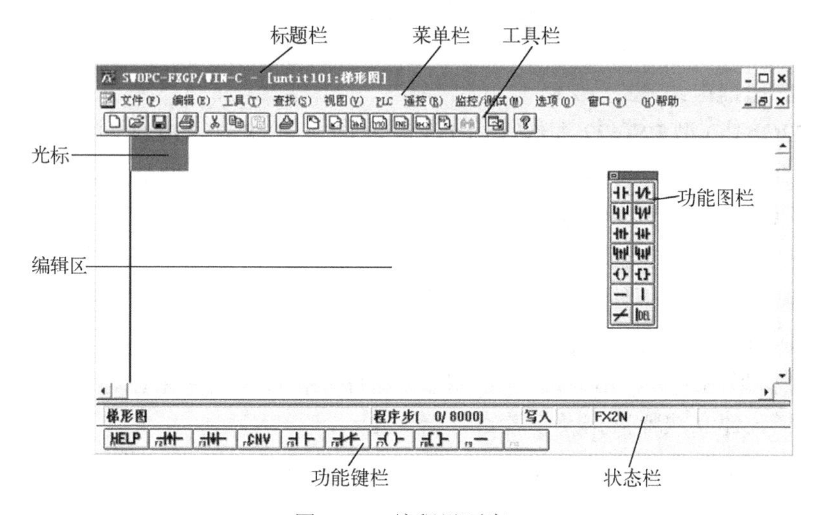

图 2-45 编程界面窗口

4）梯形图编制。在图 2-45 所示窗口中，可以进行梯形图的编制。如在光标处输入 X0 的常闭触点，可单击功能图栏的“常闭触点”图标按钮，出现图 2-46 所示“输入元件”对话框，输入“X0”，单击“确认”按钮，要输入的 X0 常闭触点则出现在蓝色光标处。

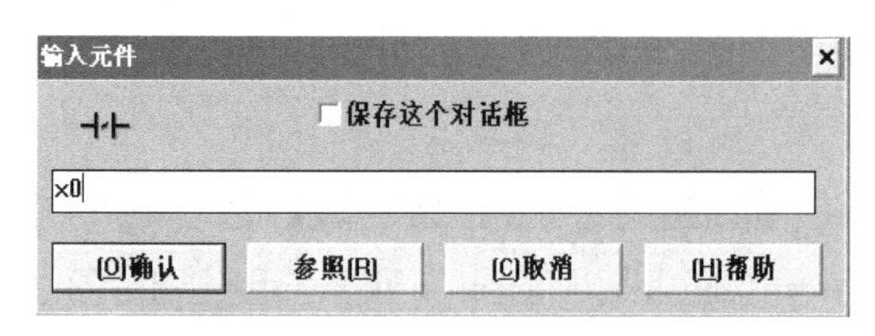

图 2-46 “输入元件”对话框

5）指令转换。在梯形图编制了一段程序后，梯形图程序变成灰色，如图 2-47 所示。单击工具栏上的“转换”图标按钮，将梯形图转换成指令语句表，也可在“视图”菜单下选择“指令表”命令，可进行梯形图和指令语句表的界面切换，如图 2-48 所示。

6）程序下载。程序编辑完毕，可进行文件保存等操作。调试运行前，需将程序下载到 PLC 中。单击“PLC”菜单下的“传送”命令，再选择“写出”命令，如图 2-49 所示，可将程序下载到 PLC 中。

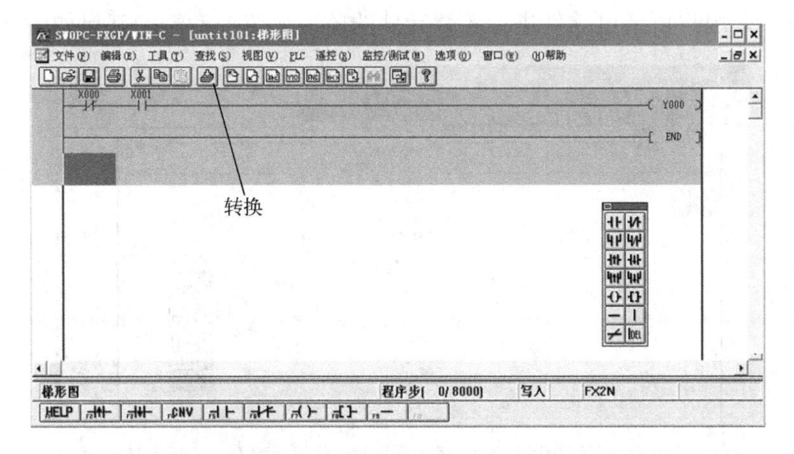

图 2-47　将梯形图转换成指令语句表

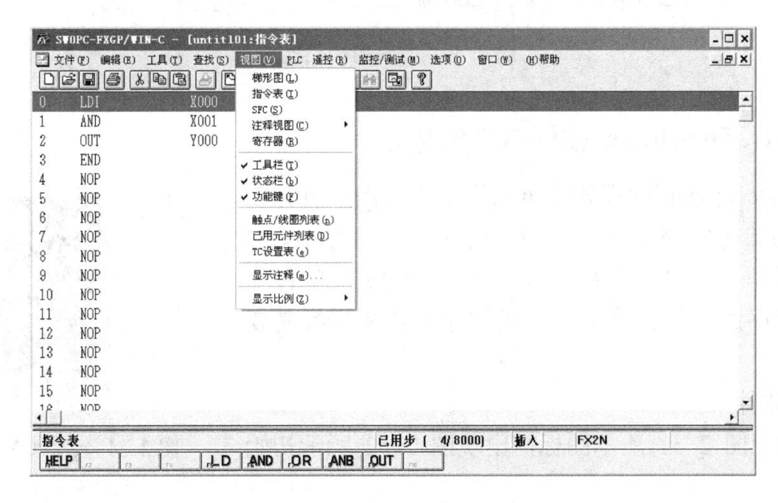

图 2-48　指令语句表界面窗口

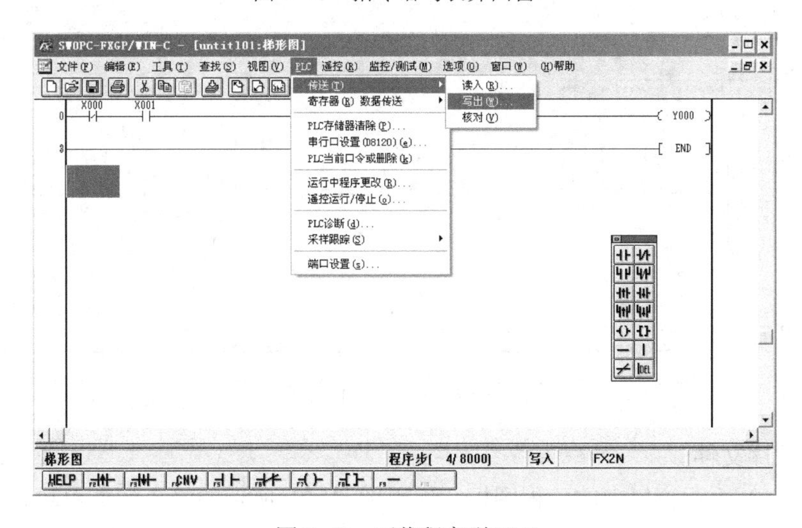

图 2-49　下载程序到 PLC

7）运行监控。程序下载完毕，可配合 PLC 输入/输出端子的连接进行控制系统的调试。调试过程中，用户可通过软件进行各软元件的监控。监控功能的开启如图 2-50 所示。

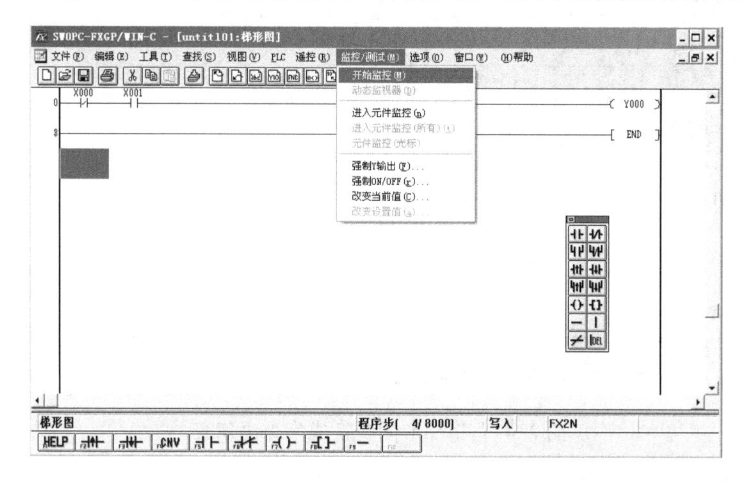

图 2-50　开启监控功能

2.2.3　GX_GX Developer 编程软件的应用

GX_GX Developer 编程软件可以用于生成涵盖所有三菱电机公司 PLC 设备的软件包，可以为 FX、A、QnA、Q 系列 PLC 生成程序。这里主要对 GX_GX Developer 软件如何进行用户程序的创建、编辑、下载程序及监控进行简要介绍。

1. 运行软件

双击桌面上图 2-51 所示图标，出现图 2-52 所示初始界面窗口。

图 2-51　GX_GX Developer 编程软件快捷方式图标

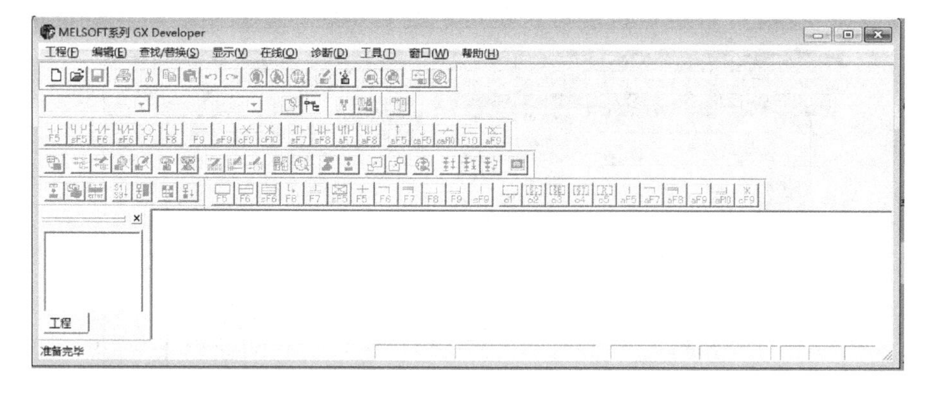

图 2-52　初始界面窗口

2. 新建程序文件

单击图 2-52 所示窗口中的工程图标，出现图 2-53 所示的“工程”菜单，选择“创建新工程”命令，此时弹出“创建新工程”对话框，如图 2-54 所示。

工程(F)

- 创建新工程(N)... Ctrl+N
- 打开工程(O)... Ctrl+O
- 关闭工程(C)
- 保存工程(S) Ctrl+S
- 另存工程为(A)...
- 删除工程(D)...
- 校验(K)...
- 复制(T)...
- 编辑数据(F)
- 改变PLC类型(H)...
- 读取其他格式的文件(I)
- 写入其他格式的文件(E)
- 宏(M)
- FB(B)
- 打印设置(R)...
- 打印(P)... Ctrl+P

图 2-53　创建新工程

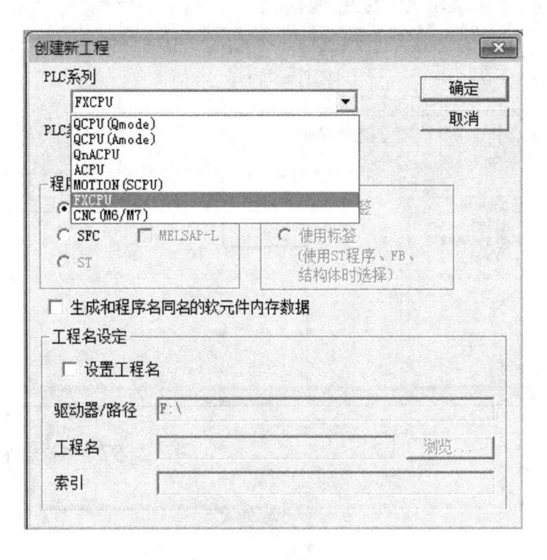

图 2-54　PLC 系列选择

3. PLC 系列与类型的选择

在“创建新工程”对话框中，可选择 PLC 系列与 PLC 类型，如图 2-54 和图 2-55 所示。选择完毕后的对话框如图 2-56 所示。单击“确定”按钮，出现图 2-57 所示编程界面窗口。

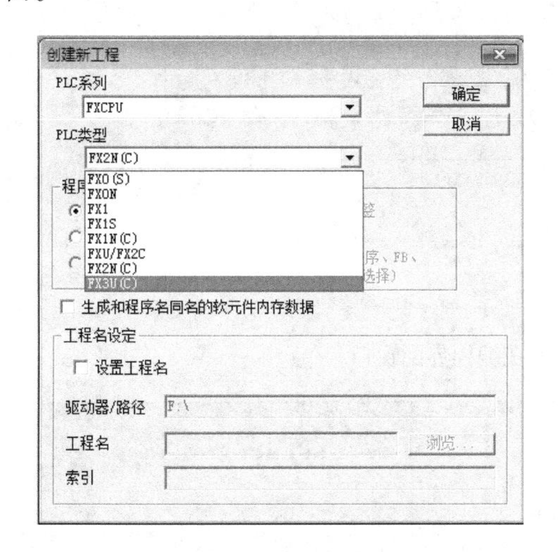

图 2-55　PLC 类型的选择

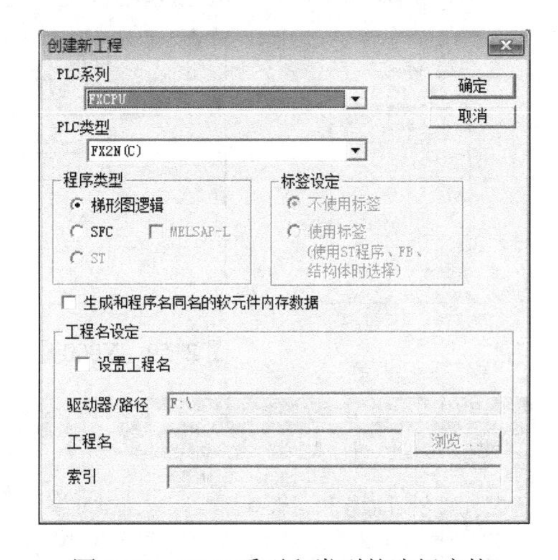

图 2-56　PLC 系列和类型的选择完毕

4. 梯形图编程

在图 2-57 所示编程界面窗口中，可以进行梯形图的编程。如在光标处输入 X0 的常开触点，可直接通过键盘输入“ld x0”，出现“梯形图输入”对话框，如图 2-58 所示；再单击“确定”按钮，要输入的 X0 常开触点出现在原来蓝色光标所在位置，如图 2-59 所示。

5. 指令转换

已编制完成的梯形图程序是灰色的，如图 2-60 所示。单击“变换”菜单选择“变换”命令或工具栏上的“程序变换/编译”图标按钮，将梯形图转换成指令语句表。变换成功后的梯形图不再有灰色阴影，如图 2-62 所示。

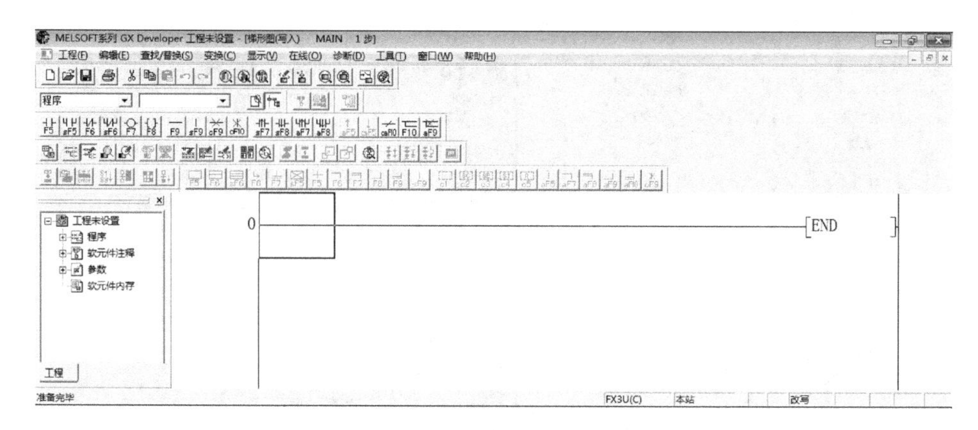

图 2-57　编程界面窗口

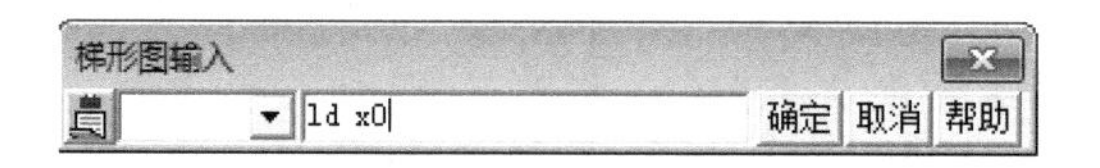

图 2-58　在“梯形图输入”对话框输入元件

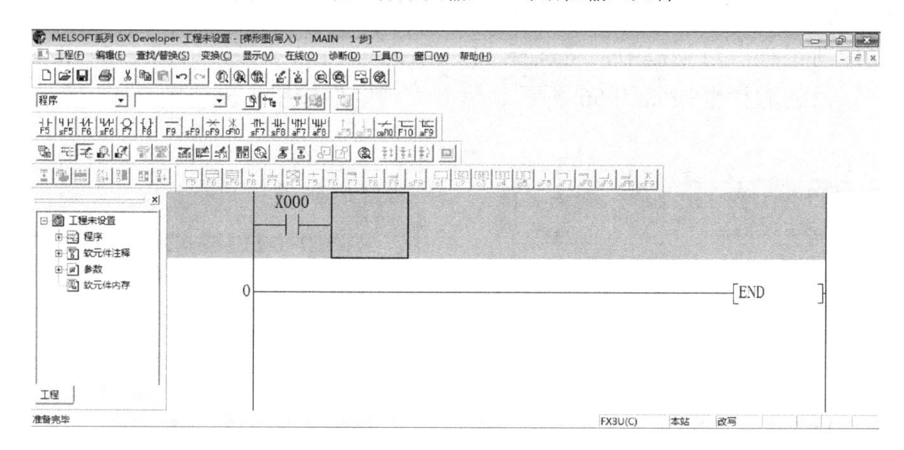

图 2-59　X000 触点出现在编程界面窗口

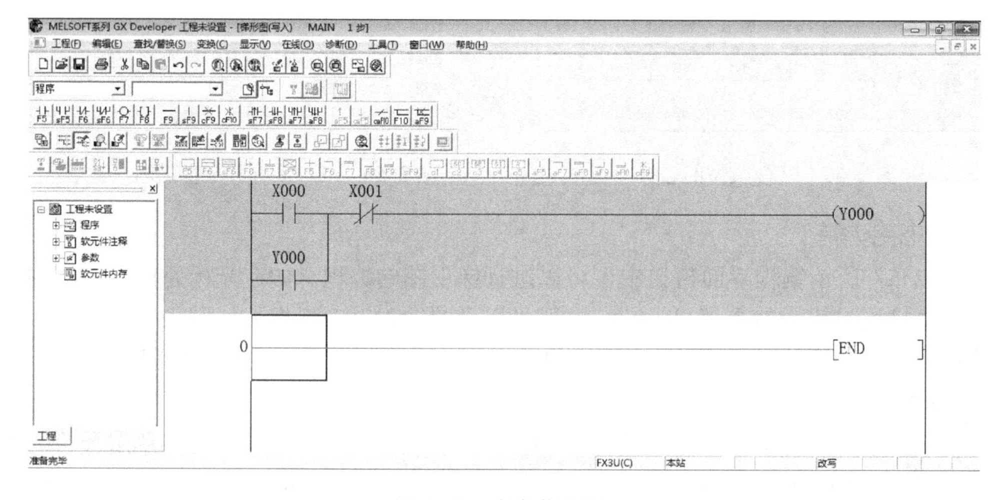

图 2-60　灰色梯形图

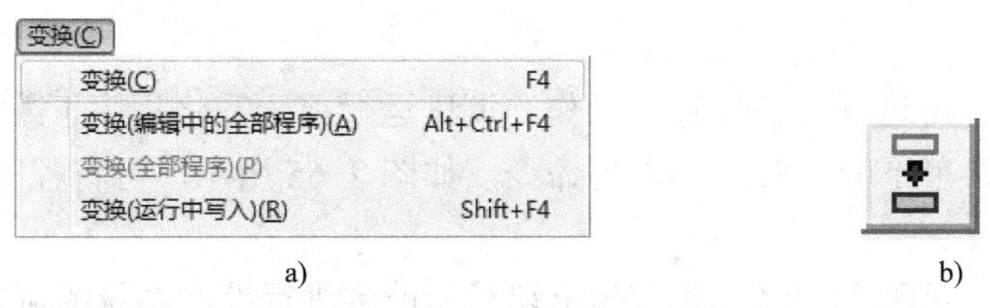

图 2-61 “变换”菜单与“程序转换/编译”图标按钮

a)“变换”菜单 b)“程序转换/编译”图标按钮

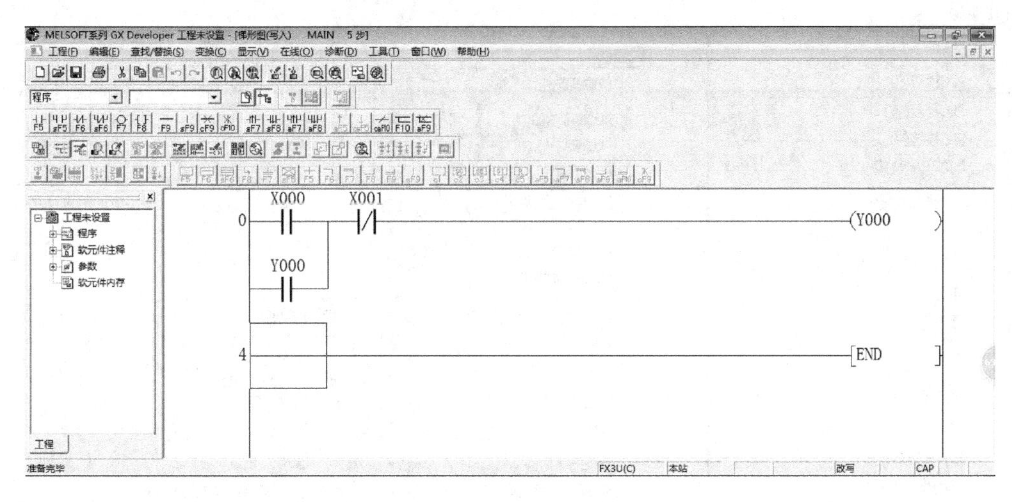

图 2-62 变换成功后的梯形图

此时通过图 2-63 所示“梯形图/列表显示切换”图标按钮，可进行梯形图和指令语句表的界面窗口的切换，切换后的指令语句表如图 2-64 所示。

图 2-63 “梯形图/列表显示切换”图标按钮

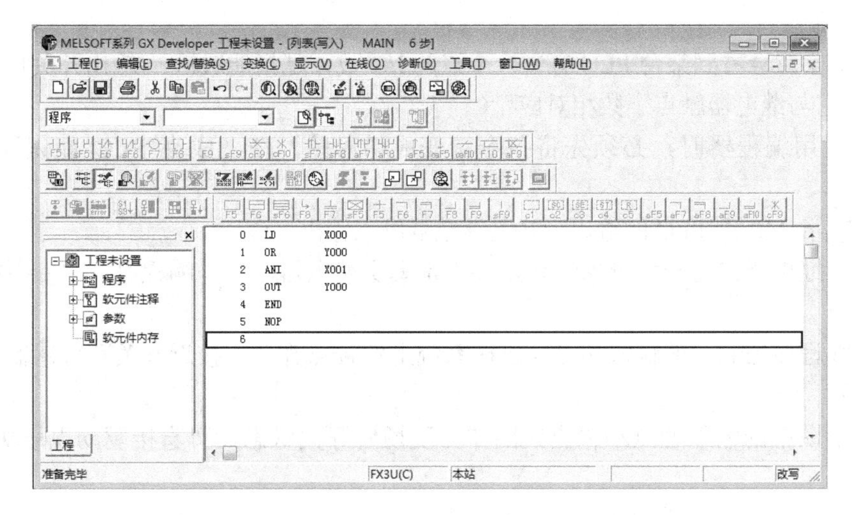

图 2-64 指令语句表界面窗口

6．程序下载

程序编辑完毕，可进行文件保存等操作。调试运行前，需将程序下载到 PLC 中。单击菜单栏的“在线”菜单下的“PLC 写入”命令，如图 2-65 所示，可将程序下载到 PLC 中。

7．运行监控

程序下载完毕，可配合 PLC 输入/输出端子的连接进行控制系统的调试。调试过程中，用户可通过软件进行各软元件的监控。监控功能的开启如图 2-66 所示。

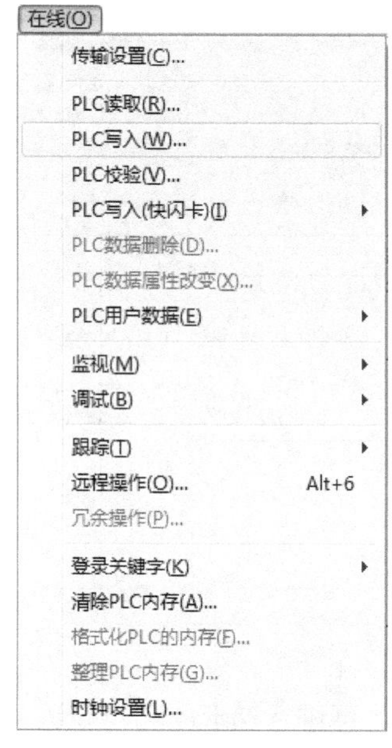

图 2-65　下载程序到 PLC

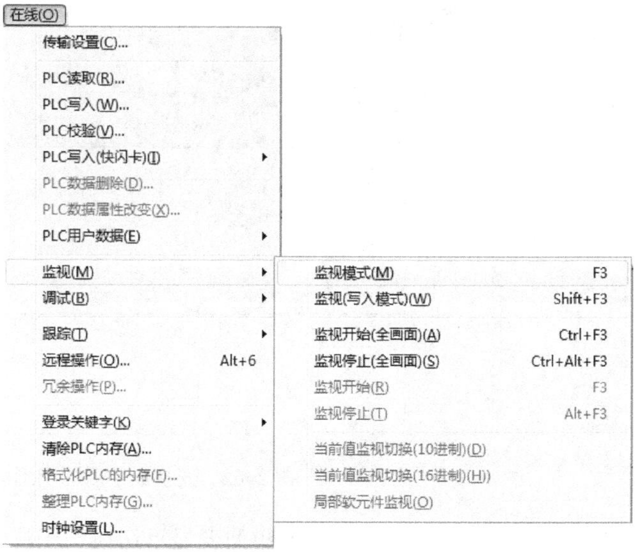

图 2-66　开启监控功能

习　　题

一、判断题

1．我们常常会看到某台 PLC 有××个点的 I/O 数，是指能够输入/输出开关量和模拟量总的个数，它与继电器触点个数相对应。（　　）

2．在使用编程器时，必须先将指令转变成梯形图，使之成为 PLC 能识别的语言。（　　）

3．FX_{2N}-64MR 型 PLC 的输出形式是继电器触点输出。（　　）

4．输入继电器仅是一种形象说法，并不是真实继电器，它是编程语言中专用的“软元件”。（　　）

5．可编程序控制器的输入端可与机械系统上的触点开关、接近开关和传感器等直接连接。（　　）

6．梯形图中的输入触点和输出线圈即为现场的开关状态，可直接驱动现场执行元件。（　　）

7．PLC 的输入/输出端口都采用光电隔离。（　　）

二、选择题

1．（　　）是 PLC 中专门用来接收外部用户的输入设备，只能由外部信号所驱动。

A．输入继电器　　B．输出继电器

C．辅助继电器　　D．计数器

2．（　　）是 PLC 的输出信号，控制外部负载，只能用程序指令驱动，外部信号无法驱动。

A．输入继电器　　B．输出继电器　　C．辅助继电器　　D．计数器

3．下列（　　）符号是 FX 系统基本单元晶体管输出。

A．FX_{2N}-60MR　　B．FX_{2N}-48MT

C．FX-16EYT-TB　　D．FX-48ET

4．PLC 的（　　）输出是有触点输出，既可控制交流负载又可控制直流负载。

A．继电器　　B．晶体管　　C．单结晶体管输出　　D．二极管输出

5．PLC 的（　　）输出是无触点输出，用于控制交流负载。

A．继电器　　B．双向晶闸管　　C．单结晶体管输出　　D．二极管输出

6．PLC 输出类型有继电器、晶体管和（　　）三种输出形式。

A．二极管　　B．单结晶体管　　C．双相晶闸管　　D．发光二极管

三、简答题

1．PLC 有几种输出类型？各有什么特点？

2．以 FX_{2N}-48MR 型 PLC 为例，说明其型号中各字母和数字的含义。

第3章　基本指令系统及编程

3.1　连接驱动指令及其应用

码3-1　组态仿真软件的使用

3.1.1　基础知识：连接驱动指令

1. 取指令LD

功能：取用常开触点与左母线相连。

操作元件：输入继电器X、输出继电器Y、辅助继电器M、定时器T、计数器C和状态器S等软元件的触点。

2. 取反指令LDI（又称为“取非”指令）

功能：取用常闭触点与左母线相连。

操作元件：输入继电器X、输出继电器Y、辅助继电器M、定时器T、计数器C和状态器S等软元件的触点。

LD与LDI指令用于与母线相连的接点，作为一个逻辑行的开始。此外，还可用于分支电路的起点，LD与LDI在梯形图中的使用如图3-1a所示。

3. 驱动指令OUT（又称为输出指令）

功能：驱动一个线圈，通常作为一个逻辑行的结束。

操作元件：输出继电器Y、辅助继电器M、定时器T、计数器C和状态器S等软元件的线圈。这是由于输入继电器X的通断只能由外部信号驱动，不能用程序指令驱动，所以OUT指令不能驱动输入继电器X的线圈。

OUT指令用于并行输出，能连续使用多次。注意当OUT指令的操作元件为定时器T或计数器C时，通常还需要一条常数设定语句，如图3-1和图3-2所示。

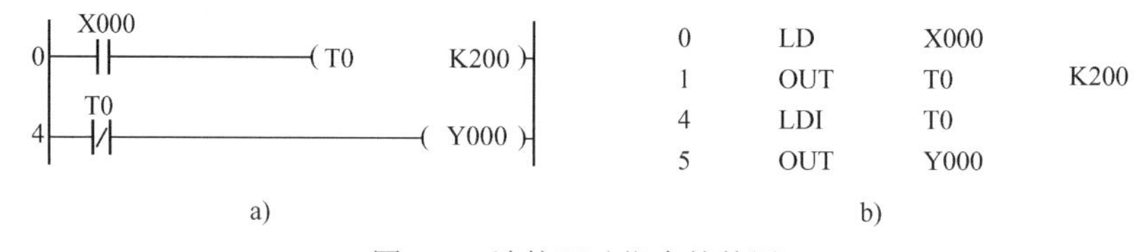

图3-1　连接驱动指令的使用

a) 梯形图　b) 指令语句表

3.1.2　应用实例：门铃控制

图3-3所示为门铃上的一个按钮电路，只有在门铃按钮按下时门铃才响，即只能工作在同一时间段内。

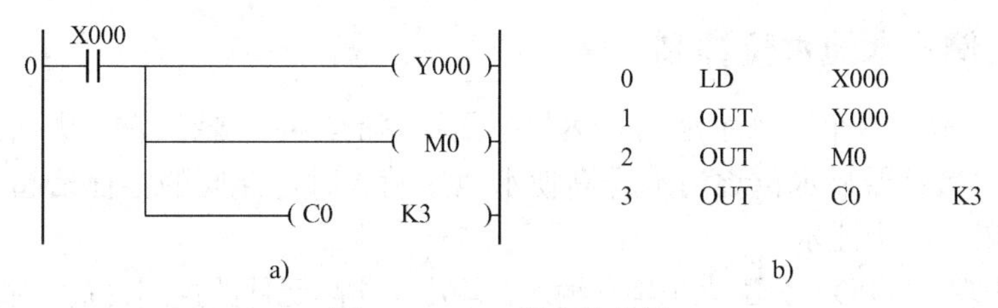

图 3-2　OUT 指令的使用

a) 梯形图　b) 指令语句表

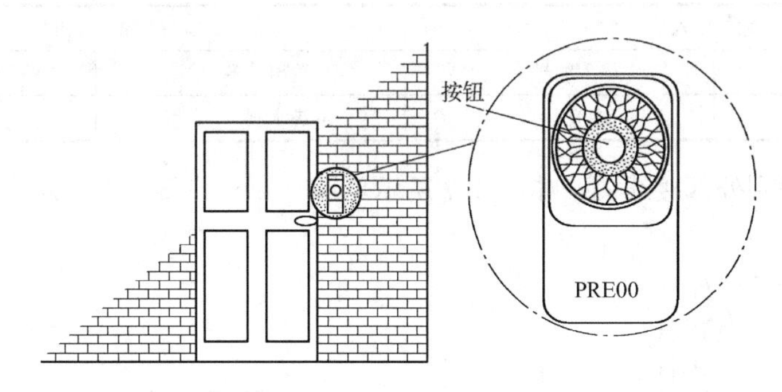

图 3-3　门铃控制电路

通常，采用端口（I/O）分配表来确立输入、输出与实际元件的控制关系，如表 3-1 所列。

表 3-1　门铃控制电路的 I/O 分配表

输　入		输　出	
输入设备	输入编号	输出设备	输出编号
按钮	X000	门铃	Y000

根据表 3-1 得到外部接线图，如图 3-4 所示。

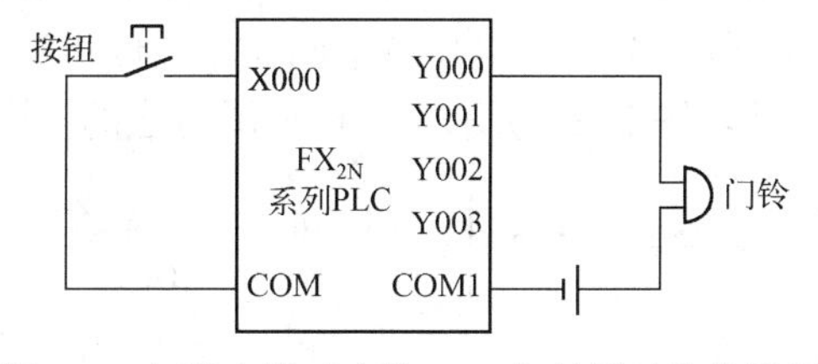

图 3-4　门铃电路对应的 PLC 与外围元件接线图

采用图 3-5a 所示梯形图可解决以上问题，当按下按钮时，X000 接通，则 Y000 得电而送出电信号，门铃发出响声；松开按钮时，X000 断开，则 Y000 失电，门铃响声停止。图 3-5b 所示为该梯形图对应的指令语句表。

X000　(Y000)

a)

0	LD	X000
1	OUT	Y000

b)

图 3-5　门铃上的按钮电路程序

a) 梯形图　b) 指令语句表

3.1.3 应用实例：水池水位控制

如图 3-6 所示，一个注水水池的自然状态是浮阀的浮标“悬”空，进水阀打开，这样水就流入容器，当容器显水位逐渐地升高使水池注满水时，浮阀的浮标抬起，浮阀发出信号，进水阀关闭，停止注水。

通常，采用端口（I/O）分配表来确立输入、输出与实际元件的控制关系，如表 3-2 所列。

表 3-2　水池水位控制电路 I/O 分配表

输　入		输　出	
输入设备	输入编号	输出设备	输出编号
浮阀	X000	进水阀	Y000

根据表 3-2 得到外部接线图，如图 3-7 所示。

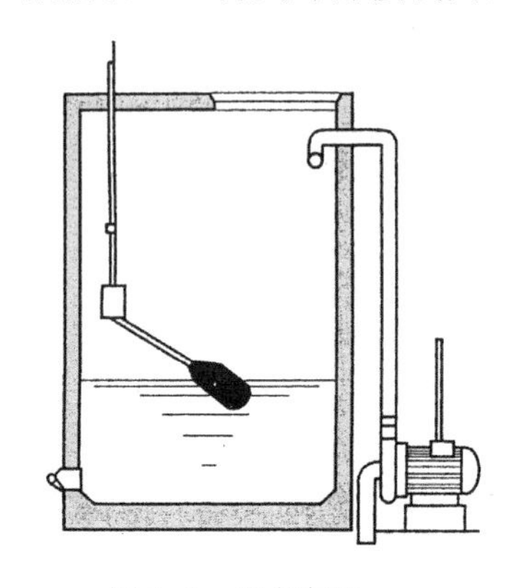

图 3-6　注水容器

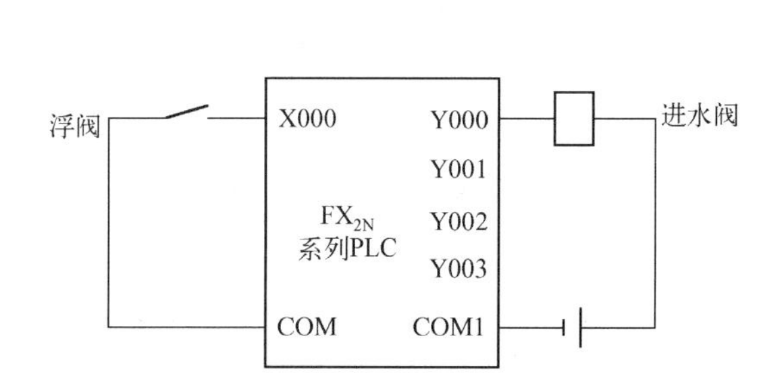

图 3-7　水池水位控制电路对应的 PLC 与外围元件接线图

采用图 3-8a 所示梯形图可解决以上问题，当浮阀的浮标“悬”空无信号时，X000 的常闭为接通状态，则 Y000 得电，进水阀打开，水就流入容器。当容器注满水，使浮阀的浮标抬起时，X000 的常闭断开，则 Y000 失电，进水阀关闭，停止注水。当水位降低，使浮阀的浮标下降，供水阀重新打开。图 3-8b 所示为该梯形图对应的指令语句表。

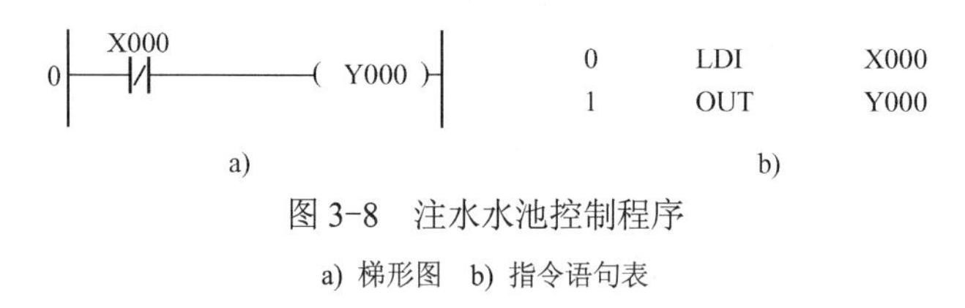

图 3-8　注水水池控制程序

a) 梯形图　b) 指令语句表

3.2　串/并联指令及其应用

3.2.1 基础知识：串联指令

1．与指令 AND

功能：常开触点串联连接。

操作元件：输入继电器 X、输出继电器 Y、辅助继电器 M、定时器 T、计数器 C 和状态器 S 等软元件的触点。

2．与反指令 ANI

功能：常闭触点串联连接。

操作元件：输入继电器 X、输出继电器 Y、辅助继电器 M、定时器 T、计数器 C 和状态器 S 等软元件的触点。

AND、ANI 指令用于一个触点的串联，但串联触点的数量不限，这两个指令可连续使用。若 OUT 指令之后，再通过触点对其他线圈使用 OUT 指令，称为纵接输出。在此情况下，若为常开触点应使用 AND 指令，为常闭触点应使用 ANI 指令，如图 3-9 所示。

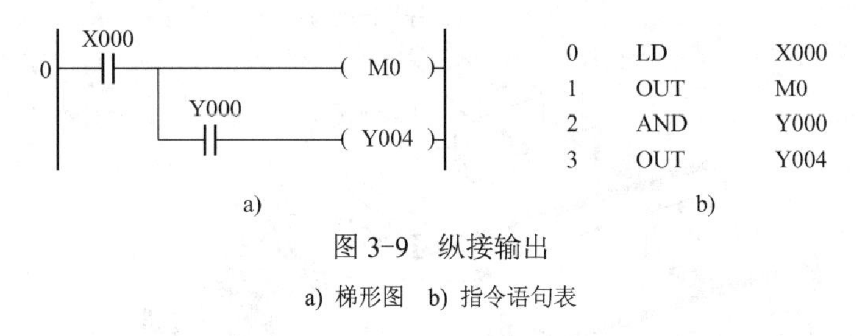

图 3-9 纵接输出

a) 梯形图 b) 指令语句表

3．与块指令 ANB

与块指令 ANB 的功能是使电路块串联连接。各电路块的起点使用 LD 或 LDI 指令，ANB 指令无操作元件。如需要将多个电路块串联连接，应在每个串联电路块之后使用一个 ANB 指令，用这种方法编程时串联电路块的个数没有限制，如图 3-10 所示。

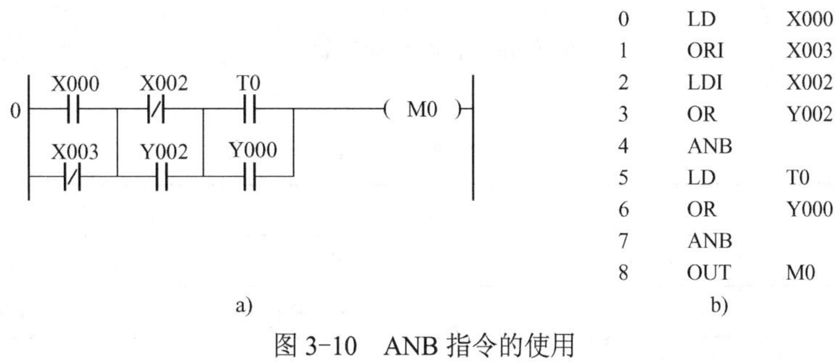

图 3-10 ANB 指令的使用

a) 梯形图 b) 指令语句表

也可将所有要串联的电路块依次写出，然后在这些电路块的末尾集中使用 ANB 指令，但此时 ANB 指令使用次数最多不允许超过 8 次，如图 3-11 所示。

3.2.2 应用实例：传送带系统

1．PLC 控制传送带上贴商标装置

图 3-12 所示为检测随传送带上运动物品的位置后自动贴商标的装置。当产品从传送带上送过来时，经过两个光敏极管，即可检测到传送带上物品的位置。当信号被两个光敏极管同时接收时，贴商标执行机构则自动完成贴商标操作。

通常，采用端口（I/O）分配表来确立输入、输出与实际元件的控制关系，如表 3-3 所列。

X000 X002 T0
0 (M0)
X003 Y002 Y000

0	LD	X000
1	ORI	X003
2	LDI	X002
3	OR	Y002
4	LD	T0
5	OR	Y000
6	ANB	
7	ANB	
8	OUT	M0

a) b)

图 3-11　ANB 指令的集中使用

a) 梯形图　b) 指令语句表

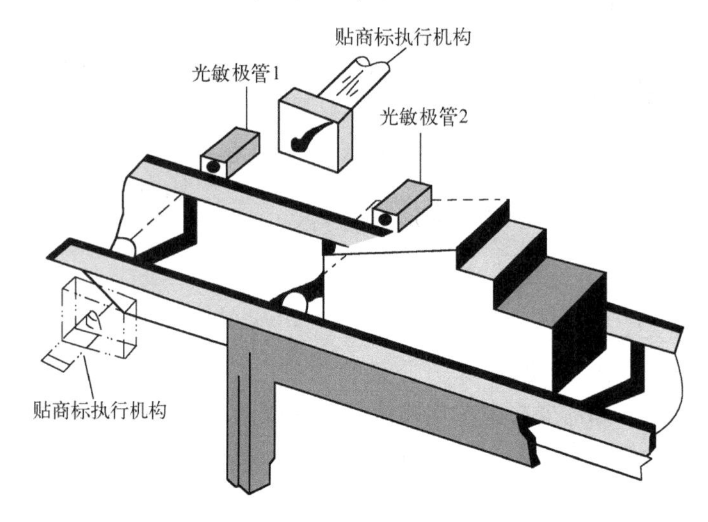

图 3-12　自动贴商标装置

表 3-3　自动贴商标装置 I/O 分配表

输　入		输　出	
输入设备	输入编号	输出设备	输出编号
光敏二极管 1	X001	贴商标执行机构	Y000
光敏二极管 2	X002		

采用图 3-13a 所示梯形图可解决以上问题，当信号被两个光敏二极管同时接收，X001 和 X002 同时接通时，Y000 得电，贴商标执行机构将商标移到物体上，自动完成贴商标操作。图 3-13b 所示为该梯形图对应的指令语句表。

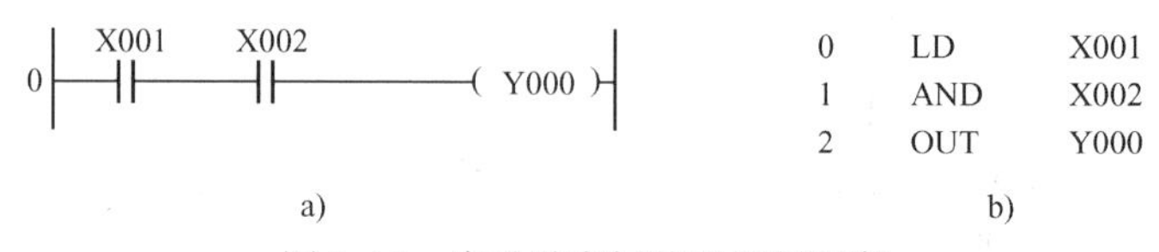

a) b)

图 3-13　自动贴商标装置控制程序

a) 梯形图　b) 指令语句表

2. PLC 控制传送带上检测瓶子是否直立的装置

图 3-14 所示为检测瓶子是否直立的装置。当瓶子从传送带上移过时，它被两个光敏二极管检测以确定瓶子是否直立，如果瓶子不是直立的，则被推出活塞推到传送带外。若推出了 3 个空瓶，则点亮报警指示灯，提醒操作人员进行检查。

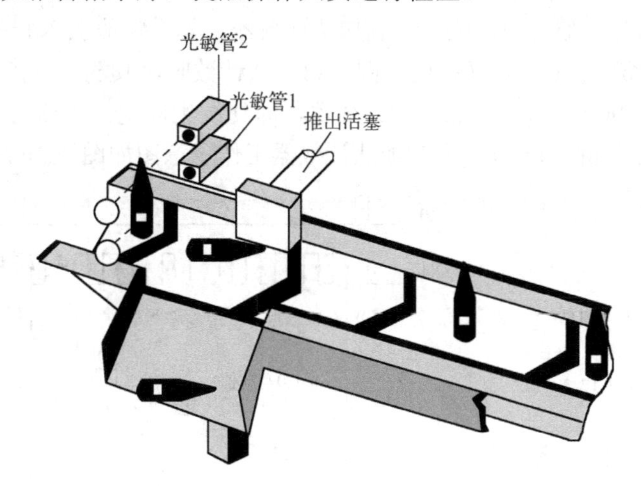

图 3-14　检测瓶子是否直立装置

其端口（I/O）分配表如表 3-4 所列。

表 3-4　检测瓶子是否直立装置 I/O 分配表

输　入		输　出	
输入设备	输入编号	输出设备	输出编号
报警复位按钮	X000	推出活塞	Y000
自动检测瓶底光敏二极管 1	X001	报警指示灯	Y001
自动检测瓶顶光敏二极管 2	X002		

采用图 3-15a 所示梯形图可解决以上问题，两个光敏二极管检测可得到两个输入信号 X001 和 X002，如果瓶子不处于直立状态，光敏二极管 2 就不能给出输入信号 X002，则 Y000 得电，推出活塞将空瓶推出。使用计数器 C0 对推出活塞接通次数进行计数，并使用 RST 指令对计数器进行复位。图 3-15b 所示为该梯形图对应的指令语句表。

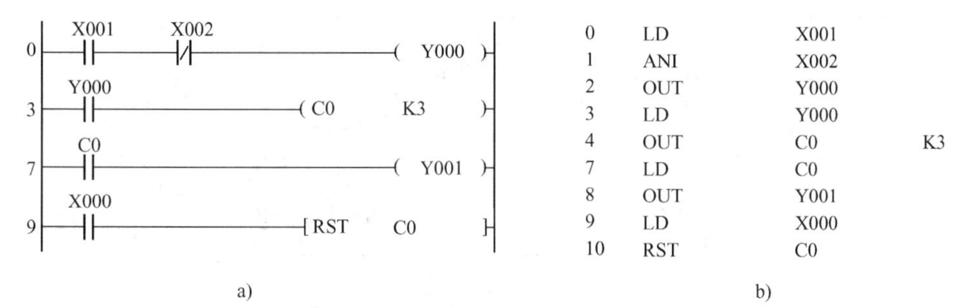

图 3-15　检测瓶子是否直立的装置控制程序

a) 梯形图　b) 指令语句表

计数器 C 按十进制编号，可将用户程序存储器内的常数 K 作为设定值，也可以将数据寄存器（D）的内容作为设定值。在后一种情况下，一般使用有掉电保护功能的数据寄存器。但应注意，若备用电池电压降低时，定时器或计数器往往会发生误动作。FX_{2N} 系列 PLC 的内部信号计数器分为以下两类。

1）16 位增计数器。它是 16 位二进制加法计数器，其设定值在 K1～K32767 范围内有效。注意：设定值 K0 与 K1 含义相同，即在第一次计数时，其输出触点就动作。C0～C99 为通用型计数器。C100～C199 为保持型计数器，即使发生停电，当前值与输出触点的动作状态或复位状态也能保持。16 位二进制加法计数器工作示意图如图 3-16 所示。

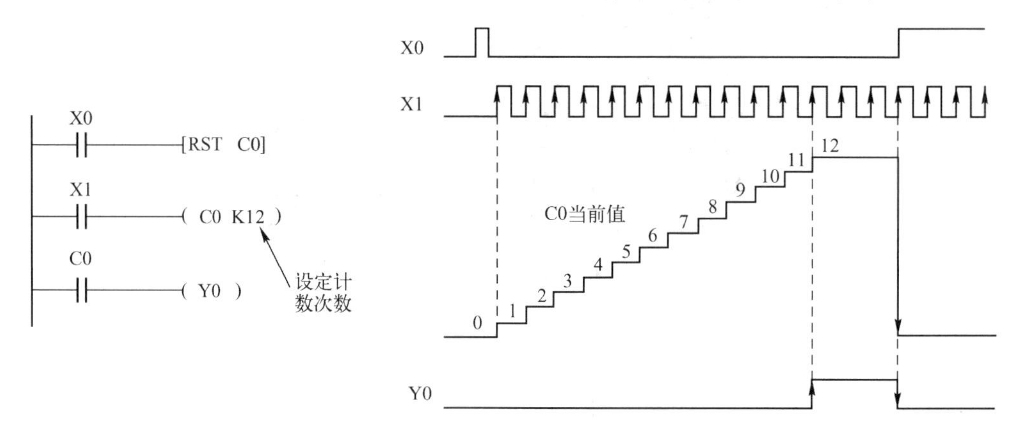

图 3-16　16 位二进制加法计数器工作示意图

2）32 位双向计数器。它是可设定计数为增或减的计数器。其中，C200～C219 为通用型 32 位计数器，C220～C234 为保持型 32 位计数器。计数范围均为-2147483648～+2147483647。计数方向由特殊辅助继电器 M8200～M8234 与计数器一一对应的形式进行设定，当对应的特殊辅助继电器置 1（接通）时为减计数，置 0（断开）时为增计数。32 位双向计数器工作示意图如图 3-17 所示。

码 3-2　计数器的应用

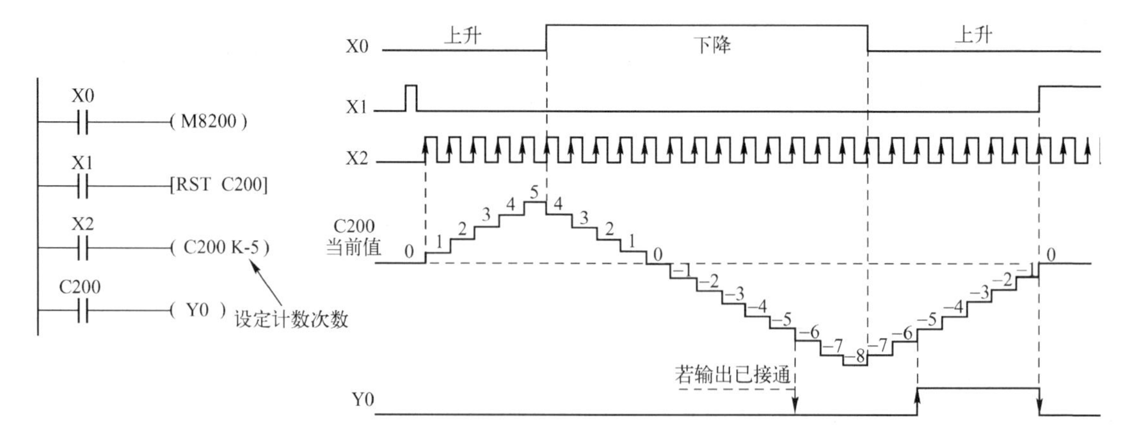

图 3-17　32 位双向计数器工作示意图

3.2.3　基础知识：并联指令

1．或指令 OR

功能：常开触点并联连接。

操作元件：输入继电器 X、输出继电器 Y、辅助继电器 M、定时器 T、计数器 C 和状态器 S 等软元件的触点。

2．或非指令 ORI

功能：常闭触点并联连接。

操作元件：输入继电器 X、输出继电器 Y、辅助继电器 M、定时器 T、计数器 C 和状态器 S 等软元件的触点。

OR、ORI 是用于一个触点的并联连接指令，可连续使用并且不受使用次数的限制，如图 3-18 所示。

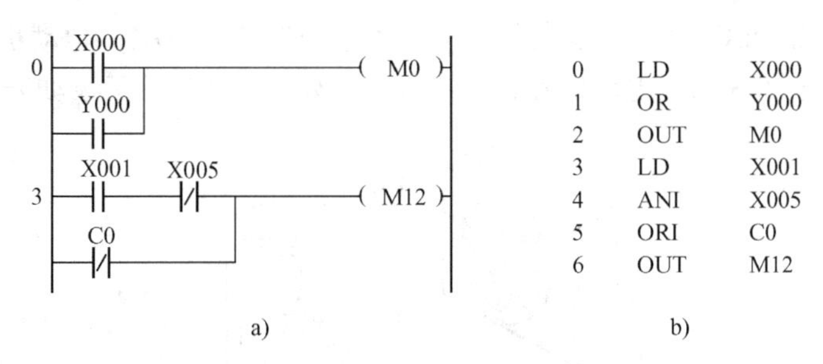

图 3-18　并联连接指令的使用

a) 梯形图　b) 指令语句表

3．或块指令 ORB

或块指令 ORB 的功能是使电路块并联连接。电路块并联连接时，支路的起点以 LD 或 LDI 指令开始，ORB 指令无操作元件，因此，ORB 指令不表示触点，可以看成电路块之间的一段连接线。如需要将多个电路块并联连接，应在每个并联电路块之后使用一个 ORB 指令，用这种方法编程时并联电路块的个数没有限制，如图 3-19 所示。

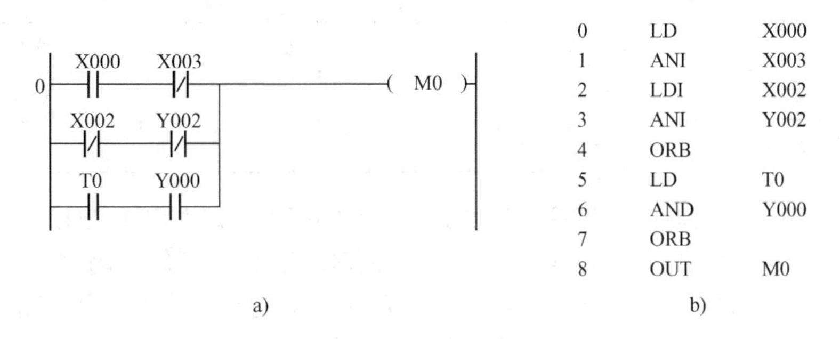

图 3-19　ORB 指令的使用

a) 梯形图　b) 指令语句表

也可将所有要并联的电路块依次写出，然后在这些电路块的末尾集中写出 ORB 的指令，但这时 ORB 指令最多不允许超过 8 次，如图 3-20 所示。

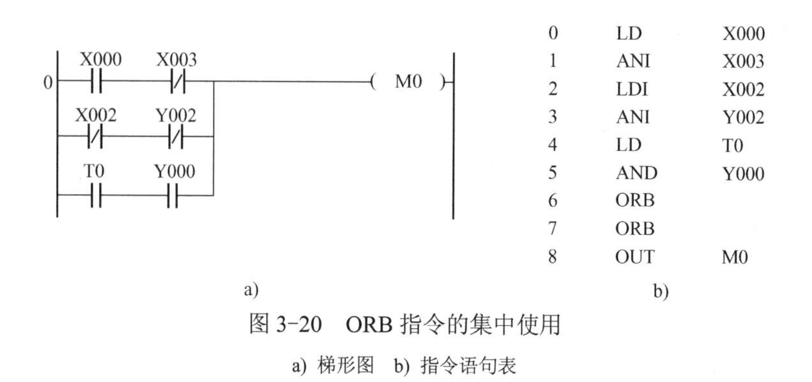

图 3-20 ORB 指令的集中使用

a) 梯形图 b) 指令语句表

3.2.4 应用实例：自锁电路

图 3-21 所示为 PLC 控制风扇电路。按下“起动”按钮 SB1，电动机起动使电风扇运行。按下“停止”按钮 SB2，电动机停止使电风扇停转。其 I/O 分配表如表 3-5 所列。

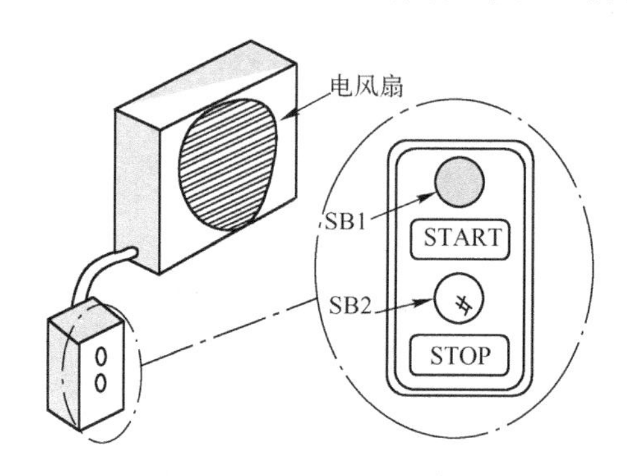

图 3-21 PLC 控制风扇电路

表 3-5 电风扇自锁电路 I/O 分配表

输入		输出	
输入设备	输入编号	输出设备	输出编号
“起动”按钮 SB1	X001	电动机	Y000
“停止”按钮 SB2	X002		

采用图 3-22a 所示梯形图可解决以上问题，当“起动”按钮 SB1 被按下后，X001 接通，使 Y000 得电，电动机起动使电风扇运行，同时 Y000 常开触点闭合，此后即便松开“起动”按钮 SB1，Y000 仍可继续得电，使电动机继续运行。当按下“停止”按钮 SB2 后，X002 断开，使 Y000 断电，电动机停止运行使电风扇停转。图 3-22b 所示为该梯形图对应的指令语句表。

3.2.5 应用实例：PLC 控制自动检票放行装置

图 3-23 所示为自动检票放行装置。当一辆车到达检票栏时，按钮 SB1 被司机按下，接

收一张停车票后，驱动电动机使栏杆升起，允许车辆进入停车场。定时器计时 10s 后，栏杆自动回到水平位置，等待下一位司机。其端口（I/O）分配表如表 3-6 所列。

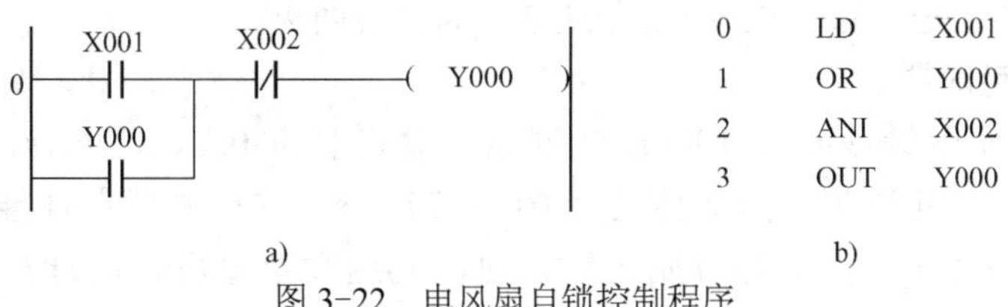

图 3-22 电风扇自锁控制程序

a) 梯形图 b) 指令语句表

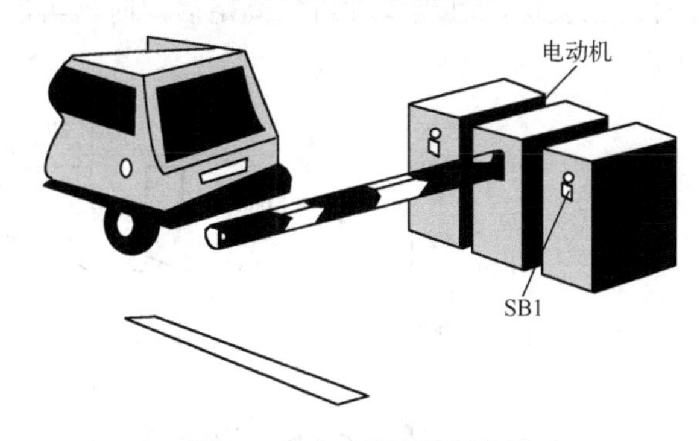

图 3-23 自动检票放行装置

表 3-6 自动检票放行装置 I/O 分配表

输 入		输 出	
输入设备	输入编号	输出设备	输出编号
接收停车票按钮 SB1	X000	升起栏杆电动机	Y000

采用图 3-24a 所示梯形图可解决以上问题，当接收停车票按钮 SB1 被按下后，X000 接通，使 Y000 得电，电动机工作使栏杆升起。由于 SB1 为按钮，放手后会复位，因此必须对 Y000 进行自锁，并且采用 T0 进行 10s 定时，到时自动切断 Y000，使栏杆复位，等待下一位司机。图 3-24b 所示为该梯形图对应的指令语句表。

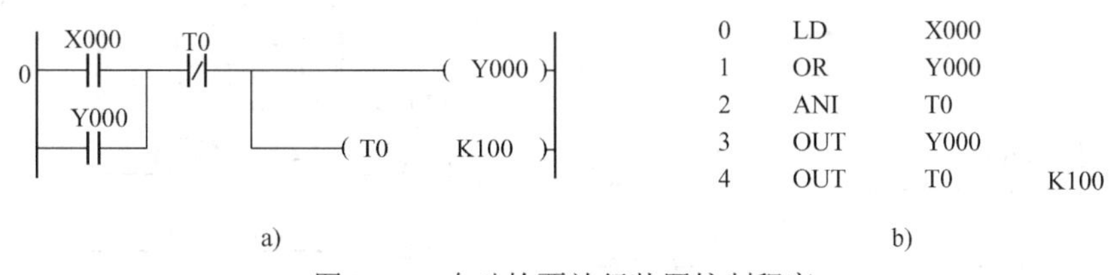

图 3-24 自动检票放行装置控制程序

a) 梯形图 b) 指令语句表

图 3-24 所示的梯形图中使用的定时器（T）是三菱 FX_{2N} 系列 PLC 所提供的一类软元件，相当于一个通电延时时间继电器。在 PLC 内的定时器是根据时钟脉冲的累积形式，当所计时间达到设定值时，其输出触点动作，时钟脉冲有 1ms、10ms、100ms。定时器可将用

户程序存储器内的常数K作为设定值，也可以将数据寄存器（D）的内容作为设定值。在后一种情况下，一般使用有掉电保护功能的数据寄存器。但应注意，若备用电池电压降低，定时器或计数器往往会发生误动作。定时器通常分为以下两类。

1. 非积算型定时器

T0～T199 表示时钟秒冲为 100ms 定时器，设定值为 0.1～3276.7s；T200～T245 表示时钟秒冲为 10ms 定时器，设定值为 0.01～327.67s。非积算型定时器的特点是：当驱动定时器的条件满足时，定时器开始定时，时间到达设定值后，定时器动作；当驱动定时器的条件不满足时，定时器复位。若定时器定时未到达设定值，但驱动定时器的条件由满足变为不满足时定时器也复位，且当条件再次满足后定时器再次从 0 开始定时，其工作情况如图 3-25 所示。

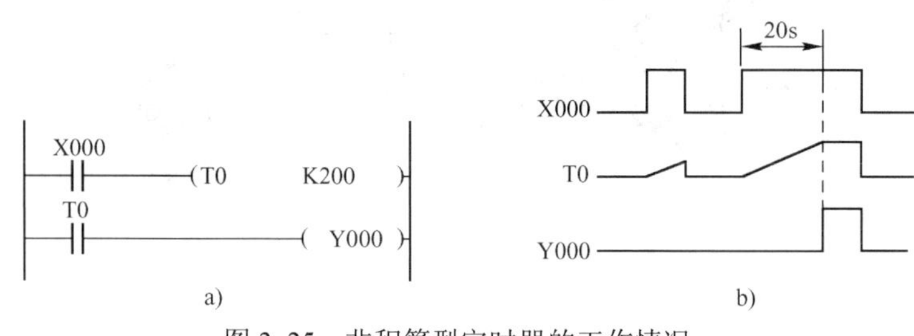

图 3-25　非积算型定时器的工作情况

a) 梯形图　b) 定时器波形图

2. 积算型定时器

T246～T249 表示时钟秒冲为 1ms 积算型定时器，设定值为 0.001～32.767s；T250～T255 表示时钟秒冲为 100ms 积算型定时器，设定值为 0.1～3276.7s。积算型定时器的特点是：当驱动定时器的条件满足时，定时器开始定时，时间到达设定值后，定时器动作；当驱动定时器的条件不满足时，定时器不复位，若要定时器复位，必须采用指令复位。若定时器定时未到达设定值，但驱动定时器的条件由满足变为不满足时，定时器的定时值保持，且当条件再次满足后定时器从刚才保持的定时值继续开始定时，其工作情况如图 3-26 所示。

码 3-3　定时器的工作原理

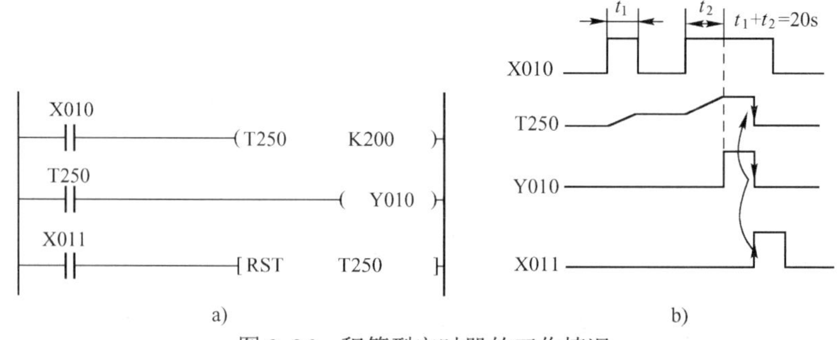

图 3-26　积算型定时器的工作情况

a) 梯形图　b) 定时器波形图

3.3 多重输出与主控指令及其应用

3.3.1 基础知识：多重输出指令

FX_{2N} 系列 PLC 提供了 11 个存储器给用户，用于存储中间运算结果，这些存储器称为堆栈存储器。多重输出指令就是对堆栈存储器进行操作的指令，图 3-27a 所示为堆栈中的初始情况。

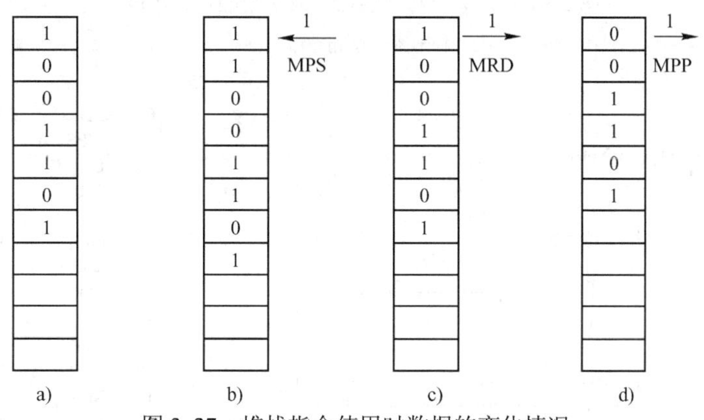

图 3-27 堆栈指令使用时数据的变化情况

a) 堆栈中的初始情况 b) 执行 MPS 指令后的情况 c) 执行 MRD 指令后的情况 d) 执行 MPP 指令后的情况

1．进栈指令 MPS

进栈指令 MPS 的功能：将该时刻的运算结果压入堆栈存储器的最上层，堆栈存储器原来存储的数据依次向下自动移一层。也就是说，使用 MPS 指令送入堆栈的数据始终在堆栈存储器的最上层，如图 3-27b 所示。

2．读栈指令 MRD

读栈指令 MRD 的功能：将堆栈存储器中最上层的数据读出。执行 MRD 指令后，堆栈存储器中的数据不发生任何变化，如图 3-27c 所示。

3．出栈指令 MPP

出栈指令 MPP 的功能：将堆栈存储器中最上层的数据取出，堆栈存储器原来存储的数据依次向上自动移一层，如图 3-27d 所示。

由于 MPS、MRD、MPP 三条指令只对堆栈存储器的数据进行操作，因此，默认操作元件为堆栈存储器，在使用时无须指定操作元件。使用时 MPS、MPP 指令必须成对使用，MRD 指令可根据实际情况决定是否使用。在 MPS、MRD、MPP 三条指令之后若有单个常开触点（或常闭触点）串联，应使用 AND（或 ANI）指令，如图 3-28 所示。

若有触点组成的电路块串联应使用 ANB 指令，如图 3-29 所示。

若无触点串联而直接驱动线圈应使用 OUT 指令，如图 3-30 所示。

此外，当使用 MPS 指令进栈后，未使用 MPP 指令出栈，而再次使用 MPS 指令进栈的形式称为嵌套。由于堆栈存储器只有 11 层，即只能连续存储 11 个数据，因此，MPS 指令的连续使用不得超过 11 次。堆栈嵌套形式的使用如图 3-31 所示。

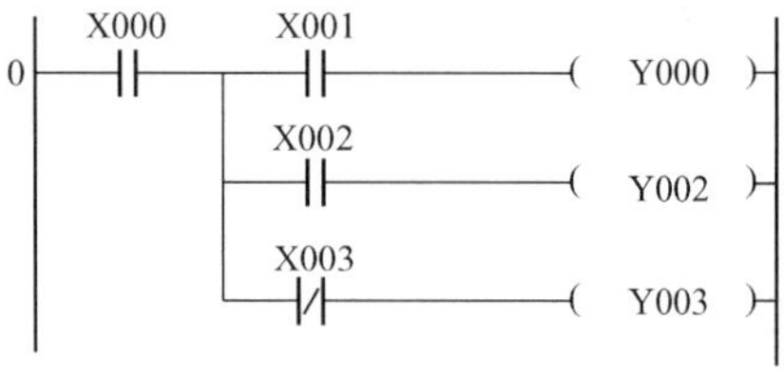

a)

0	LD	X000
1	MPS	
2	AND	X001
3	OUT	Y000
4	MRD	
5	AND	X002
6	OUT	Y002
7	MPP	
8	ANI	X003
9	OUT	Y003

b)

图 3-28　有单个常开触点（或常闭触点）串联

a) 梯形图　b) 指令语句表

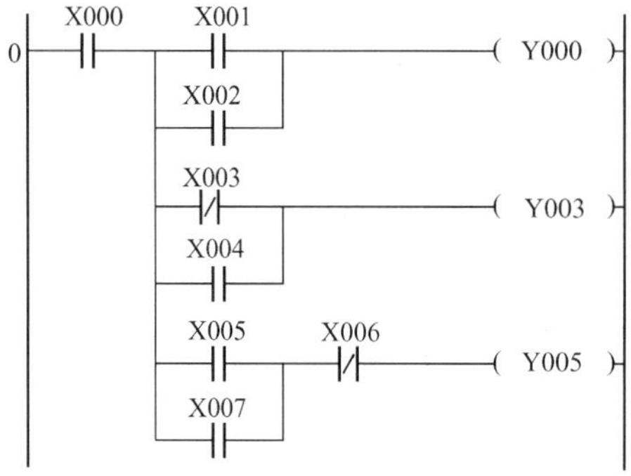

a)

0	LD	X000
1	MPS	
2	LD	X001
3	OR	X002
4	ANB	
5	OUT	Y000
6	MRD	
7	LDI	X003
8	OR	X004
9	ANB	
10	OUT	Y003
11	MPP	
12	LD	X005
13	OR	X007
14	ANB	
15	ANI	X006
16	OUT	Y005

b)

图 3-29　电路块串联

a) 梯形图　b) 指令语句表

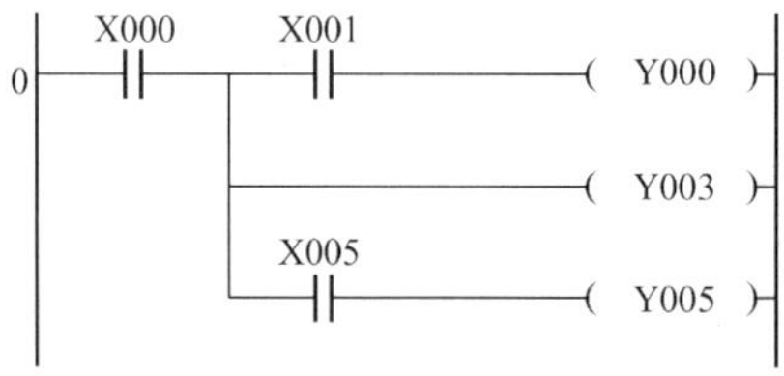

a)

0	LD	X000
1	MPS	
2	AND	X001
3	OUT	Y000
4	MPP	
5	OUT	Y003
6	AND	X005
7	OUT	Y005

b)

图 3-30　直接驱动线圈

a) 梯形图　b) 指令语句表

3.3.2　基础知识：主控指令

1. 主控指令 MC

主控指令 MC 的功能：通过 MC 指令的操作元件的常开触点将左母线移位，产生一根临时的左母线，形成主控电路块。其操作元件分为两部分：一部分是主控标志 N0～N7，一定要从小到大使用，另一部分是具体的操作元件，可以是输出继电器 Y 和辅助继电器 M，但不能是特殊辅助继电器。

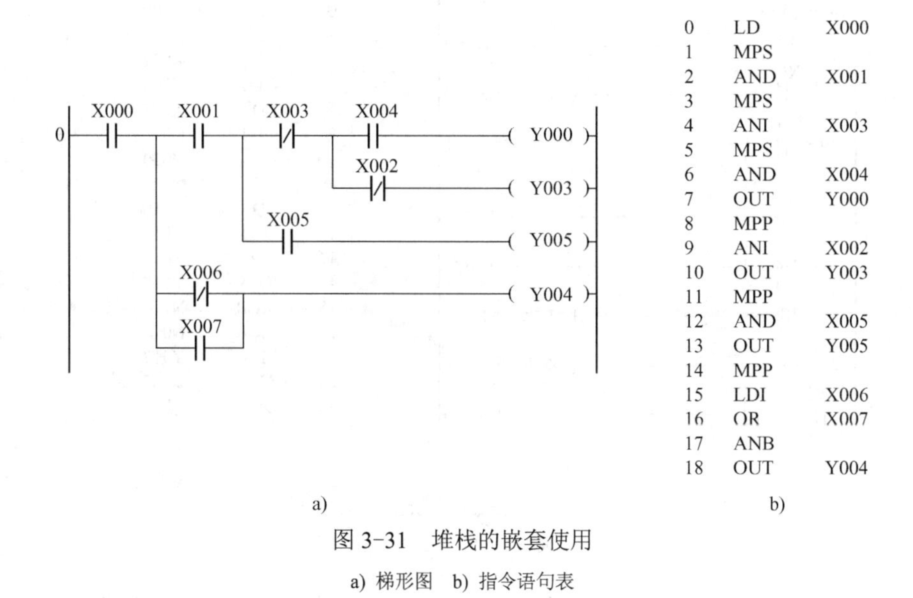

图 3-31 堆栈的嵌套使用

a) 梯形图 b) 指令语句表

2. 主控复位指令 MCR

主控复位指令 MCR 的功能：使主控指令产生的临时左母线复位，即左母线返回，结束主控电路块。MCR 指令的操作元件为主控标志 N0～N7，且必须与主控指令相一致，返回时一定是从大到小使用。

主控指令相当于条件分支，符合主控条件的可以执行主控指令后的程序，否则不予执行，直接跳过 MC 和 MCR 程序段，执行 MCR 后面的指令。MCR 指令必须与 MC 指令成对使用。

MC 和 MCR 指令的使用如图 3-32 所示。

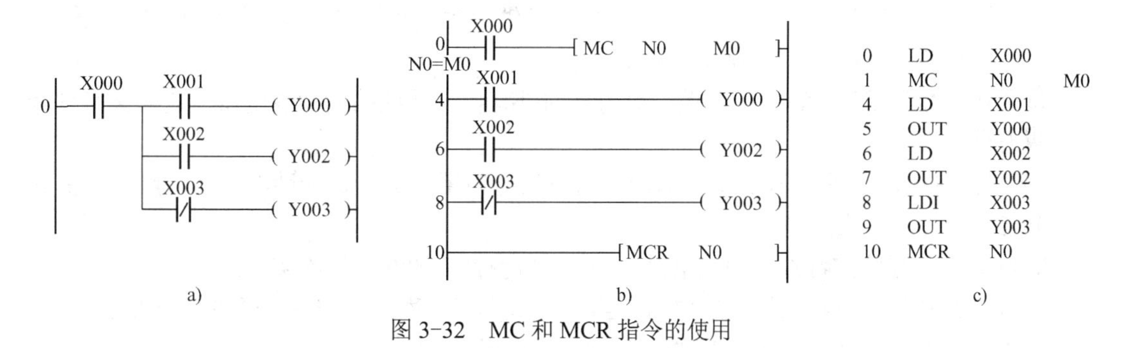

图 3-32 MC 和 MCR 指令的使用

a) 多路输出梯形图 b) 主控梯形图 c) 主控指令语句表

MC 指令与 MCR 指令也可进行嵌套使用，即在 MC 指令后未使用 MCR 指令，而再次使用 MC 指令，此时主控标志 N0～N7 必须按顺序增加，当使用 MCR 指令返回时，主控标志 N7～N0 必须按顺序减小，如图 3-33 所示。由于主控标志范围为 N0～N7，所以，主控嵌套使用不得超过 8 层。

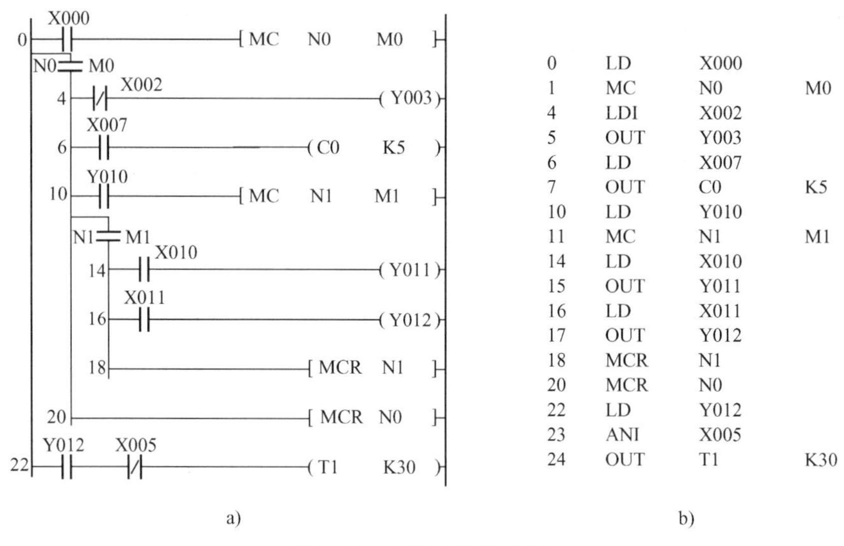

a)　　　　　　　　b)

图 3-33　主控的嵌套使用

a) 梯形图　b) 指令语句表

主控指令中用到的 M0、M1 称为辅助继电器。PLC 内有很多的辅助继电器，其线圈与输出继电器一样，由 PLC 内各软元件的触点驱动。辅助继电器按照功能可分为以下几类。

（1）通用型辅助继电器（M0～M499）

通用型辅助继电器相当于中间继电器，用于存储运算中间的临时数据，它没有向外的任何联系，只供内部编程使用。它的内部常开/常闭触点使用次数不受限制。但是，对外无触点，不能直接驱动外部负载，外部负载的驱动必须通过输出继电器来实现。其地址号按十进制编号。

（2）保持型辅助继电器（M500～M1023）

PLC 在运行中若突然停电，通用型辅助继电器和输出继电器全部变为断开的状态，而保持型辅助继电器在 PLC 停电时，依靠 PLC 后备锂电池进行供电，以保持停电前的状态。

（3）特殊辅助继电器（M8000～M8255）

特殊辅助继电器是 PLC 厂家提供给用户的具有特定功能的辅助继电器，通常又可分为以下两大类。

1）只能利用触点的特殊辅助继电器。用户只能使用此类特殊辅助继电器的触点，其线圈由 PLC 自行驱动。如：

M8000 为运行监控特殊辅助继电器，当 PLC 运行时 M8000 始终接通。

M8002 为初始脉冲特殊辅助继电器，当 PLC 在运行开始瞬间接通一个扫描周期。

M8012 为产生 100ms 时钟脉冲的特殊辅助继电器。

M8013 为产生 1s 时钟脉冲的特殊辅助继电器。

2）可驱动线圈的特殊辅助继电器。用户驱动此类特殊辅助继电器的线圈后，由 PLC 做特定的动作。如：

M8033 为 PLC 停止时输出保持特殊辅助继电器。

M8034 为禁止输出特殊辅助继电器。

码 3-4　辅助继电器的工作原理

M8039 为定时扫描特殊辅助继电器。

码 3-5 PLC 控制智力竞赛抢答器

3.3.3 应用实例：智力竞赛抢答器系统

图 3-34 所示为智力竞赛抢答器控制系统示意图。在主持人的位置上有一个总停止按钮 S06 用以控制 3 个抢答桌。主持人说出题目并按动启动按钮 S07 后，谁先按下按钮，谁的桌子上的灯即亮。当主持人再按总停止按钮 S06 后，灯才灭（否则一直亮着）。3 个抢答桌的按钮安排：一是儿童组，抢答桌上有两只按钮 S01 和 S02，并联形式连接，无论按哪一只，桌上的灯 LD1 即亮；二是中学生组，抢答桌上只有一只按钮 S03，且只有一个人，一按下灯 LD2 即亮；三是大人组，抢答桌上也有两只按钮 S04 和 S05，串联形式连接，只有两只按钮都按下，抢答桌上的灯 LD3 才亮。当主持人将启动按钮 S07 按下后，10s 之内有人按抢答按钮，电铃 DL 即响。其端口（I/O）分配表，如表 3-7 所列。

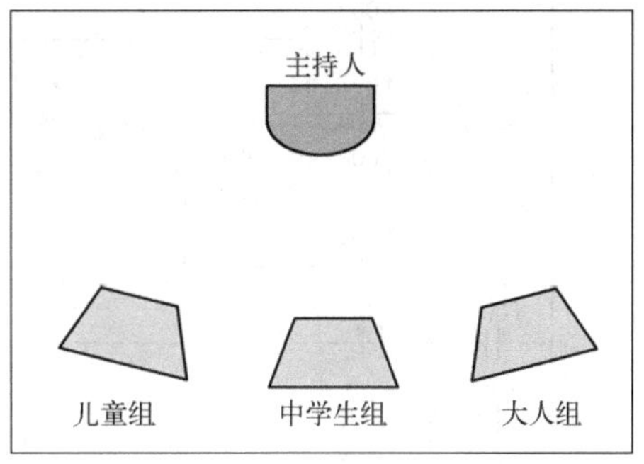

图 3-34 智力竞赛抢答器控制系统示意图

表 3-7 智力竞赛抢答器 I/O 分配表

输入		输出	
输入设备	输入编号	输出设备	输出编号
儿童按钮 S01	X000	儿童组指示灯 LD1	Y000
儿童按钮 S02	X001	中学生组指示灯 LD2	Y001
中学生按钮 S03	X002	大人组指示灯 LD3	Y002
大人按钮 S04	X003	电铃 DL	Y003
大人按钮 S05	X004		
主持人总停止按钮 S06	X005		
主持人启动按钮 S07	X006		

图 3-35a 所示为多重输出形式的智力竞赛抢答器控制系统梯形图。当输入继电器 X006 得电，则辅助继电器 M0 接通并自锁，定时器 T0 接通开始延时 10s。M0 常开触点接通，如果儿童组抢答，抢答桌上的两只按钮 S01 和 S02 是并联连接，无论按哪一只，输入继电器 X000 或 X001 常开触点闭合，输出继电器 Y000 线圈接通，指示灯 LD1 亮。如果中学生组抢答，抢答桌上只有一只按钮 S03，按下后，输入继电器 X002 得电，输出继电器 Y001 线圈接通，指示灯 LD2 亮。如果大人组抢答，抢答桌上的两只按钮 S04 和 S05 是串联连接，只有输入继电器 X003 和 X004 同时得电，输出继电器 Y002 线圈接通，指示灯 LD3 亮。10s 内 T0 常闭触点始终接通，Y000、Y001、Y002 中任意一个接通则 Y003 接通，电铃 DL 响。当主持人按总停止按钮 S06，X005 常闭触点断开，使所有输出继电器失电。图 3-35b 所示为智力竞赛抢答器控制系统对应的指令语句表。

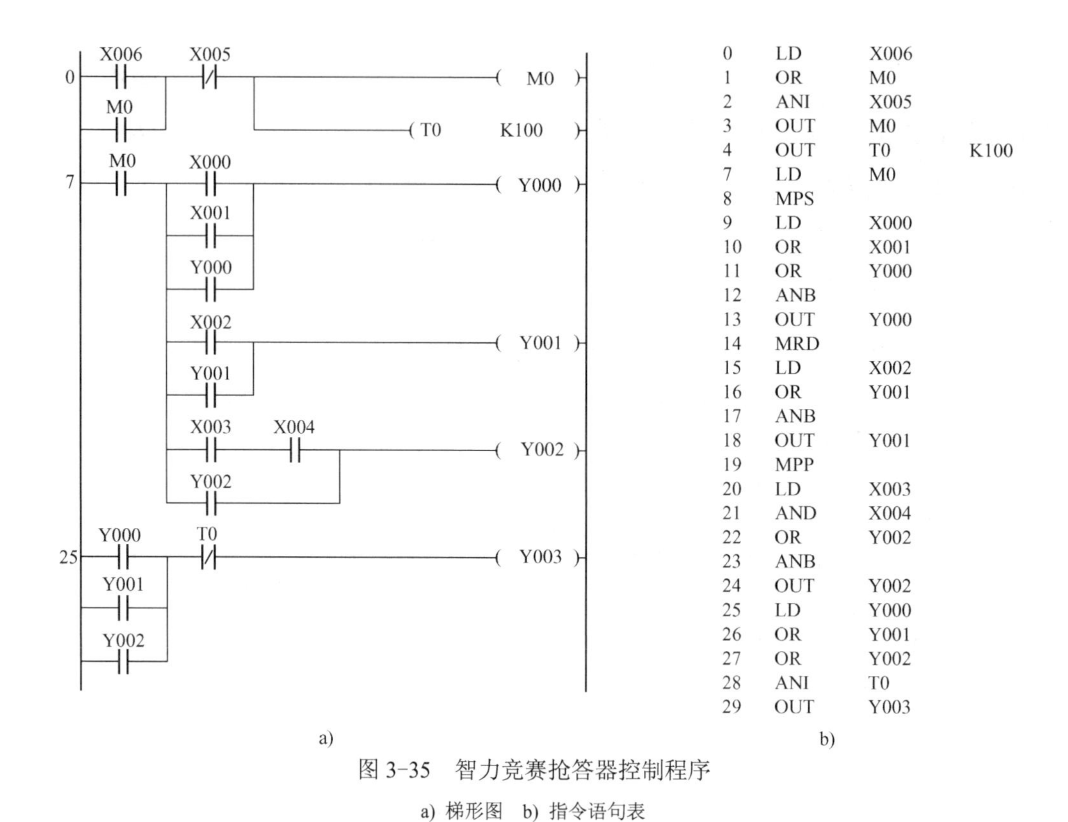
X006
X005
M0
M0
T0
K100
M0
X000
Y000
X001
Y000
X002
Y001
Y001
X003
X004
Y002
Y002
Y000
T0
Y003
Y001
Y002
0
7
25
0 LD X006
1 OR M0
2 ANI X005
3 OUT M0
4 OUT T0 K100
7 LD M0
8 MPS
9 LD X000
10 OR X001
11 OR Y000
12 ANB
13 OUT Y000
14 MRD
15 LD X002
16 OR Y001
17 ANB
18 OUT Y001
19 MPP
20 LD X003
21 AND X004
22 OR Y002
23 ANB
24 OUT Y002
25 LD Y000
26 OR Y001
27 OR Y002
28 ANI T0
29 OUT Y003
a)
b)

图 3-35　智力竞赛抢答器控制程序

a) 梯形图　b) 指令语句表

3.3.4　应用实例：电动机正/反转控制

PLC 控制电动机正/反转控制电路的继电-接触器电路如图 3-36 所示。控制要求如下：

按下正转起动按钮 SB1，使电动机正转，按下反转起动按钮 SB2，使电动机反转，再次按下正转起动按钮，电动机再次正转……按下停止按钮电动机停止运行。

设定输入/输出（I/O）分配表，如表 3-8 所列。

表 3-8　PLC 控制电动机正/反转 I/O 分配表

输　入		输　出	
输入设备	输入编号	输出设备	输出编号
正转起动按钮 SB1	X000	正转接触器 KM1	Y000
反转起动按钮 SB2	X001	反转接触器 KM2	Y001
停止按钮 SB3	X002		
热继电器 FR（常闭）	X003		

根据表 3-8 所列输入/输出（I/O）分配表绘制硬件接线图，如图 3-37 所示。注意图中在 PLC 的输出端的 KM1、KM2 线圈回路采用了接触器互锁的硬件保护形式，这是软件保护所不能替代的。它可以保证当接触器硬件发生故障时，两个接触器不会同时接通。若只采用软件互锁保护，则无法实现其保护目的。

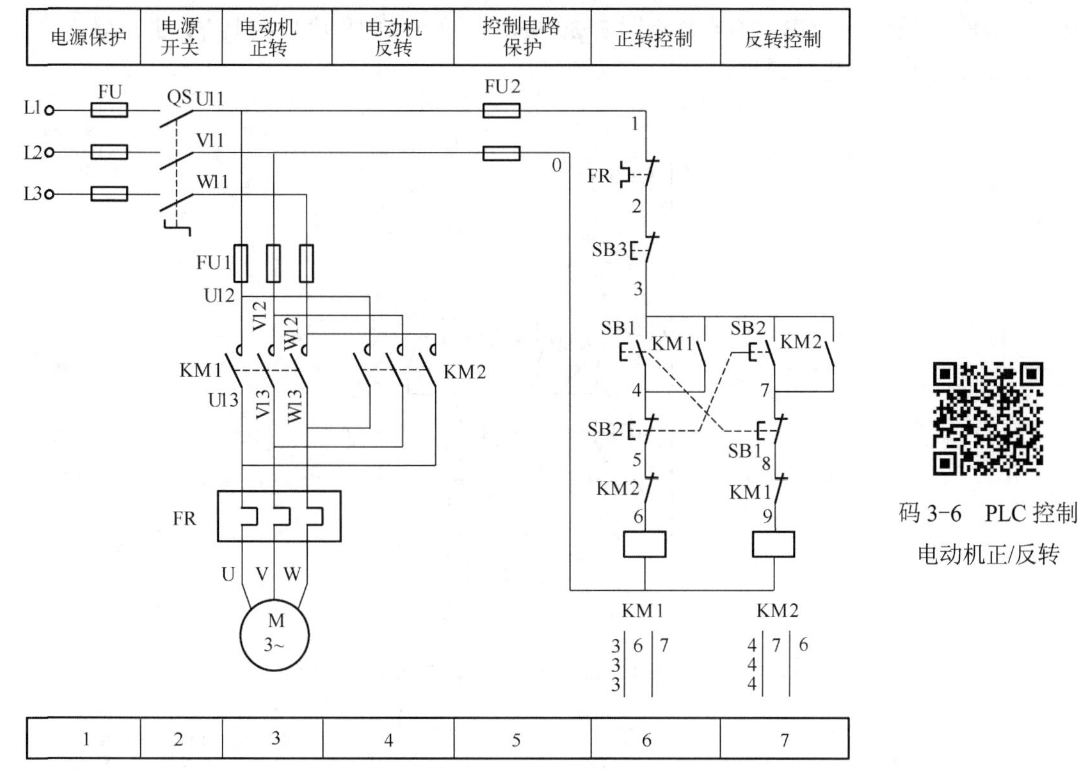

码 3-6　PLC 控制电动机正/反转

图 3-36　双重联锁电动机正/反转控制电路

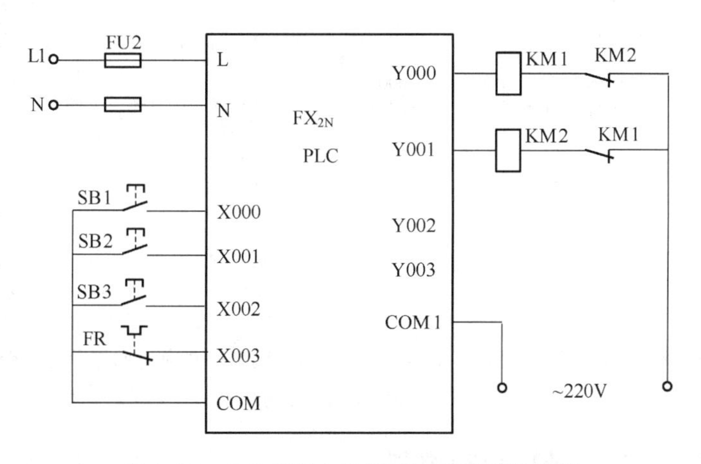

图 3-37　PLC 控制电动机正/反转硬件接线图

电动机正/反转控制的继电-接触器控制电路如图 3-38 所示，根据 I/O 分配表将对应的输入器件编号用 PLC 的输入继电器替代，输出驱动元件编号用 PLC 的输出继电器替代，即可得到图 3-39a 所示转换后的梯形图。其对应的指令语句表如图 3-39b 所示。

注意：由于热继电器 FR 采用常闭触点输入形式，因此在梯形图中应采用常开触点进行替代。

从图 3-39b 所示指令表可看出，采用此形式直接转换，出现了进/出栈指令 MPS、MPP

及电路块的串联指令 ANB。通常会将图 3-39 按串联触点多的程序放在上方，并联触点多的程序放在左方的原则进行调整。

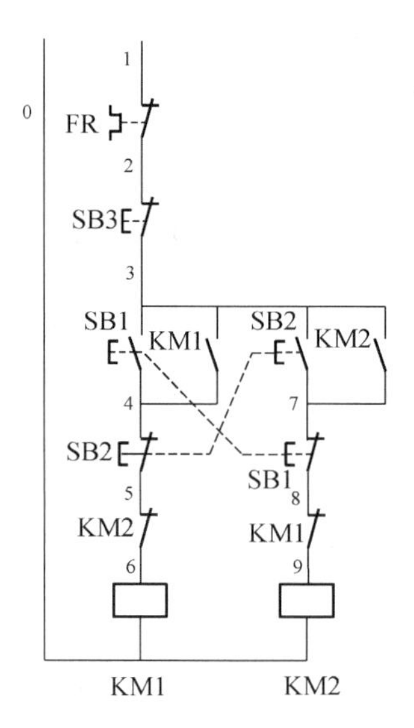

图 3-38　电动机正/反转控制的继电-接触器控制电路

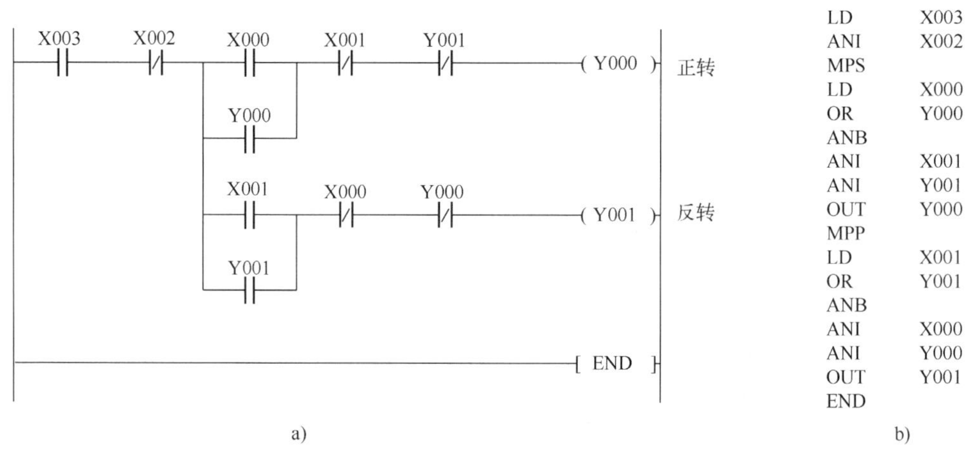

图 3-39　电动机正/反转控制的继电-接触器控制电路对应的梯形图与指令表

a) 梯形图　b) 指令语句表

3.3.5　应用实例：Y-△减压起动控制

PLC 控制电动机 Y-△减压起动的继电-接触器电路如图 3-40 所示。其基本控制功能如下：

按下起动按钮 SB2 时，使 KM1 接触器线圈得电，KM1 主触点闭合使电动机 M 得电，同时 KM3 接触器线圈得电，KM3 主触点闭合使电动机接成星形起动，时间继电器 KT 接通并开始定时。当松开起动按钮 SB2 后，由于 KM1 常开触点闭合自锁，使电动机 M 继续星形起动。当定时器定时时间到，则 KT 常闭触点断开，使 KM3 线圈失电，主触点断开星形连接，同时 KT 常开触点闭合，使 KM2 接触器线圈得电，KM2 主触点闭合使电动机接成三角形运行。按下停止按钮 SB1 时，其常闭触点断开，使接触器 KM1、KM2 线圈失电，其主触点断开使电动机 M 失电而停止。

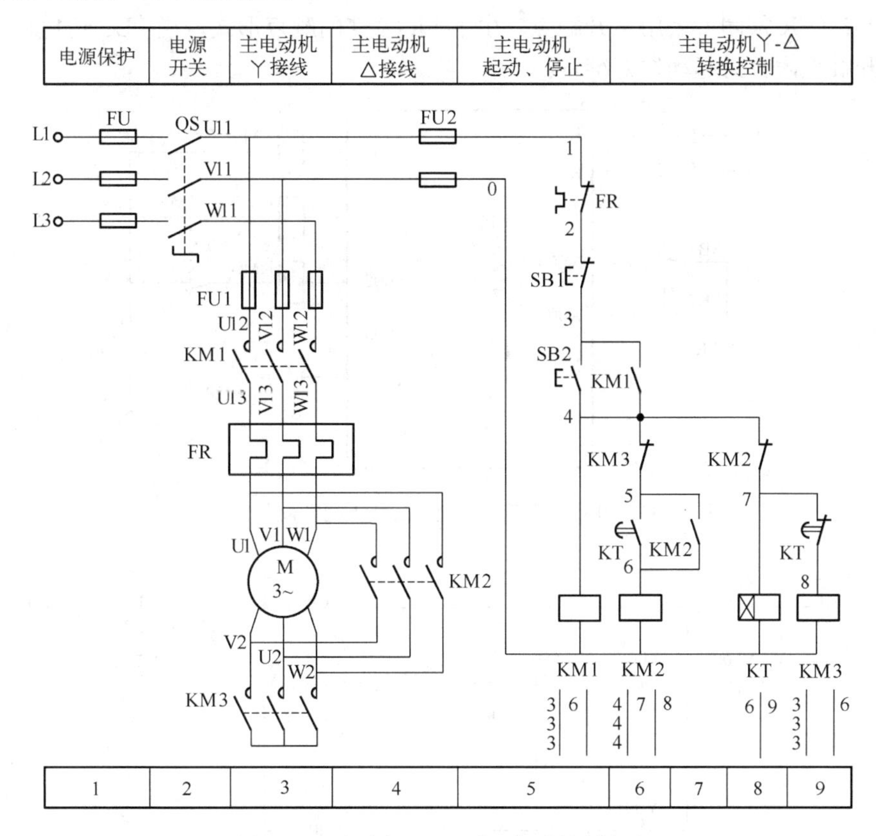

图 3-40　电动机Y-△减压起动控制电路

当电路发生过载时，热继电器 FR 常闭触点断开，切断整个电路的通路，使接触器 KM1、KM2、KM3 线圈失电，其主触点断开使电动机 M 失电而停止。

设定输入/输出（I/O）分配表，如表 3-9 所列。

表 3-9　电动机Y-△起动控制电路的 I/O 分配表

输　入		输　出	
输入设备	输入编号	输出设备	输出编号
停止按钮 SB1	X000	接触器 KM1	Y000
起动按钮 SB2	X001	接触器 KM2	Y001
热继电器常闭触点 FR	X002	接触器 KM3	Y002

根据表 3-9 所列的输入/输出（I/O）分配表绘制硬件接线图，如图 3-41 所示。注意图中在 PLC 输出端的 KM2、KM3 线圈回路采用了接触器互锁的硬件保护形式，这是软件保护所不能替代的。它可以保证当接触器硬件发生故障时，两个接触器不会同时接通。若只采用软件互锁保护，则无法实现其保护目的。

将继电控制电路按 I/O 分配表的编号，可写出梯形图和指令语句表，如图 3-42 所示。这种方法将用到进/出栈指令。注意：由于热继电器的保护触点采用常闭触点输入，因此程序中的 X002（FR 常闭）采用常开触点。由于 FR 为常闭触点形式，当 PLC 通电后 X002 得电，其常开触点闭合为起动做好准备。

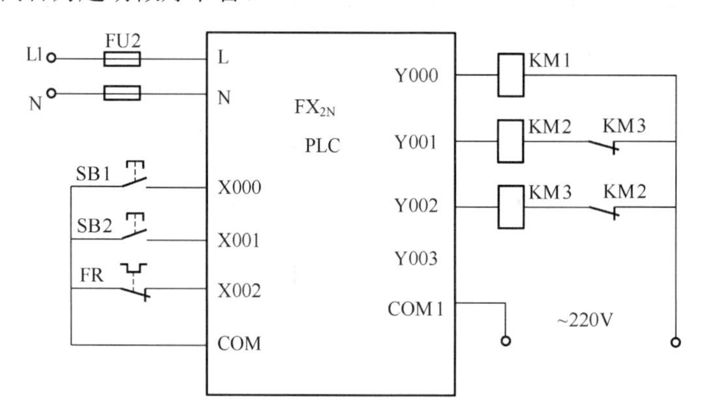

图 3-41　PLC 控制电动机 Y-△减压起动硬件接线图

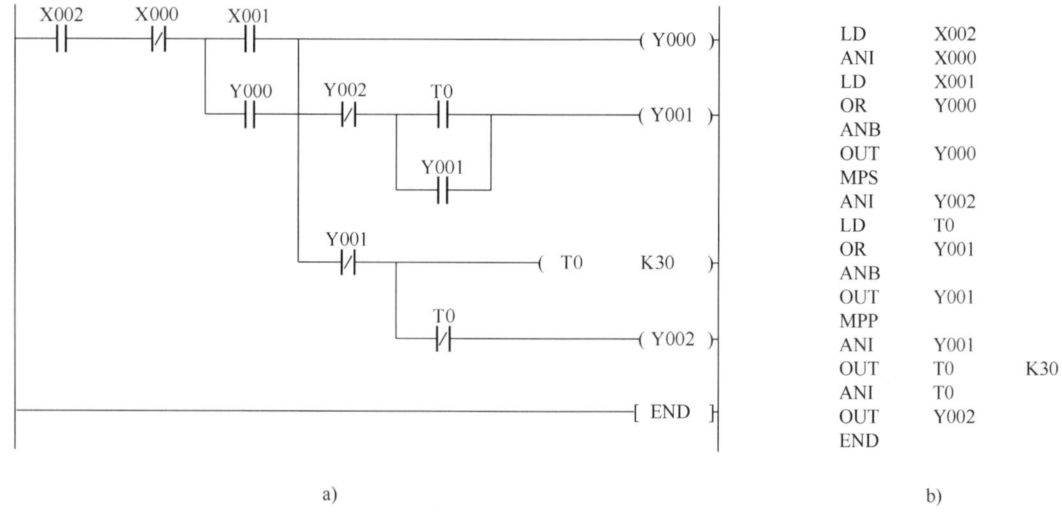

a)　　　　　　　　b)

图 3-42　PLC 控制电动机 Y-△减压起动的控制程序

a) 梯形图　b) 指令语句表

3.4　脉冲指令及其应用

3.4.1　基础知识：脉冲微分指令

1. 脉冲上升沿微分指令 PLS

脉冲上升沿微分指令 PLS 的功能：在输入信号的上升沿产生一个周期的脉冲输出。

操作元件：输出继电器 Y 和辅助继电器 M，但不能是特殊辅助继电器。

PLS 指令的使用如图 3-43 所示。

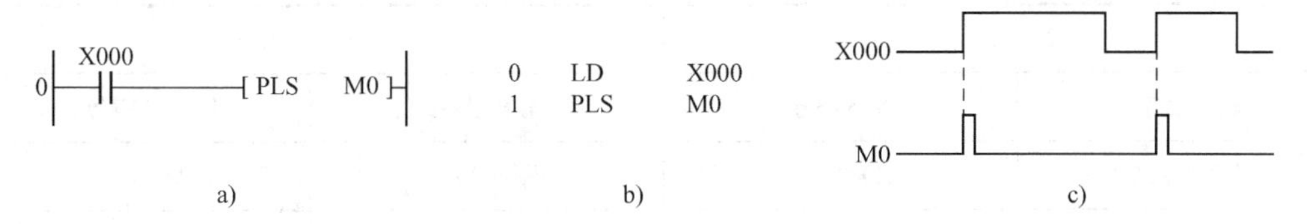

图 3-43　PLS 指令的使用

a) 梯形图　b) 指令语句表　c) 波形图

2. 脉冲下降沿微分指令 PLF

脉冲下降沿微分指令 PLF 的功能：在输入信号的下降沿产生一个周期的脉冲输出。

操作元件：输出继电器 Y 和辅助继电器 M，但不能是特殊辅助继电器。

PLF 指令的使用如图 3-44 所示。

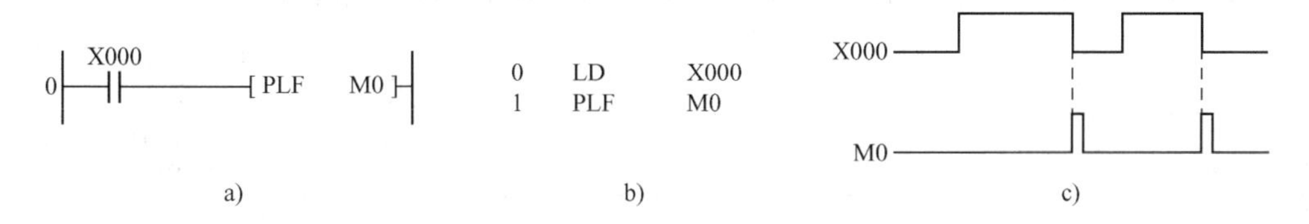

图 3-44　PLF 指令的使用

a) 梯形图　b) 指令语句表　c) 波形图

3.4.2　应用实例：工业控制用手柄

对于控制系统工程师，一个常用的安全手段是使操作者必须处在一个相对于任何控制设备都很安全的位置。其中最简单的方法是使操作者在远处操作，如图 3-45 所示，该安全系统被许多工程师称为“无暇手柄”，它是一个很简单但非常实用的控制方法。其端口（I/O）分配如表 3-10 所列。

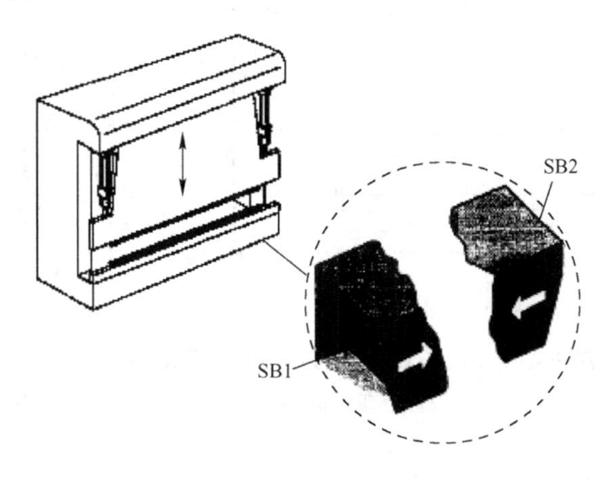

图 3-45　PLC 控制“无暇手柄”

表 3-10　工业控制用手柄 I/O 分配表

输　入		输　出	
输入设备	输入编号	输出设备	输出编号
左手按钮 SB1	X000	预定作用	Y000
右手按钮 SB2	X001		

“柄”是用来指初始化和操作被控机器的方法，它用两个按钮构成一个“无暇手柄”（两按钮必须同时按下），用此方法能防止只用一手就能进行控制的情况。常把两个按钮放在控制板上直接相对的两端，按钮之间的距离保持在 300mm 左右。为了防止操作者误碰按钮，或者采取某种方式使得一只手以操作按钮，每个按钮都放在一个金属罩下，最后的作用是使操作者能处于一个没有危险的位置。

图 3-46 所示为一个简单的两键控制实例，它采用串联的形式进行控制。

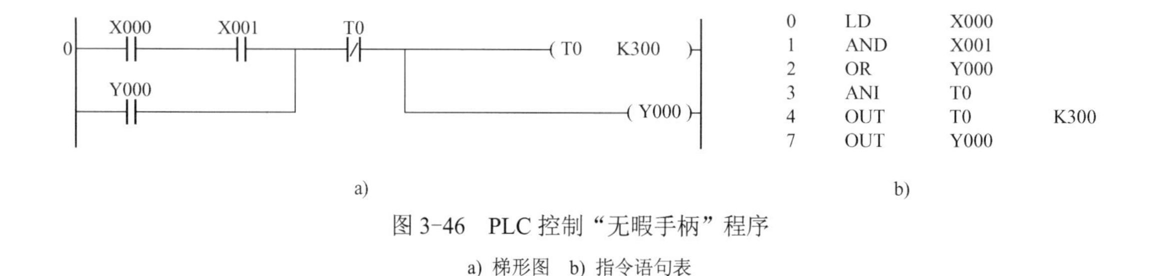

图 3-46　PLC 控制“无暇手柄”程序

a) 梯形图　b) 指令语句表

图 3-47 所示的方法，采用了脉冲上升沿微分指令 PLS，要求两按钮同时被按下，则 M0、M1 才能同时接通，驱动 Y000 动作。由于 M0、M1 只接通一个扫描周期，为保证 Y000 动作继续，应加入 M2 自锁。

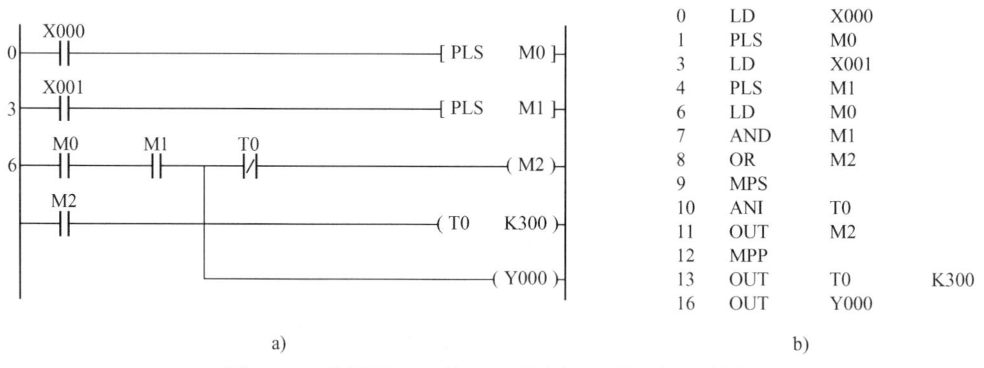

图 3-47　采用了 PLS 的 PLC 控制“无暇手柄”程序

a) 梯形图　b) 指令语句表

3.4.3　应用实例：自动开/关门系统

图 3-48 所示为 PLC 控制仓库门自动开/关的装置。在库门的上方装设一个超声波探测

开关 S01，当行人（车）进入超声波发射范围内，开关便检测出超声回波，从而产生输出电信号（S01=ON），由该信号接通接触器 KM1，电动机 M 正转使卷帘上升以开门。在仓库门的下方装设一套光敏开关 S02，用以检测是否有物体穿过仓库门。光敏开关由两个部件组成，一个是能连续发光的光源；另一个是能接收光束并能将之转换成电脉冲的接收器。当行人（车）遮断了光束，光敏开关 S02 便检测到这一物体，产生电脉冲，当该信号消失后，则接通接触器 KM2，使电动机 M 反转，从而使卷帘开始下降以关门。用两个行程开关 S1 和 S2 来检测仓库门的开门上限和关门下限，以停止电动机的转动。其端口（I/O）分配表，如表 3-11 所列。

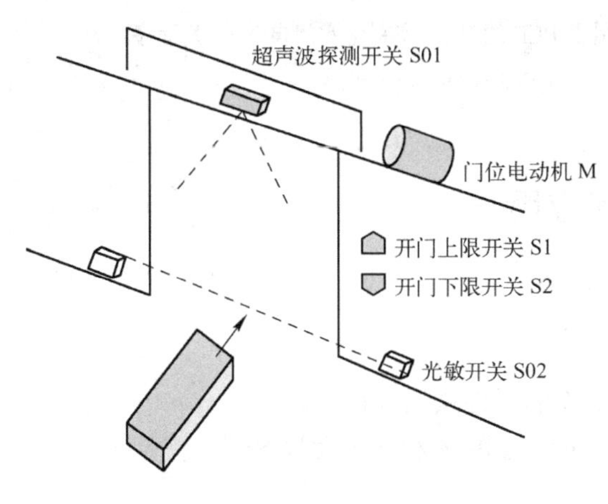

图 3-48　PLC 控制仓库门自动开关

码 3-7　PLC 控制自动开/关门系统

表 3-11　PLC 控制仓库门自动开/关的 I/O 分配表

输　入		输　出	
输入设备	输入编号	输出设备	输出编号
超声波开关 S01	X000	正转接触器（开门）KM1	Y000
光敏开关 S02	X001	反转接触器（关门）KM2	Y001
开门上限开关 S1	X002		
关门下限开关 S2	X003		

采用图 3-49a 所示梯形图可解决以上问题，当行人（车）进入超声波发射范围时，超声波开关 S01 便检测出返回的超声波，从而产生输出电信号，则 X000 接通，使 Y000 得电，KM1 工作使卷帘门打开，碰到开门上限开关 S1 时，X002 使 Y000 断电，开门结束。当行人（车）遮断了光束，光敏开关 S02 便检测到这一物体，产生电脉冲，则 X001 接通，但此时不能关门，必须在此信号消失后才能关门，因此采用脉冲下降沿微分指令 PLF，保证在信号消失时起动 Y001，进行关门。而关门下限开关 S2 有信号时，X003 切断，Y001 断电使关门结束，等待下一位顾客。图 3-49b 所示为该梯形图对应的指令语句表。

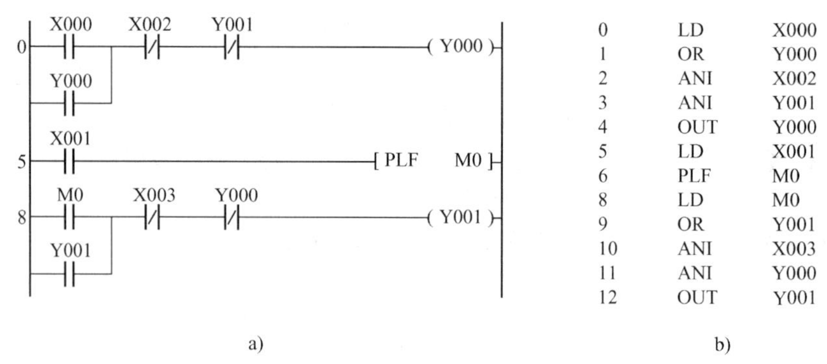

图 3-49　采用了 PLF 的 PLC 控制仓库门自动开/关程序

a) 梯形图　b) 指令语句表

3.5　置位、复位指令及其应用

3.5.1　基础知识：置位、复位指令

1．置位指令 SET

置位指令 SET 的功能：使被操作的元件接通并保持。

操作元件：输出继电器 Y、辅助继电器 M 和状态元件 S。

2．复位指令 RST

复位指令 RST 的功能：使被操作的元件断开并保持。

操作元件：输出继电器 Y，辅助继电器 M，定时器 T，计数器 C，状态元件 S、数据寄存器 D，变址寄存器 V、Z。

SET 与 RST 指令的使用如图 3-50 所示。

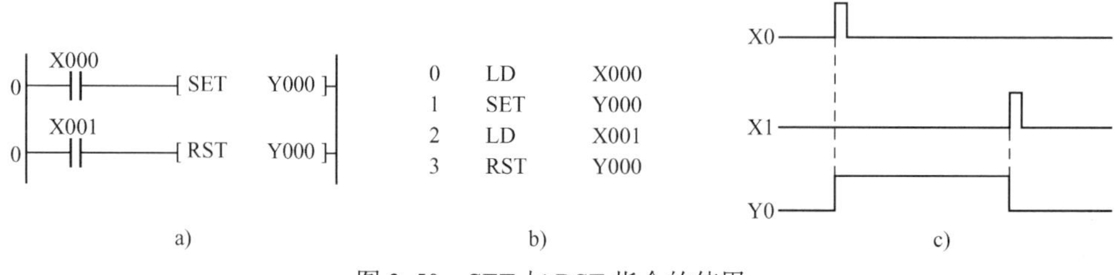

图 3-50　SET 与 RST 指令的使用

a) 梯形图　b) 指令语句表　c) 波形图

3.5.2　应用实例：连续控制电路

图 3-51 所示为电动机连续控制电路接线原理图，其典型控制梯形图如图 3-52a 所示。图 3-53a 所示为采用置位指令和复位指令控制的梯形图，其控制功能与图 3-52 相同。

图 3-52 和图 3-53 中加入了程序结束指令 END，其功能为程序执行到 END 指令结束，对于 END 指令以后的程序不予执行，如图 3-54 所示。该指令无操作元件。

在程序结束处写上 END 指令，PLC 只执行第一步至 END 之间的程序，并立即做输出处理。若不写 END 指令，PLC 将从用户存储器的第一步执行到最后一步。因此使用 END 指令可缩短扫描周期。另外，在调试程序时，可以将 END 指令插在各程序段之后，分段检查各程序段的动作，确认无误后，再依次删去插入的 END 指令。

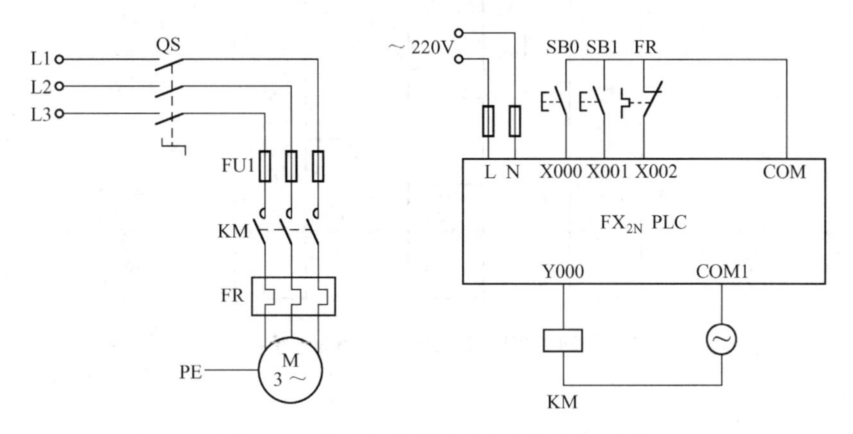

图 3-51　电动机连续控制电路接线原理图

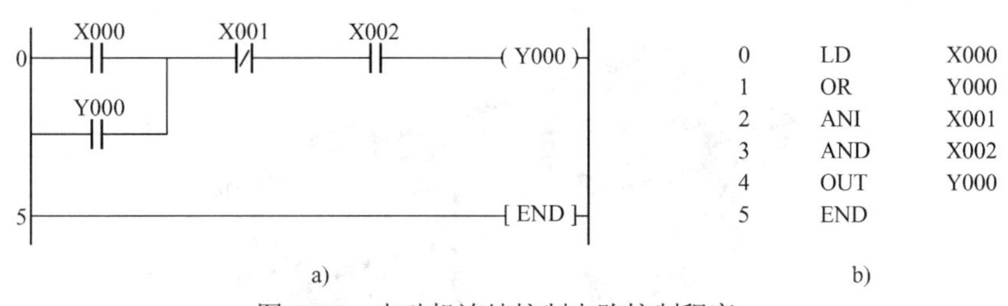

图 3-52　电动机连续控制电路控制程序一

a) 梯形图　b) 指令语句表

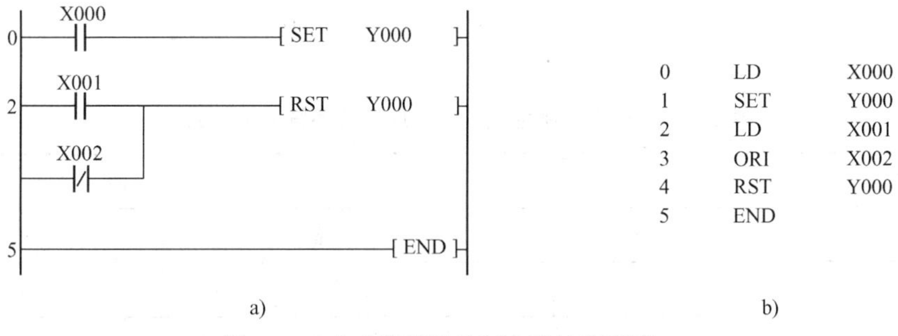

图 3-53　电动机连续控制电路控制程序二

a) 梯形图　b) 指令语句表

3.5.3　应用实例：金属、非金属分拣系统

如图 3-55 所示，当落料口有物体落下时，光敏开关检测到物体后，起动传送带运行。在非金属落料口上方装有金属检测传感器，若传送带起动 3s 后，金属传感器仍未检测到信号则说明该物体为非金属，则非金属推料杆伸出将物料推入非金属出料槽后收回；若 3s 内

金属传感器检测到物体，则在金属传感器检测到物料 6s 后由金属推料杆将物料推入金属出料槽。其端口（I/O）分配如表 3-12 所列。

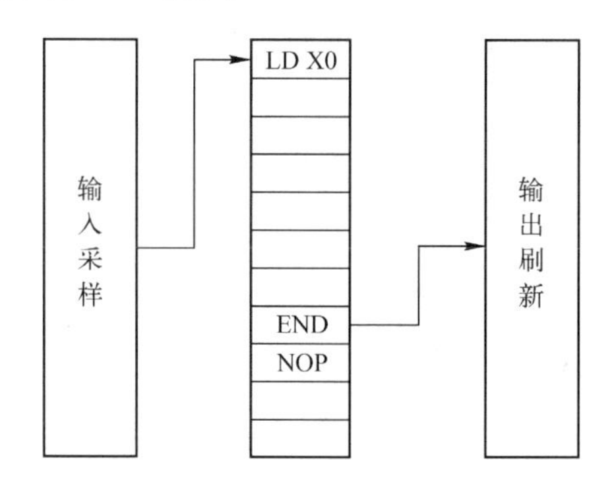

图 3-54　程序执行到 END 指令的情况

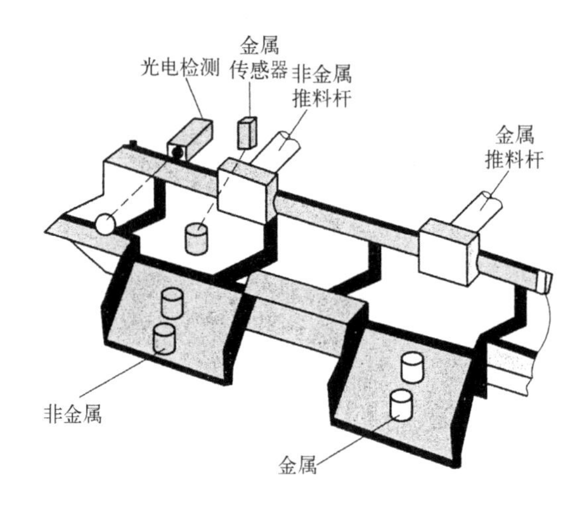

图 3-55　金属、非金属分拣系统结构示意图

表 3-12　PLC 控制金属、非金属分拣系统 I/O 分配表

输　入		输　出	
输入设备	输入编号	输出设备	输出编号
落料口光敏检测	X000	传送带运行	Y000
金属传感器	X001	非金属推料杆电磁阀	Y001
非金属推料杆伸出到位	X002	金属推料杆电磁阀	Y002
金属推料杆伸出到位	X003		

采用图 3-56a 所示梯形图可解决以上问题，当 3s 内金属传感器未检测到信号，则 T0 常闭触点动作，停止传送带 Y000，非金属推料杆推出金属，当非金属推料杆伸出到位后，复位 T0，等待下一次进料。当 3s 内金属传感器检测到信号后，使用置位辅助继电器 M0 保持该信号，将定时器 T0 常闭旁路，保证传送带 Y000 继续旋转，T1 延时 6s，停止传送带

Y000，金属推料杆推出金属，当金属推料杆伸出到位后，复位记忆信号 M0，使定时器 T0、T1 复位，等待下一次进料。

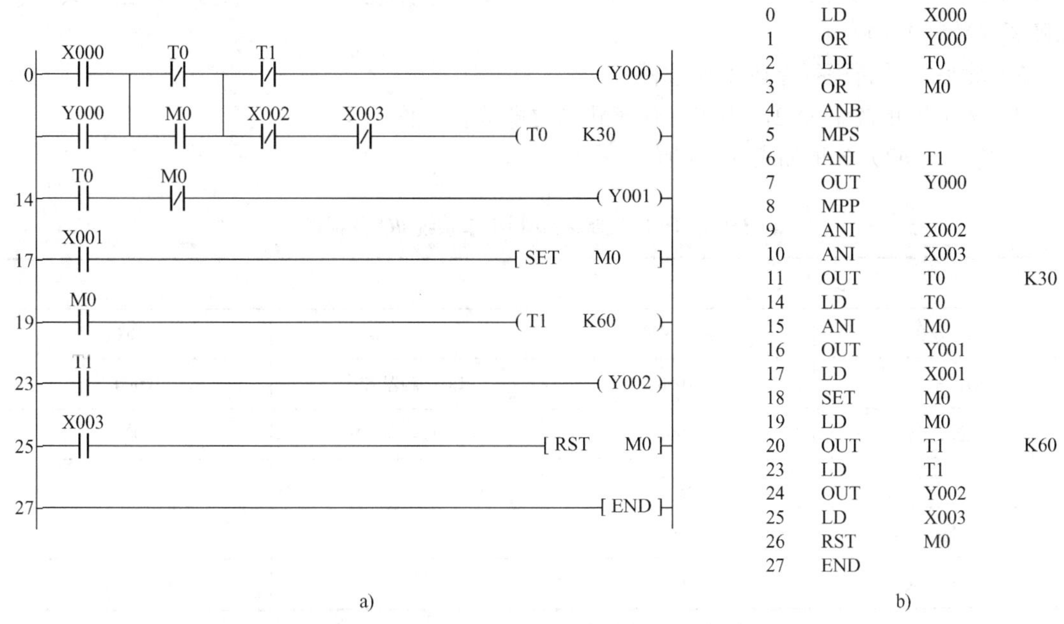

图 3-56　金属、非金属分拣系统控制程序

a) 梯形图　b) 指令语句表

3.6　梯形图设计方法与应用实例

3.6.1　应用实例：起、保、停方式设计梯形图——PLC 控制装/卸料小车系统

图 3-57 所示为 PLC 控制装/卸料小车系统。起动按钮 SB1 用来起动运料小车，停止按钮 SB2 用来立即停止运料小车。其工作流程如下：

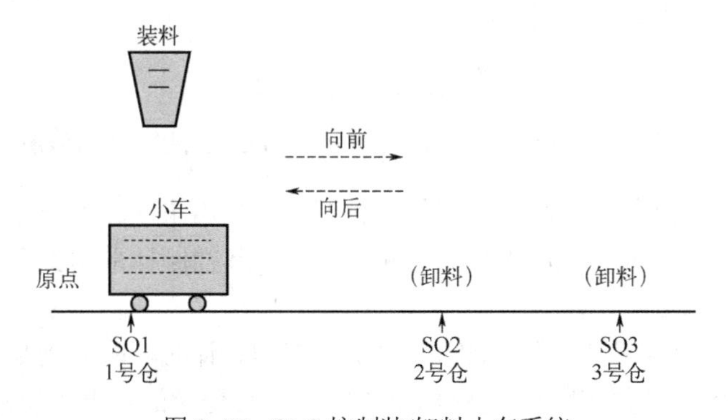

图 3-57　PLC 控制装/卸料小车系统

1）按起动按钮 SB1，小车在 1 号仓停留（装料）10s 后，第一次由 1 号仓送料到 2 号仓时碰限位开关 SQ2 后，停留（卸料）5s，然后空车返回到 1 号仓时碰限位开关 SQ1 则停

留（装料）10s；

2）小车第二次由 1 号仓送料到 3 号仓，经过限位开关 SQ2 时不停留，继续向前，当到达 3 号仓时碰限位开关 SQ3 则停留（卸料）8s，然后空车返回到 1 号仓时碰限位开关 SQ1 则停留（装料）10s；

3）然后再重新进行上述工作过程。

4）按下停止按钮 SB2，小车在任意状态立即停止工作。

其端口（I/O）分配如表 3-13 所列。

表 3-13　PLC 控制装/卸料小车系统 I/O 分配表

输　入		输　出	
输入设备	输入编号	输出设备	输出编号
起动按钮 SB1	X000	向前接触器 KM1	Y000
停止按钮 SB2	X001	向后接触器 KM2	Y001
限位开关 SQ1	X002		
限位开关 SQ2	X003		
限位开关 SQ3	X004		

根据表 3-13 得到外部接线图，如图 3-58 所示。

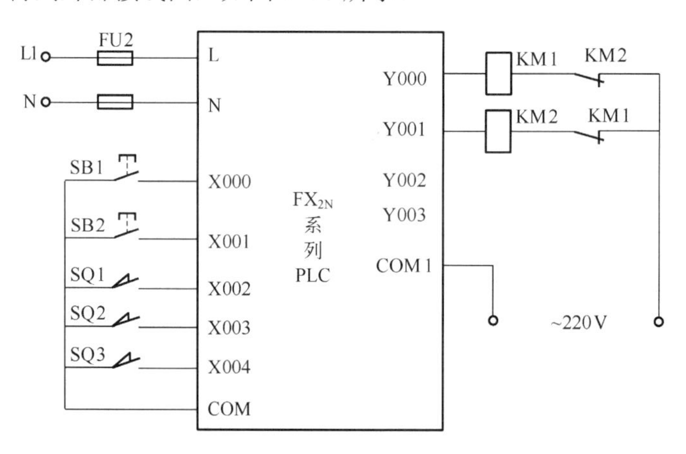

图 3-58　PLC 控制装/卸料小车系统的 PLC 与外围元件接线图

起动按钮 X000 用来起动运料小车，停止按钮 X001 用来立即停止运料小车。考虑到运料小车起动后按钮释放，因此采用 M0 记忆起动信号。其控制梯形图如图 3-59a 所示，其对应的指令语句表如图 3-59b 所示。

设定小车在 1 号仓停留（装料）的 10s 由定时器 T0 计时，时间到则小车前进。设定辅助继电器 M1 用来区分是否在限位开关 SQ2（X003）处停留过，若停留过则 M1 接通，未停留则 M1 断开。此时可采用 M1 与 X003 常闭触点并联，若 M1 接通则 X003 常闭触点失效，小车继续前进，碰到限位开关 SQ3（X004）停止。其控制梯形图如图 3-60a 所示，其对应的指令语句表如图 3-60b 所示，此处须使用 ANB 指令。

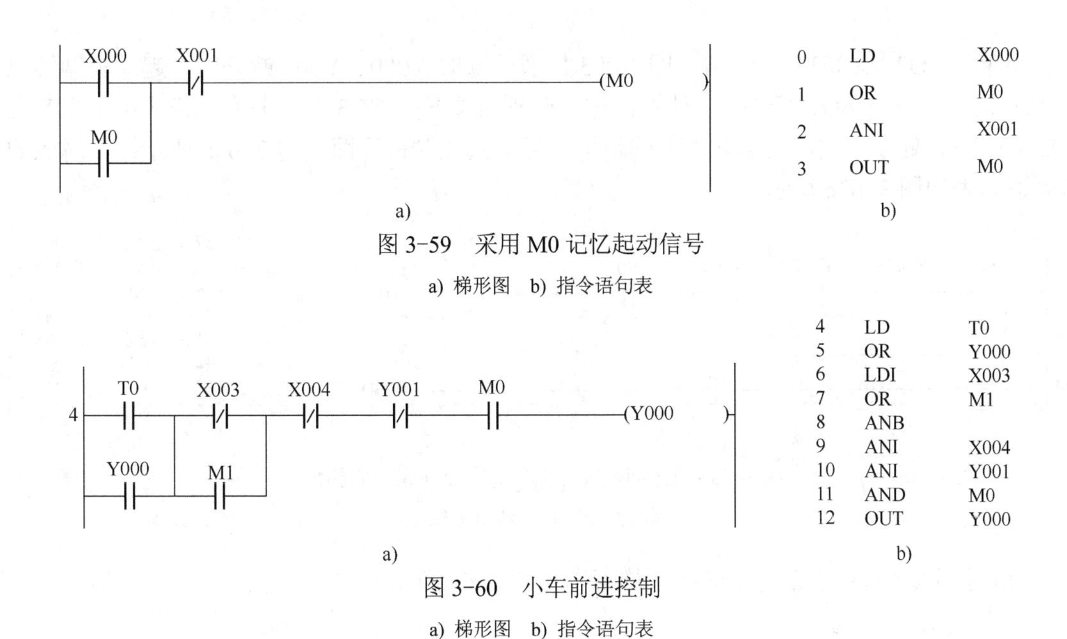

图 3-59 采用 M0 记忆起动信号

a) 梯形图 b) 指令语句表

图 3-60 小车前进控制

a) 梯形图 b) 指令语句表

小车在 2 号仓停留的 5s 由 T1 计时，在 3 号仓停留的 8s 由 T2 计时，时间到则小车返回，到 1 号仓碰限位开关 SQ1（X002）则停留，其控制梯形图如图 3-61a 所示，其对应的指令语句表如图 3-61b 所示。

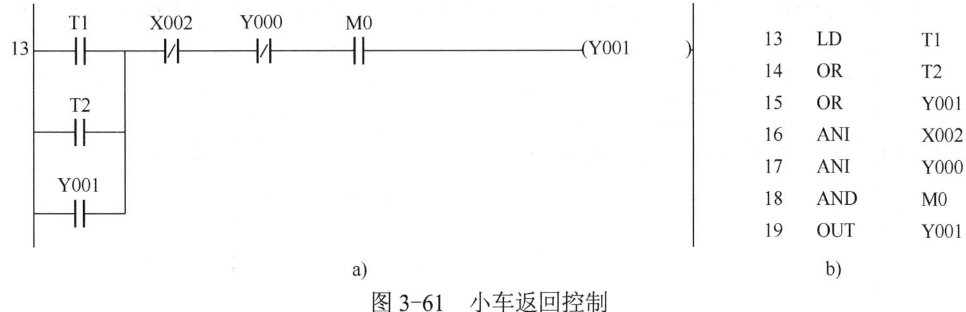

图 3-61 小车返回控制

a) 梯形图 b) 指令语句表

小车碰到各限位开关则起动相应的定时器延时，其控制梯形图如图 3-62a 所示，其对应的指令语句表如图 3-62b 所示。

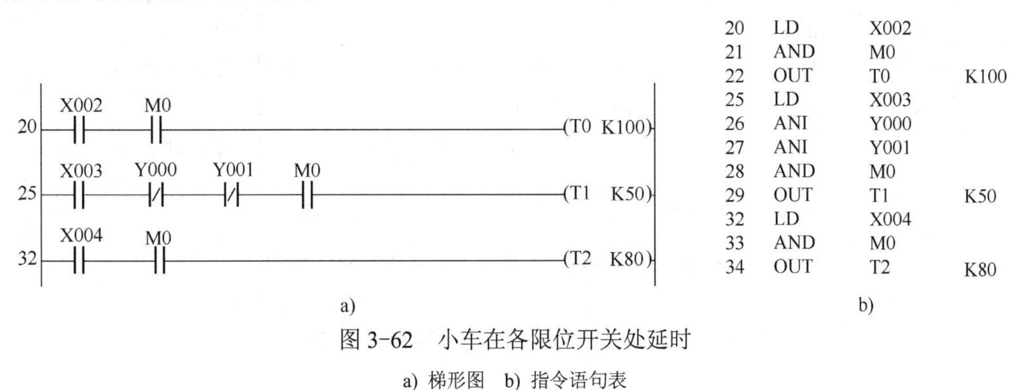

图 3-62 小车在各限位开关处延时

a) 梯形图 b) 指令语句表

小车在 SQ2（X003）处停留，即 X003 接通，同时 Y000、Y001 断开时，起动辅助继电器 M1 记忆小车在 SQ2（X003）处停留过，碰到限位开关 SQ3（X004）则说明小车未曾在 SQ2（X003）处停留过，则解除 M1 的记忆信号，其控制梯形图如图 3-63a 所示，其对应的指令语句表如图 3-63b 所示。

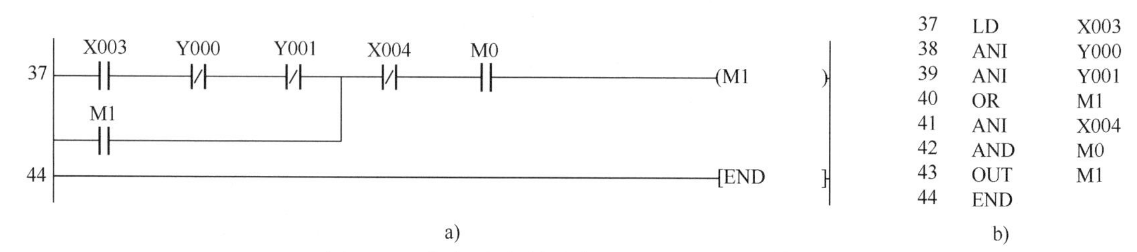

图 3-63　记忆小车是否在 SQ2（X003）处停留

a) 梯形图　b) 指令语句表

PLC 控制装/卸料小车完整的控制梯形图如图 3-64 所示。

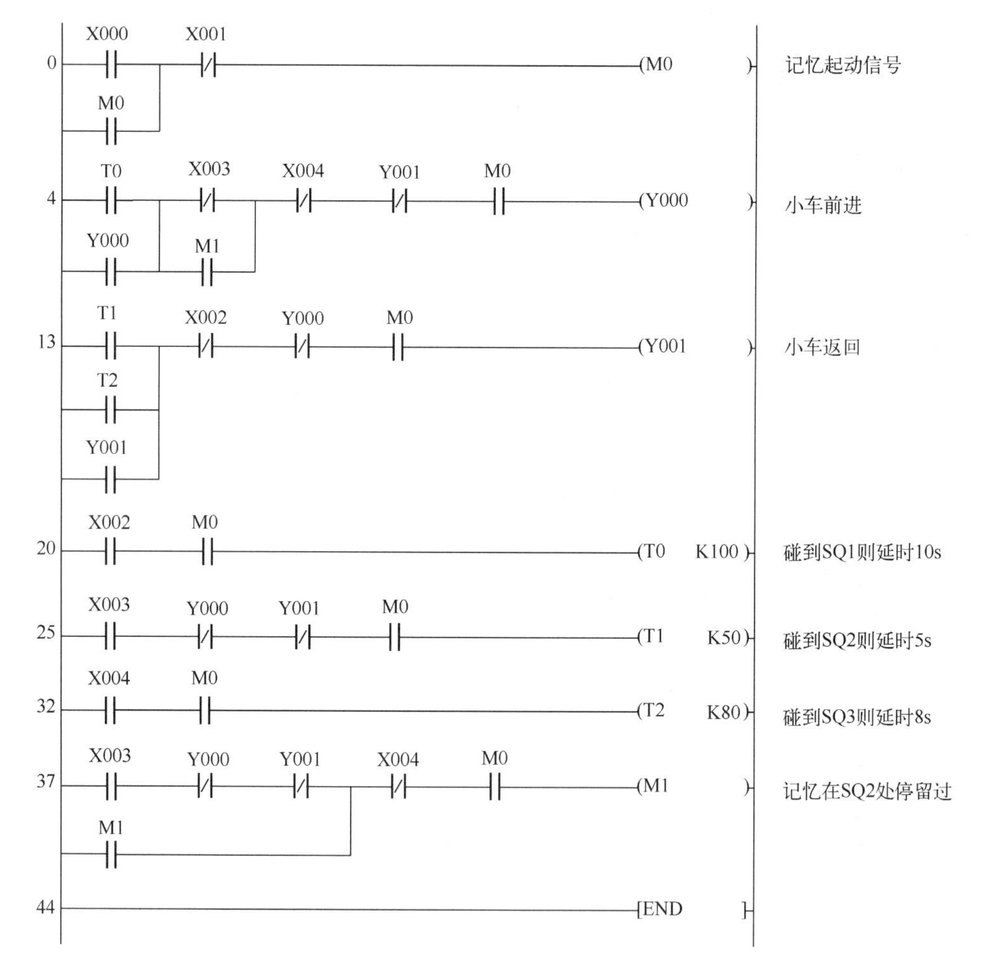

图 3-64　PLC 控制装/卸料小车完整的控制梯形图

3.6.2　应用实例：时序逻辑方式设计梯形图——PLC 控制彩灯闪烁

PLC 控制彩灯闪烁系统示意图如图 3-65 所示。其控制要求如下：

1）彩灯电路受一起动开关 S07 控制，当 S07 接通时，彩灯系统 LD1～LD3 开始顺序工作。当 S07 断开时，彩灯全熄灭。

2）彩灯工作循环：LD1 彩灯亮，延时 8s 后，闪烁 3 次（每一周期中亮 1s 熄 1s），LD2 彩灯亮，延时 2s 后，LD3 彩灯亮；LD2 彩灯继续亮，延时 2s 后熄灭；LD3 彩灯延时 10s 后，从头再循环。

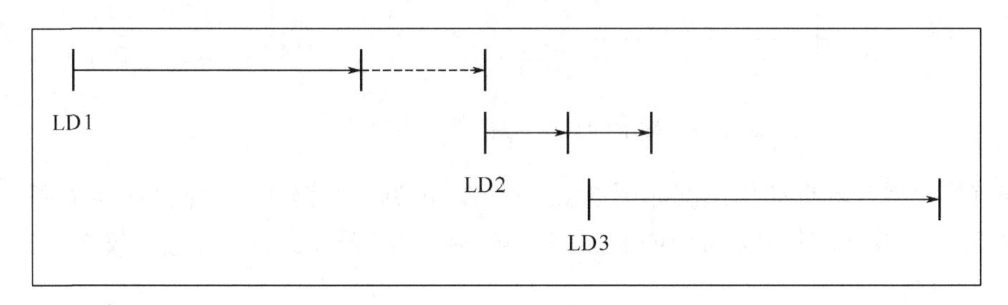

图 3-65　PLC 控制彩灯闪烁系统示意图

码 3-8　PLC 控制彩灯闪烁

PLC 控制彩灯闪烁电路系统 I/O 分配如表 3-14 所列。

表 3-14　PLC 控制彩灯闪烁系统 I/O 分配表

输　入		输　出	
输入设备	输入编号	输出设备	输出编号
起动开关 S07	X000	彩灯 LD1	Y000
		彩灯 LD2	Y001
		彩灯 LD3	Y002

根据以上控制要求绘制出彩灯闪烁控制系统的时序图如图 3-66 所示。由时序图可知程序的难点主要在彩灯 LD1 闪烁的控制问题，对其可考虑采用标准的振荡电路形式。

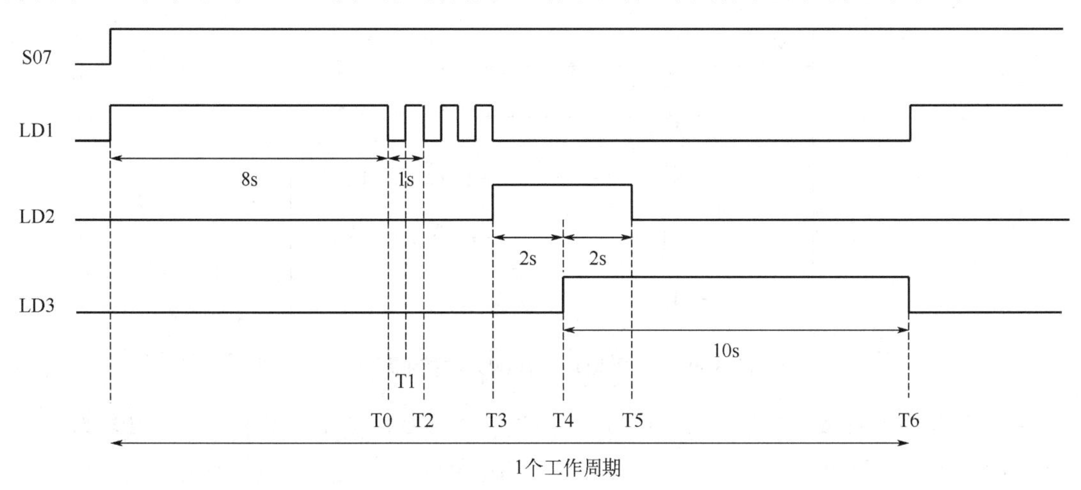

图 3-66　PLC 控制彩灯闪烁控制系统的时序图

标准的振荡电路通常如图 3-67 所示，该梯形图中采用了两个定时器 T1 和 T2，当起动 PLC 后，定时器 T1 线圈得电，开始延时 0.5s，时间到后，T1 常开触点接通，使 T2 定时器线圈得电，定时器 T2 开始延时 0.5s，0.5s 时间到，则定时器 T2 常闭触点断开，使得定时器 T1 线圈失电，定时器 T1 常开触点断开，使得定时器 T2 线圈失电，则 T2 常闭触点重新闭合，振荡电路的定时器 T1 重新开始延时。

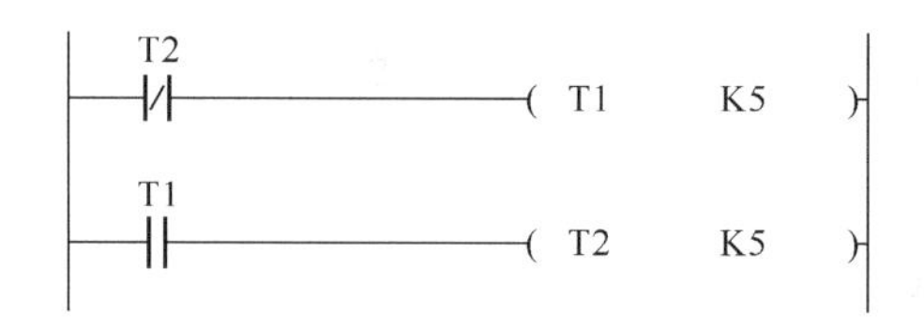

图 3-67　标准的振荡电路

定时器 T1 与 T2 的常开触点动作情况如图 3-68 所示。可见定时器 T1 的常开触点先断开 0.5s，再接通 0.5s，形成标准的 1s 为周期的振荡信号。而定时器 T2 的常开触点仅在 T1 断开的时刻接通一个扫描周期。

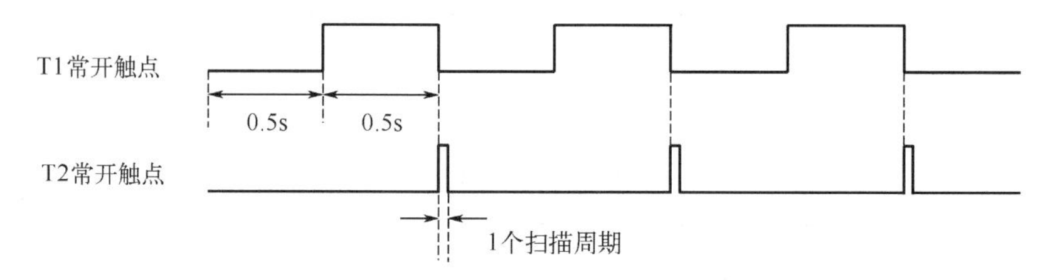

图 3-68　定时器 T1 与 T2 的常开触点动作情况

彩灯 LD1（Y000）的控制程序如图 3-69 所示。由于对 LD1（Y000）的控制要求先输出 8s 然后采用振荡输出，因此可采用接通起动开关 X000 后采用定时器 T0 延时 8s，同时激活振荡电路，然后采用 T0 常闭触点与 T1 常开触点并联后输出 Y000，由于一开始 T0 常闭触点接通，因此 T1 通断与否不影响 Y000 的输出，当 8s 到达后，T0 常闭触点断开，则 Y000 的输出随 T1 通断而闪烁。

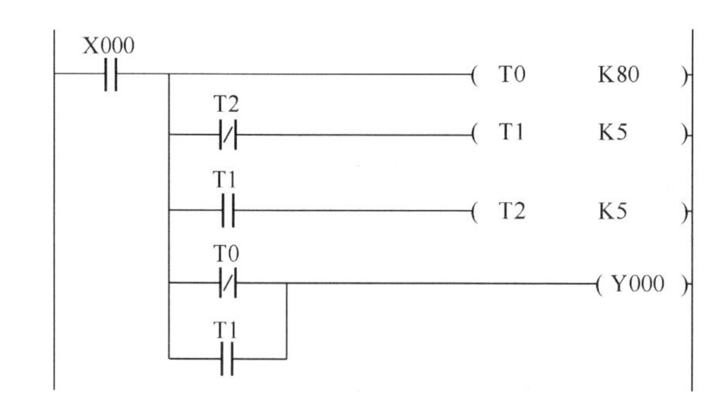

图 3-69　彩灯 LD1（Y000）的控制程序

该程序设计中的第二个难点是，闪烁 3 次问题。通常可采用计数器进行计数控制，实现彩灯闪烁 3 次的问题。其关键点在于计数信号的选择问题。由于计数器只是在信号的上升沿进行计数，因此不能使用计数器直接对 LD1（Y000）进行计数。如图 3-70 所示，若直接使用 LD1（Y000）的常开触点信号作为计数信号，则出现 5 次计数，且出现与 LD2 亮的时刻相差 0.5s 的问题。

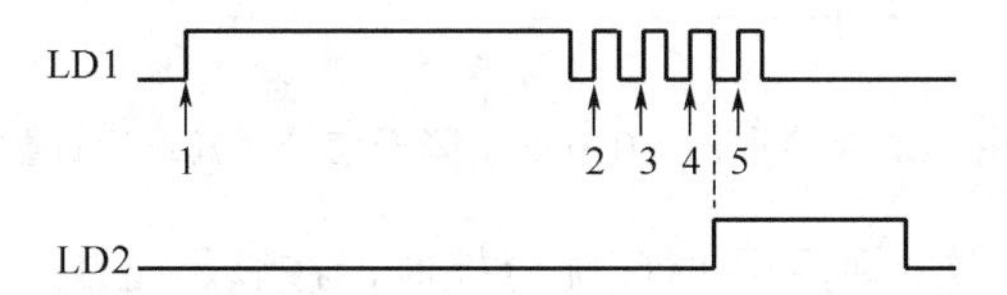

图 3-70　采用 LD1（Y000）的常开触点信号作为计数信号的问题

由以上分析可知，解决 LD2 亮的时刻相差 0.5s 的问题产生的方法是，应在 LD1（Y000）的下降沿进行计数，如图 3-71 所示。

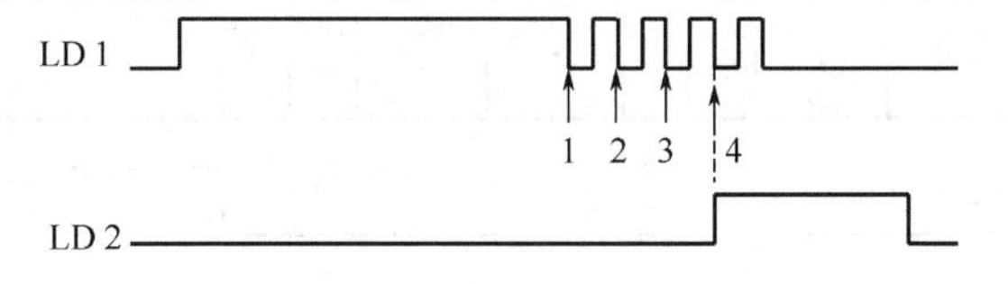

图 3-71　应在 LD1（Y000）的下降沿进行计数

但计数器本身默认只对上升沿计数，因此可采用 LD1（Y000）的常闭触点信号 $\overline{LD1}$ 计数，如图 3-72 所示。

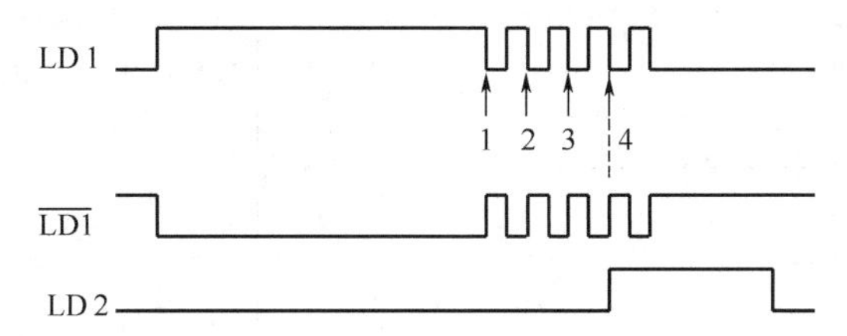

图 3-72　采用 LD1（Y000）的常闭触点信号 $\overline{LD1}$ 计数

因此，对应的梯形图如图 3-73 所示。

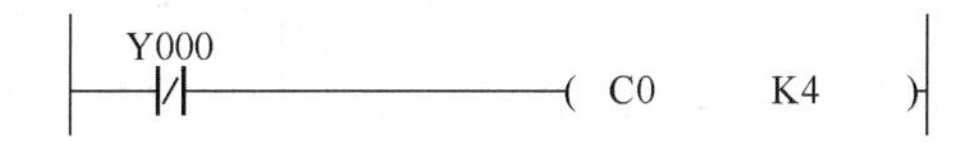

图 3-73　采用 LD1（Y000）的常闭触点信号计数的梯形图

当然也可使用 PLF 指令取出 LD1（Y000）的下降沿信号，如图 3-74 所示。然后对其进行计数，其对应的梯形图如图 3-75 所示。

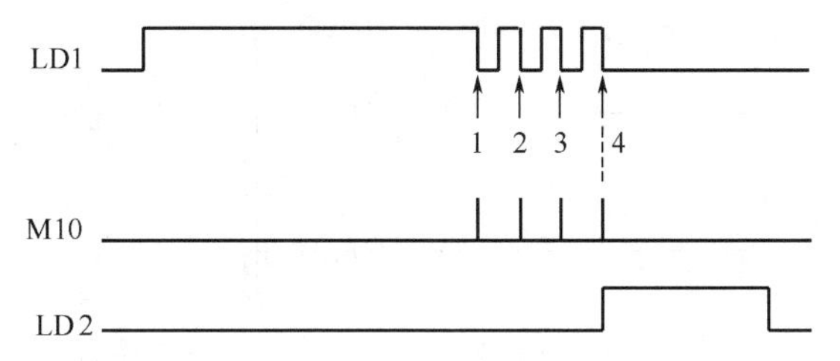

图 3-74　使用 PLF 指令取出 LD1（Y000）的下降沿信号的梯形图

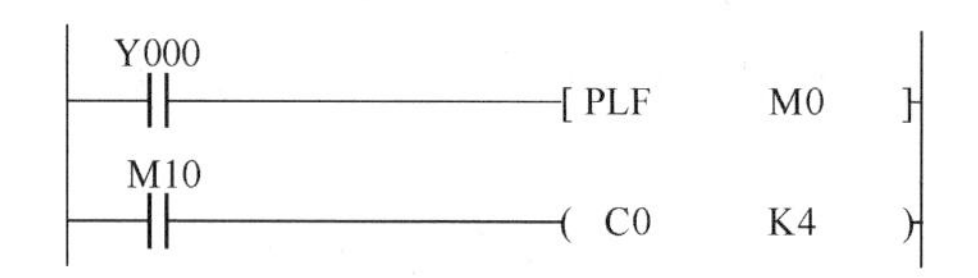

图 3-75　用 PLF 指令取出 Y000 的下降沿信号对其进行计数的梯形图

若考虑计数次数为 3 次，则采用时间配合控制，在满足 LD1 亮完之后再起动计数器即可。将 LD1 闪烁程序的时序与 LD1（Y000）的时序图画在一起，如图 3-76 所示。

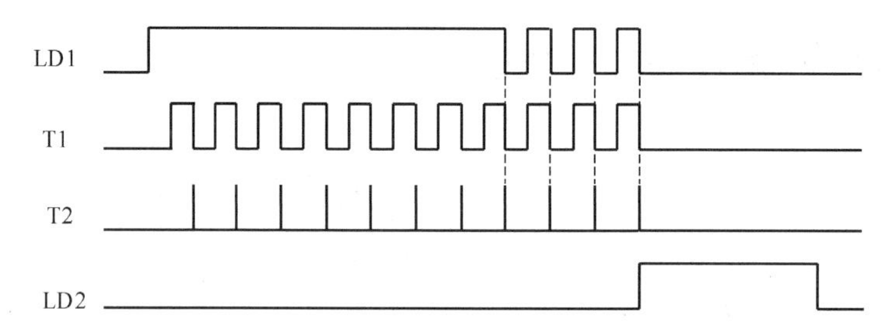

图 3-76　定时器 T2 的常开触点信号作为计数器计数信号

可见，定时器 T2 的接通瞬间正是 LD1（Y000）的下降沿，因此也可采用定时器 T2 的常开触点信号作为计数器计数信号，其整个控制梯形图如图 3-77 所示。

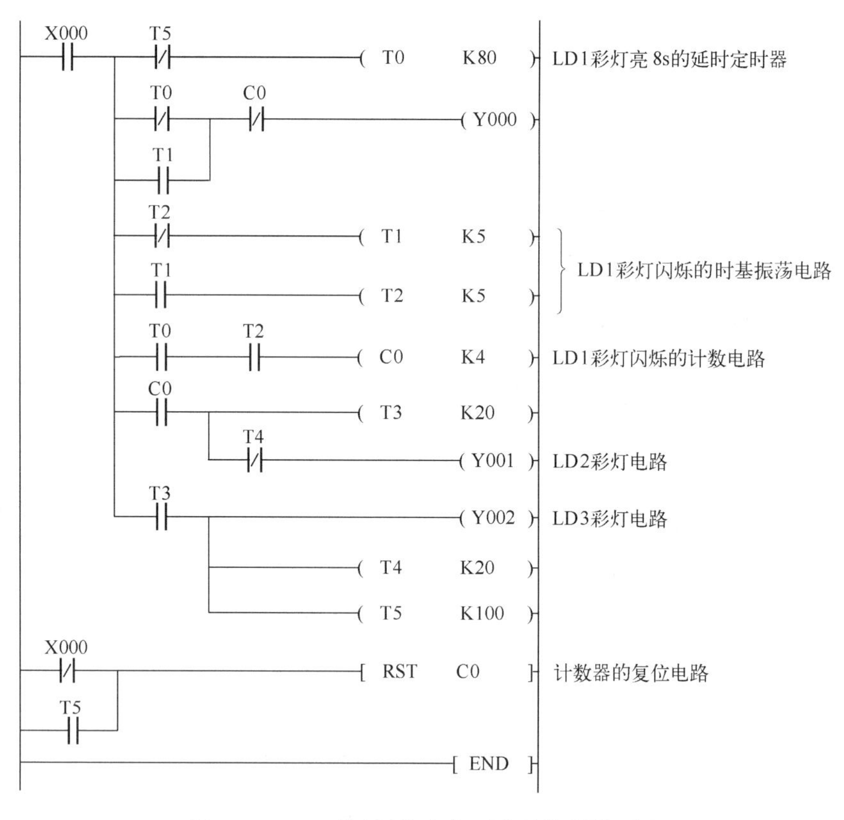

图 3-77　PLC 控制彩灯闪烁系统的控制梯形图

在上述程序中采用了计数器进行计数，以实现彩灯 LD1 闪烁 3 次的问题。但就分析过程可见，程序虽然不复杂，但在细节处理中要考虑的问题较多，同时还必须考虑整个周期完成后的计数器复位问题。此时可换个角度考虑，采用时间进行控制。由于每次闪烁周期为 1s，那么闪烁 3 次，花去时间为 3s，只需在 3s 后切换到 LD2（Y001）即可，如图 3-78 所示。

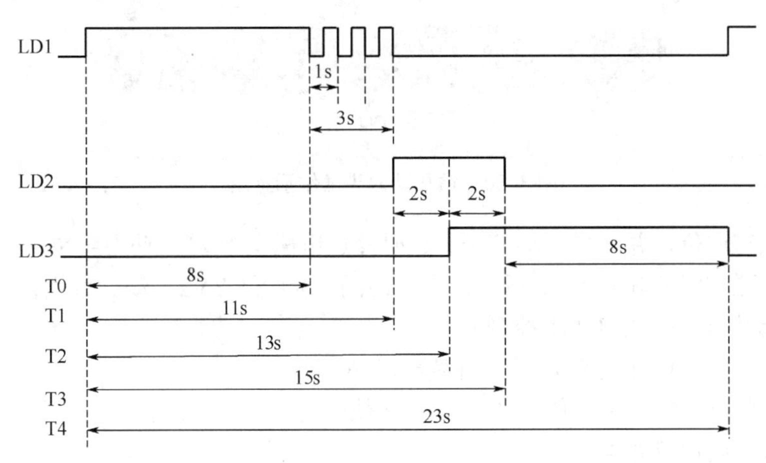

图 3-78　采用定时器解决彩灯 LD1 闪烁 3 次的问题

根据图 3-78 的时序图采用时间控制彩灯 LD1 闪烁 3 次的梯形图如图 3-79 所示。

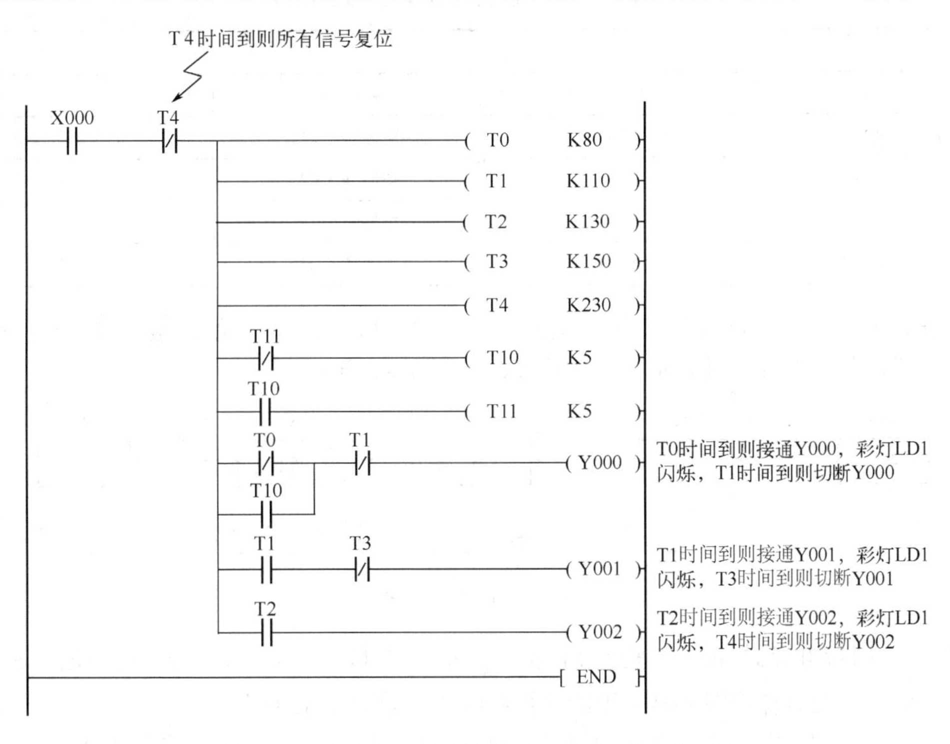

图 3-79　采用时间控制彩灯 LD1 闪烁 3 次的梯形图

3.6.3　应用实例：顺序控制方式设计梯形图——PLC 控制钻孔动力头

某一冷加工自动线有一个钻孔动力头，该动力头的加工过程示意图如图 3-80 所示。其控制要求如下：

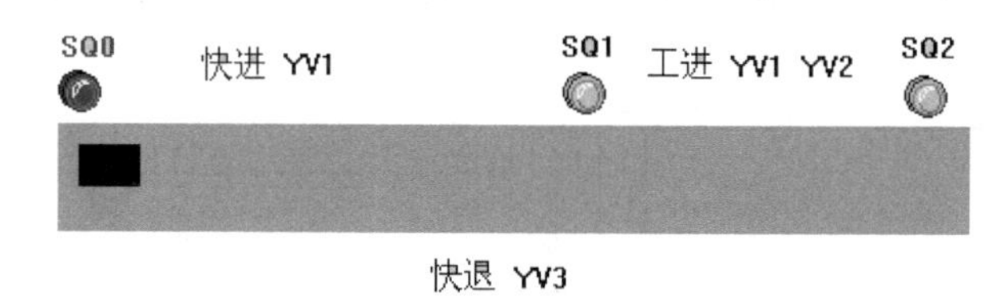

图 3-80　钻孔动力头工作示意图

1）动力头在原位，并加以起动信号，这时接通电磁阀 YV1，动力头快进。

2）动力头碰到限位开关 SQ1 后，接通电磁阀 YV1 和 YV2，动力头由快进转为工进，同时动力头电动机转动（由 KM1 控制）。

3）动力头碰到限位开关 SQ2 后，开始延时 3s。

4）延时时间到，接通电磁阀 YV3，动力头快退。

5）动力头回到原位即停止。

PLC 控制钻孔动力头 I/O 分配如表 3-15 所列。

表 3-15　PLC 控制钻孔动力头 I/O 分配表

输　入		输出	
输入设备	输入编号	输出设备	输出编号
起动按钮 SB1	X000	电磁阀 YV1	Y000
限位开关 SQ0	X001	电磁阀 YV2	Y001
限位开关 SQ1	X002	电磁阀 YV3	Y002
限位开关 SQ2	X003	接触器 KM1	Y003

根据控制工艺，可将整个工作过程分为原点、快进、工进、停留、返回 5 个阶段，每个阶段用不同的辅助继电器表示其工作阶段，如图 3-81 所示。

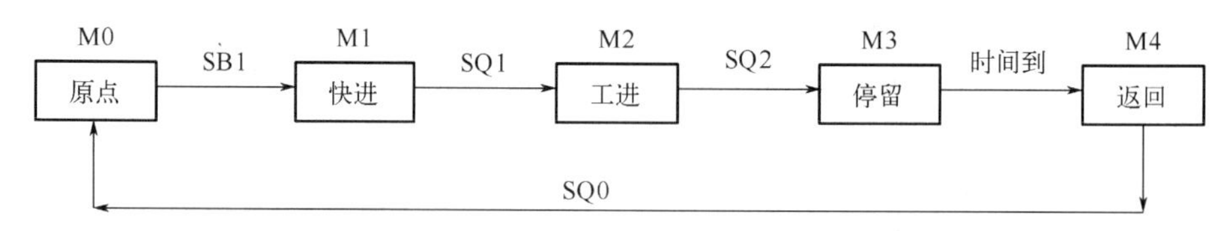

图 3-81　工作顺序关系

按照顺序控制的结构形式，通常 M_i 表示当前工作阶段，M_{i-1} 表示前一个阶段，M_{i+1} 表示下一个阶段，此时梯形图通常采用顺序控制结构，如图 3-82 所示。

此后只需按照工艺判断某个输出触点在哪几个 M 阶段接通，然后将这几个 M 并联即可。例如，Y000 在 M_{i-1} 和 M_{i+2} 阶段接通，此时对应的梯形图如图 3-83 所示。

按照图 3-81 所示阶段，根据控制工艺，PLC 控制钻孔动力头程序如图 3-84 所示，此处不再赘述，读者可按以上原则自行分析。

图 3-82　顺序控制结构梯形图

图 3-83　Y000 在 M_{i-1} 和 M_{i+2} 阶段接通时对应的梯形图

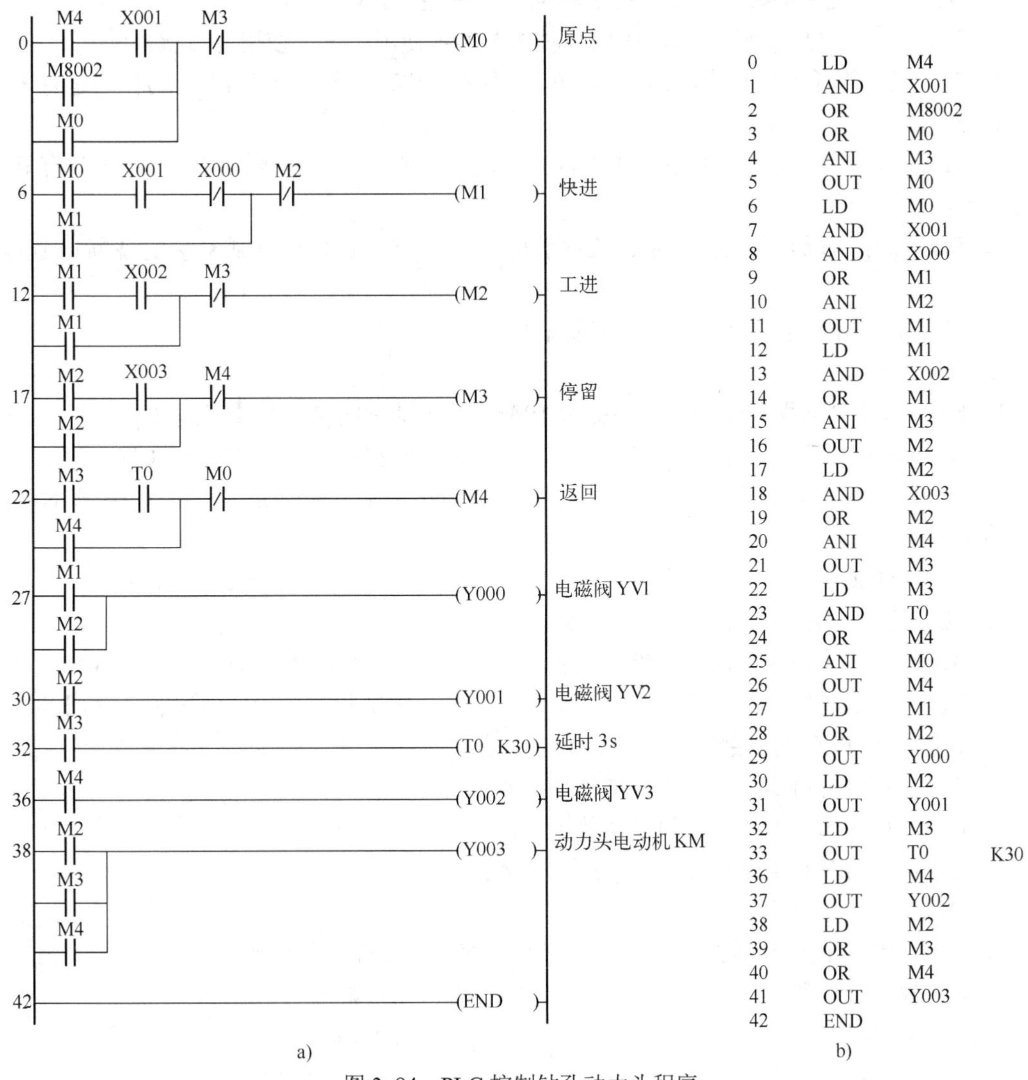

0	LD	M4	
1	AND	X001	
2	OR	M8002	
3	OR	M0	
4	ANI	M3	
5	OUT	M0	
6	LD	M0	
7	AND	X001	
8	AND	X000	
9	OR	M1	
10	ANI	M2	
11	OUT	M1	
12	LD	M1	
13	AND	X002	
14	OR	M1	
15	ANI	M3	
16	OUT	M2	
17	LD	M2	
18	AND	X003	
19	OR	M2	
20	ANI	M4	
21	OUT	M3	
22	LD	M3	
23	AND	T0	
24	OR	M4	
25	ANI	M0	
26	OUT	M4	
27	LD	M1	
28	OR	M2	
29	OUT	Y000	
30	LD	M2	
31	OUT	Y001	
32	LD	M3	
33	OUT	T0	K30
36	LD	M4	
37	OUT	Y002	
38	LD	M2	
39	OR	M3	
40	OR	M4	
41	OUT	Y003	
42	END		

b)

图 3-84　PLC 控制钻孔动力头程序

a) 梯形图　b) 指令语句表

扩展课题资源如下。

码 3-9　PLC 控制水塔水池水位系统

码 3-10　PLC 控制传送带装置

习　　题

一、判断题

1．OUT 指令是驱动线圈指令，用于驱动各种继电器。（　　）

2．PLC 的指令 ORB 或 ANB，在编程时如非连续使用，可以使用无数次。（　　）

3．在一段不太长的用户程序结束后，写与不写 END 指令，对于 PLC 的程序运行来说其效果是不同的。（　　）

4．PLC 的内部继电器线圈不能作为输出控制，它们只是一些逻辑控制用的中间存储状态寄存器。（　　）

5．PLC 的定时器都相当于通电延时继电器，可见 PLC 的控制无法实现断电延时。（　　）

6．PLC 的所有继电器全部采用十进制编号。（　　）

二、选择题

1．FX_{2N} 系统可编程序控制器能够提供 100ms 时钟脉冲的辅助继电器是（　　）。

A．M8011　B．M8012　C．M8013　D．M8014

2．FX_{2N} 系统可编程序控制器提供一个常开触点型的初始脉冲是（　　），用于对程序作初始化。

A．M8000　B．M8001　C．M8002　D．M8004

3．PLC 的特殊继电器指的是（　　）。

A．提供具有特定功能的内部继电器　B．断电保护继电器

C．内部定时器和计数器　D．内部状态指示继电器和计数器

4．在编程时 PLC 的内部触点（　　）。

A．可作常开触点使用，但只能使用一次

B．可作常闭触点使用，但只能使用一次

C．可作常开和常闭触点反复使用，无限制

D．只能使用一次

5．在梯形图中同一编号的（　　）在一个程序段中不能重复使用。

A．输入继电器　B．定时器

C．输出线圈　D．计时器

6．在 PLC 梯形图编程中，两个或两个以上的触点并联连接的电路称为（　　）。

A．串联电路　B．并联电路

C．串联电路块　　　　　　　　　D．并联电路块

7．在 FX_{2N} 系统 PLC 的基本指令中，（　　）指令是无操作元件的。

A．OR　　　　B．ORI　　　　C．ORB　　　　D．OUT

8．PLC 程序中 END 指令的用途是（　　）。

A．程序结束，停止运行

B．指令扫描到端点，有故障

C．指令扫描到端点，将进行新的扫描

D．A 和 B

9．在梯形图中，表明在某一步上不进行任何操作的指令是（　　）。

A．PSL　　　　B．PLF　　　　C．NOP　　　　D．MCR

三、将下列梯形图（图 3-85）转换成指令语句表。

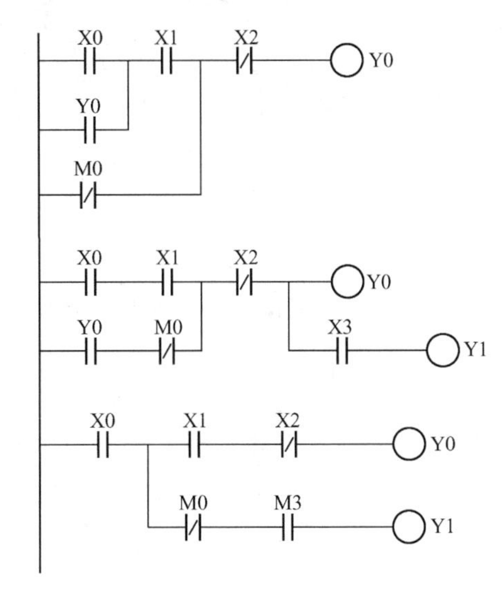

图 3-85　梯形图

四、画出下列指令语句表对应的梯形图。

1．LD　X0

OR　X1

OUT　Y4

LD　X3

OR　X4

ANB

OUT　Y7

2．LDI　X1

MC　N0　M0

LD　X2

OUT　Y1

LD　X4

```
ANI   X2
OUT   T0   K50
MCR   N0
LD    X5
SET   Y2
END
```

第 4 章　步进顺控指令及编程

4.1　状态元件与步进顺控指令

4.1.1　状态转移图与状态元件

在顺序控制中，生产过程是按顺序、有步骤地一个阶段接一个阶段连续工作的。即每一个控制程序均可分为若干个阶段，这些阶段称为状态。在顺序控制的每一个状态中，都有完成该状态控制任务的驱动元件和转入下一个状态的条件。当顺序控制执行到某一个状态时，该状态对应的控制元件被驱动，控制输出执行机构完成相应的控制任务。当向下一个状态转移的条件满足时，则进入下一个状态，驱动下一个状态对应的控制元件，同时原状态自动切除，原驱动的元件复位。用图形表示这种状态转移的图称为状态转移图或状态流程图。

状态元件是用于步进顺控编程的重要软元件，随状态动作的转移，原状态元件自动复位。状态元件的常开/常闭触点使用次数无限制。当状态元件不用于步进顺控时，状态元件也可作为辅助继电器用于程序当中。通常分为以下几种类型：

1）S0～S9：初始状态元件。

2）S10～S19：回零状态元件。

3）S20～S499：通用状态元件。

4）S500～S899：保持状态元件。

5）S900～S999：报警状态元件。

码 4-1　状态转移图和状态元件

图 4-1 是一个简单的状态转移图，其中，状态元件用方框表示，状态元件之间用带箭头的线段连接，表示状态转移的方向。垂直于状态转移方向的短线表示状态转移的条件，而状态元件方框右边连出的部分表示该状态下驱动的元件。在图 4-1 中，当状态元件 S20 有效时，输出的 Y0 与 Y1 被驱动。当转移条件 X0 满足后，状态由 S20 转入 S21，此时 S20 自动切除，Y0 复位，Y2 接通，但 Y1 是用 SET 指令置位的，未用 RST 指令复位前，Y1 将一直保持接通。

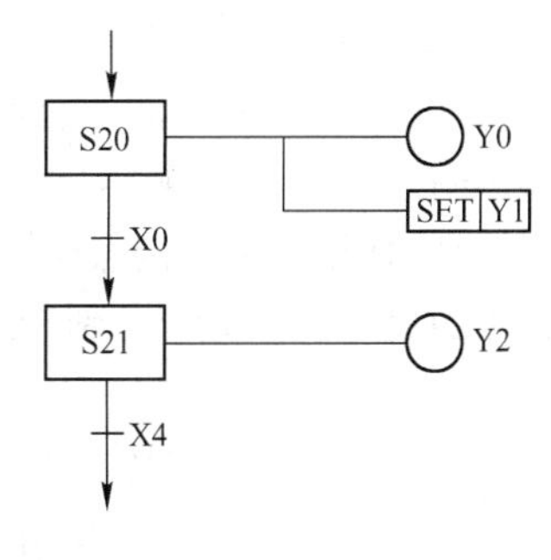

图 4-1　简单的状态转移图

由以上分析可知，状态转移图具有以下特点：

1）每一个状态都是由一个状态元件控制的，以确保状态控制正常进行。在状态转移图中，每一个状态是采用状态元件 S（S0～S999）进行标定识别的。使用状态继电器时可按编号顺序使用，也可任意使用，但不允许重复使用，即每一个状态都是由唯一的一个状态元件控制的。

2）每一个状态都具有驱动元件的能力，能够使该状态下要驱动的元件正常工作，当然不一定在每个状态下都要驱动元件，应视具体情况而定。

3）每一个状态在转移条件满足时都会转移到下一个状态，而原状态自动切除。

一般情况下，一个完整的状态转移图包括：该状态的控制元件（S×××）、该状态的驱动元件（Y、M、T、C）、该状态向下一个状态转移的条件以及转移方向。

特别指出：在状态转移过程中，在一个扫描周期内，会出现两个状态同时动作的可能性，因此两个状态中不允许同时动作的驱动元件之间应进行联锁控制，如图 4-2 所示。

由于在一个扫描周期内，可能会出现两个状态同时动作，因此在相邻两个状态中不能出现同一个定时器，否则指令相互影响，可能使定时器无法正常工作，如图 4-3 所示。

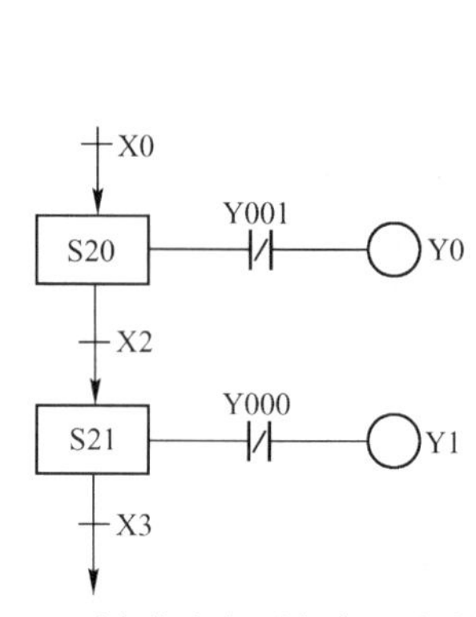

图 4-2　两个状态中不允许同时动作的驱动元件之间进行联锁控制

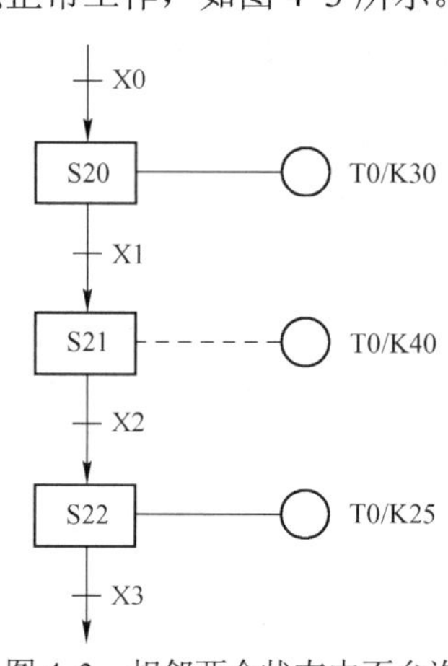

图 4-3　相邻两个状态中不允许出现同一个定时器

4.1.2　步进顺控指令

FX_{2N} 系列 PLC 有两条步进顺控指令。

1. 步进接点指令 STL

步进接点指令 STL 的功能是从左母线连接步进接点。STL 指令的操作元件为状态元件 S。

步进接点只有常开触点，没有常闭触点，步进接点要接通，应该采用 SET 指令进行置位。步进接点的作用与主控接点一样，将左母线向右移动，形成副母线，与副母线相连的接点应以 LD 或 LDI 指令为起始，与副母线相连的线圈可不经过触点直接进行驱动，如图 4-4 所示。

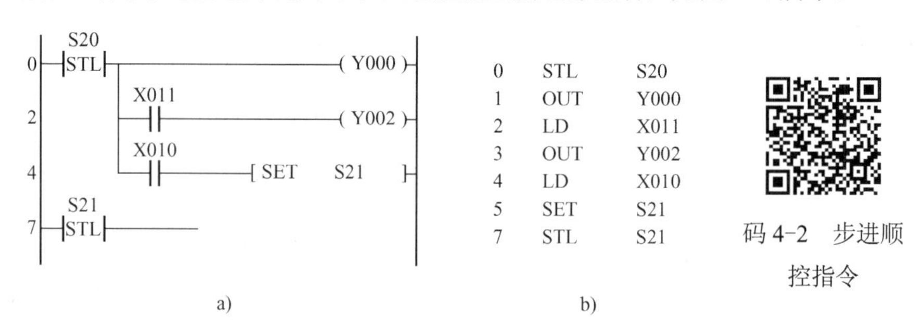

图 4-4　STL 指令的使用

a) 梯形图　b) 指令语句表

步进接点具有主控和跳转作用。当步进接点闭合时，步进接点后面的电路块被执行；当步进接点断开时，步进接点后面的电路块不执行。因此，在步进接点后面的电路块中不允许使用主控或主控复位指令。

2. 步进返回指令 RET

RET 指令的功能是使由 STL 指令所形成的副母线复位。RET 指令无操作元件。其使用如图 4-5 所示。

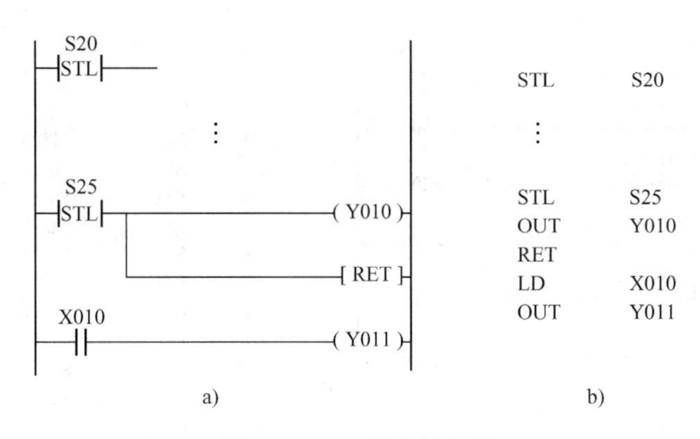

图 4-5　RET 指令的使用

a）梯形图　b）指令语句表

由于步进接点指令具有主控和跳转作用，因此不必在每一条 STL 指令后都加一条 RET 指令，只需在最后使用一条 RET 指令就可以了。

【例 4-1】 根据图 4-6 所示的状态转移图，画出对应的梯形图并写出对应的指令语句表。

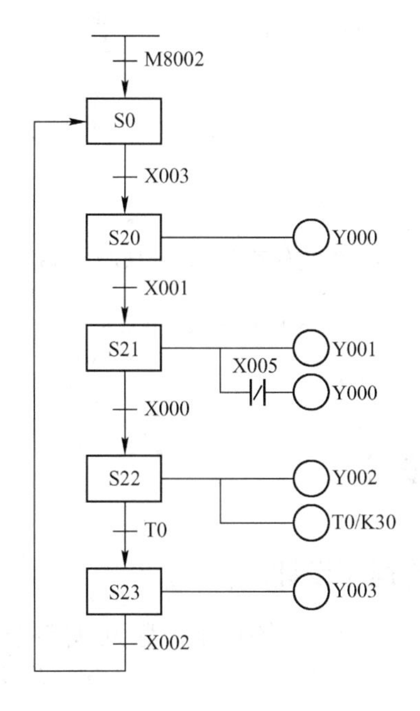

图 4-6　例 4-1 状态转移图

解：状态转移图中每一个方框代表一个状态，并标出了相应的状态控制元件（S×××）。画梯形图或写指令语句表时应从 M8002 开始，进入状态应使用 SET 指令，然后取用相应的状态接点，将状态转移图中相应状态方框后的驱动元件画到状态接点后面，进入下一状态的转移条件及转移方向也画在状态接点后面，直到将最后一次步进接点的驱动元件和转移方向画完后再加入一条状态返回 RET 指令，最后以 END 指令结束。完整的梯形图和指令语句表如图 4-7 所示。

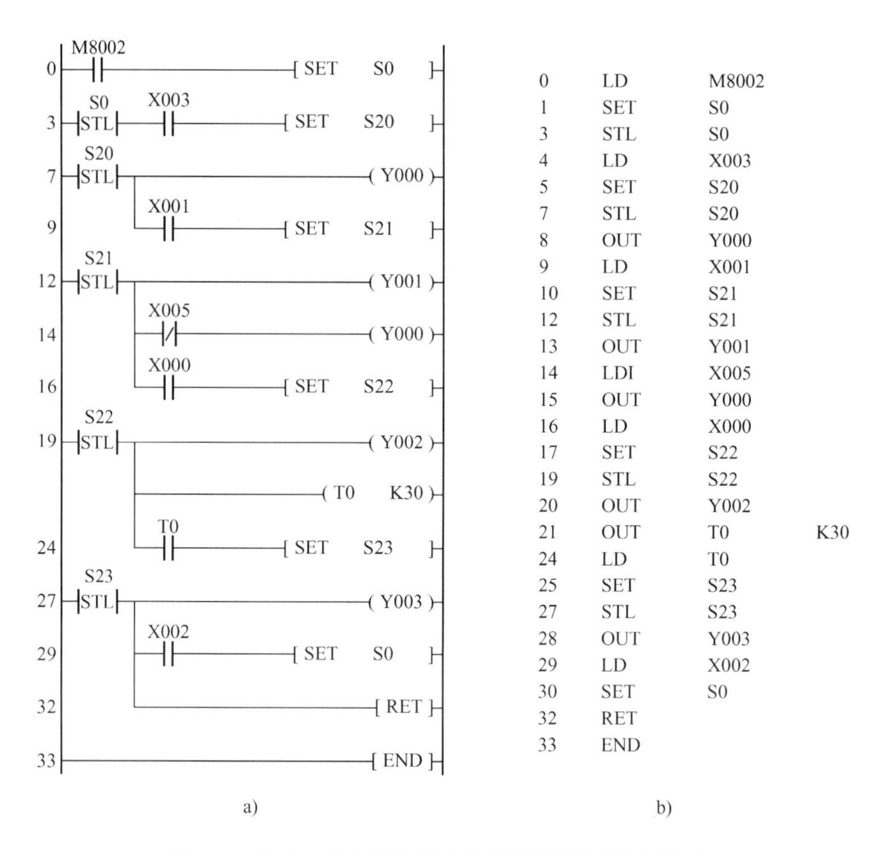

图 4-7 例 4-1 状态转移图对应的梯形图和指令语句表

a) 梯形图 b) 指令语句表

4.2 简单流程的程序设计

4.2.1 基础知识：单流程的程序设计

如图 4-8a 所示，从头到尾只有一条路可走，称为单流程结构。若出现循环控制，但只要以一定顺序逐步执行且没有分支，也属于单一顺序流程，如图 4-8b 所示。

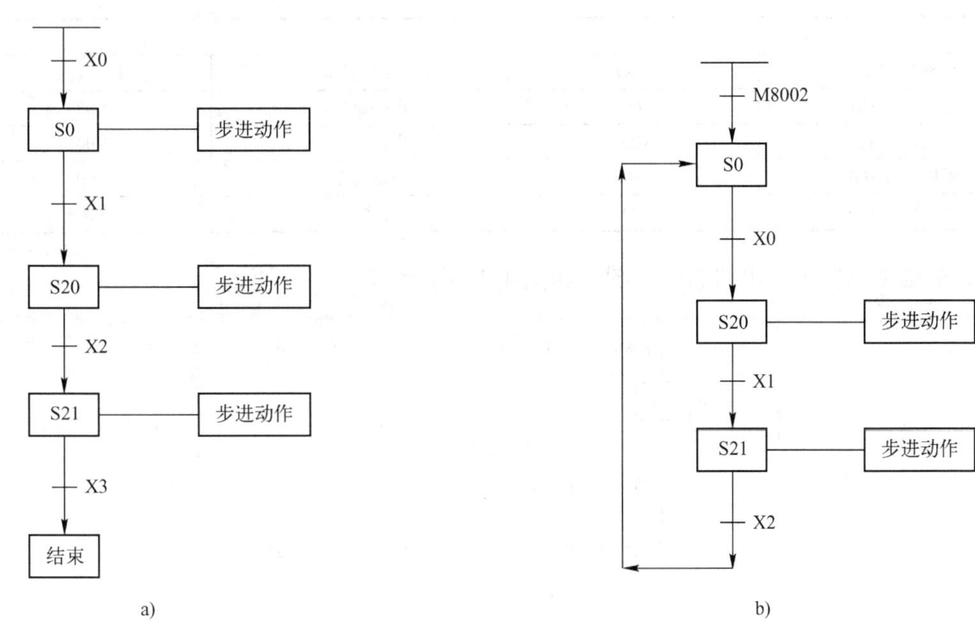

图 4-8　单流程状态转移图形式

a) 形式一　b) 形式二

4.2.2　应用实例：PLC 控制钻孔动力头

某一冷加工自动线有一个钻孔动力头，该动力头的加工过程示意图如图 4-9 所示。其控制要求如下：

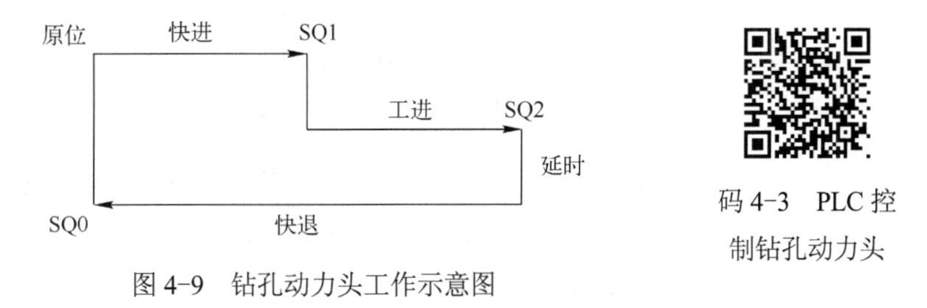

图 4-9　钻孔动力头工作示意图

码 4-3　PLC 控制钻孔动力头

1）动力头在原位，并加以起动信号，这时接通电磁阀 YV1，动力头快进。

2）动力头碰到限位开关 SQ1 后，接通电磁阀 YV1 和 YV2，动力头由快进转为工进，同时动力头电动机转动（由 KM1 控制）。

3）动力头碰到限位开关 SQ2 后，开始延时 3s。

4）延时时间到，接通电磁阀 YV3，动力头快退。

5）动力头回到原位即停止。

解：该问题可采用顺序控制方式设计梯形图的方法进行程序设计，见 3.6.3 小节。此处采用状态转移图配合步进顺控指令解决这一问题。

1）确定 PLC 控制 I/O 分配表，如表 4-1 所列。

表 4-1 PLC 控制钻孔动力头 I/O 分配表

输入		输出	
输入设备	输入编号	输出设备	输出编号
起动按钮 S01	X000	电磁阀 YV1	Y000
限位开关 SQ0	X001	电磁阀 YV2	Y001
限位开关 SQ1	X002	电磁阀 YV3	Y002
限位开关 SQ2	X003	接触器 KM1	Y003

2）根据工艺要求画出状态转移图，如图 4-10 所示。

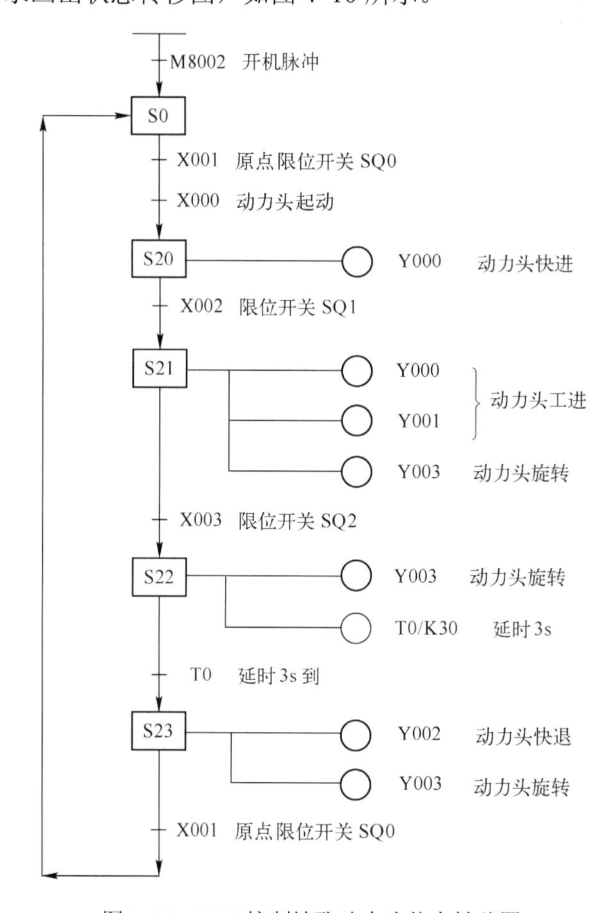

图 4-10 PLC 控制钻孔动力头状态转移图

图 4-10 是一个简单流程的状态转移图，其中特殊辅助继电器 M8002 为开机脉冲特殊辅助继电器，利用它使 PLC 在开机时进入初始状态 S0，当程序运行使动力头回到原位时，利用限位开关 SQ0（X001）作为转移条件使程序返回初始状态 S0，等待下一次起动（即程序停止）。

3）根据状态转移图画出梯形图及指令语句表，如图 4-11 所示。

4.2.3 应用实例：PLC 控制自动送料装置

某加热炉自动送料装置工作过程示意图如图 4-12 所示。其控制要求如下：

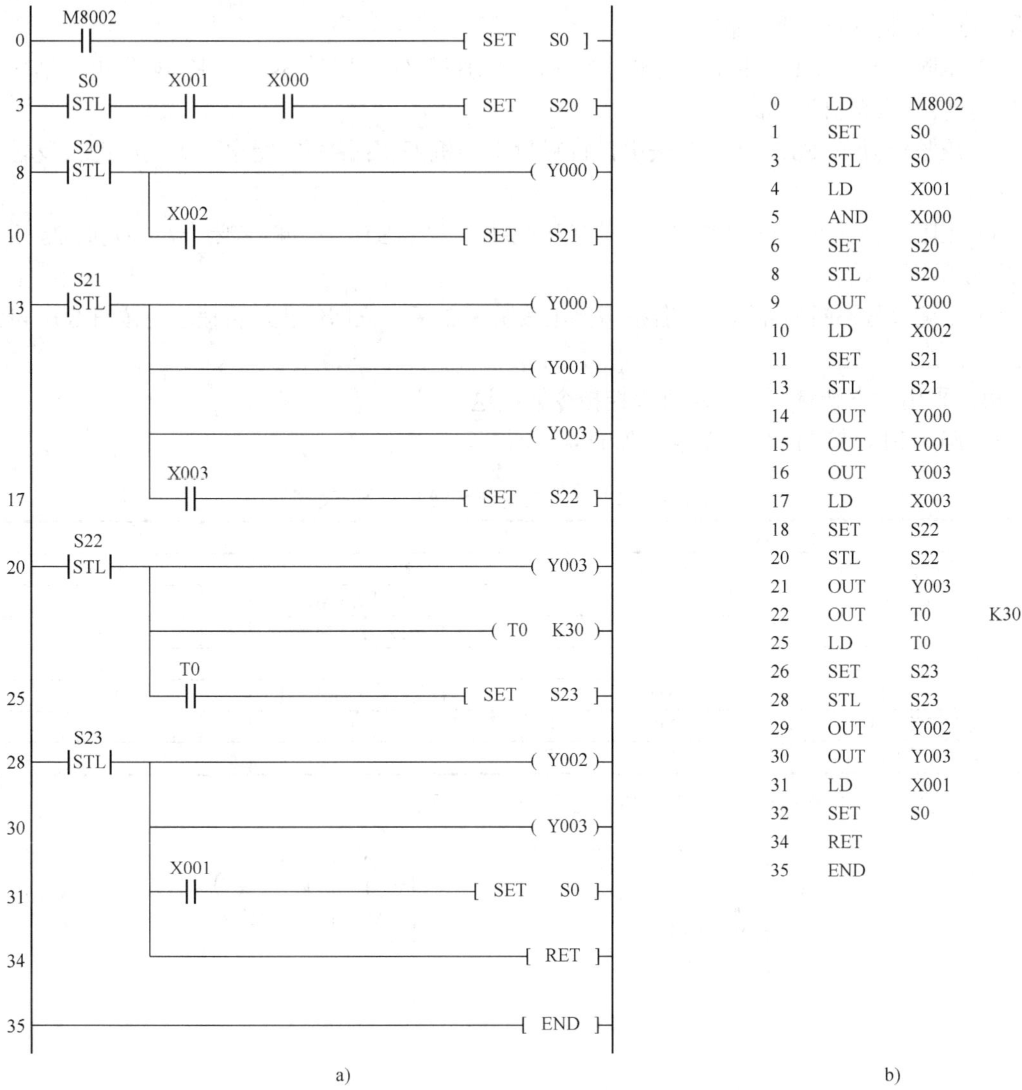

0	LD	M8002	
1	SET	S0	
3	STL	S0	
4	LD	X001	
5	AND	X000	
6	SET	S20	
8	STL	S20	
9	OUT	Y000	
10	LD	X002	
11	SET	S21	
13	STL	S21	
14	OUT	Y000	
15	OUT	Y001	
16	OUT	Y003	
17	LD	X003	
18	SET	S22	
20	STL	S22	
21	OUT	Y003	
22	OUT	T0	K30
25	LD	T0	
26	SET	S23	
28	STL	S23	
29	OUT	Y002	
30	OUT	Y003	
31	LD	X001	
32	SET	S0	
34	RET		
35	END		

图 4-11　PLC 控制钻孔动力头梯形图及指令语句表

a) 梯形图　b) 指令语句表

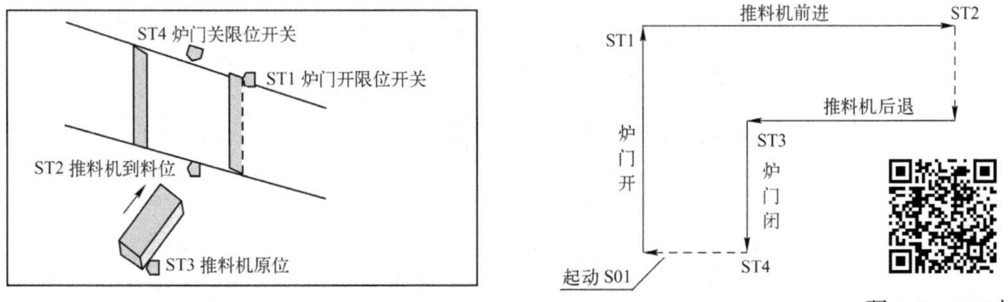

图 4-12　加热炉自动送料装置工作示意图

码 4-4　PLC 控制自动送料装置

1）按起动按钮 S01→KM1 得电，炉门电动机正转→炉门开。

2）压限位开关 ST1→KM1 失电，炉门电动机停转；KM3 得电，推料机电动机正转→推料机前进，送料入炉并到料位。

3）压限位开关 ST2→KM3 失电，推料机电动机停转，延时 3s 后，KM4 得电，推料机电动机反转→推料机退到原位。

4）压限位开关 ST3→KM4 失电，推料机电动机停转；KM2 得电，炉门电动机反转→炉门闭。

5）压限位开关 ST4→KM2 失电，炉门电动机停转；ST4 常开触点闭合，并延时 3s 后才允许下次循环开始。

6）上述过程不断循环运行，若按下停止按钮 S02 后，立即停止，再按起动按钮 S01 可继续运行。

解：采用状态转移图配合步进顺控指令解决这一问题。

1）确定 PLC 控制 I/O 分配表，如表 4-2 所列。

表 4-2　加热炉自动送料装置 I/O 分配表

输　入		输　出	
输入设备	输入编号	输出设备	输出编号
起动按钮 S01	X000	炉门开接触器 KM1	Y000
停止按钮 S02	X001	炉门闭接触器 KM2	Y001
限位开关 ST1	X002	推料机前进接触器 KM3	Y002
限位开关 ST2	X003	推料机后退接触器 KM4	Y003
限位开关 ST3	X004		
限位开关 ST4	X005		

2）根据工艺要求画出状态转移图，如图 4-13 所示。

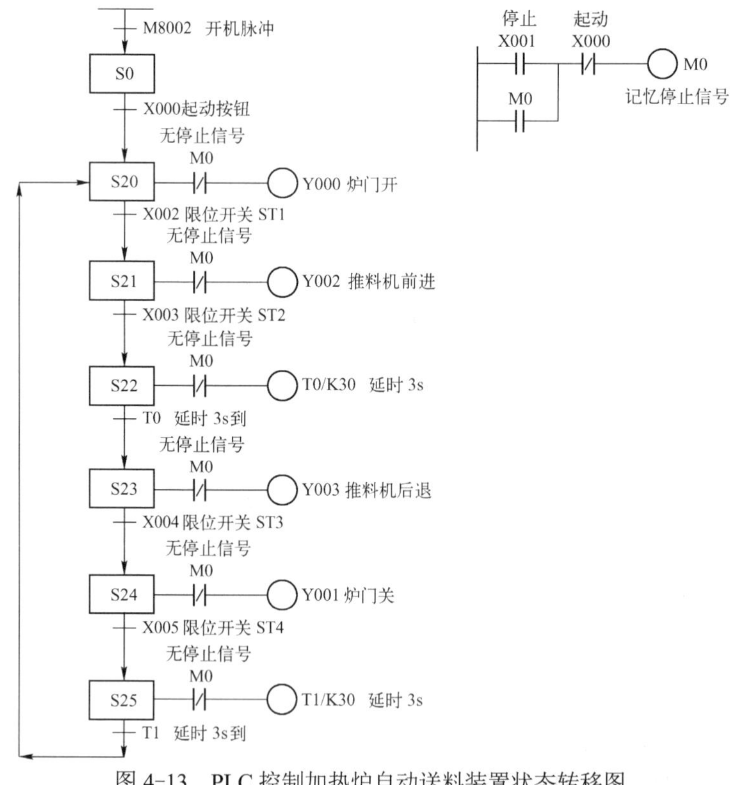

图 4-13　PLC 控制加热炉自动送料装置状态转移图

图 4-13 中辅助继电器 M0 用来记忆停止信号，若停止按钮被按下，则 M0 线圈接通并保持，M0 常闭触点断开，则输出被停止，再按起动按钮则 M0 线圈断开，M0 常闭触点接通，继续输出并运行。

3）根据状态转移图画出梯形图及指令语句表，如图 4-14 所示。

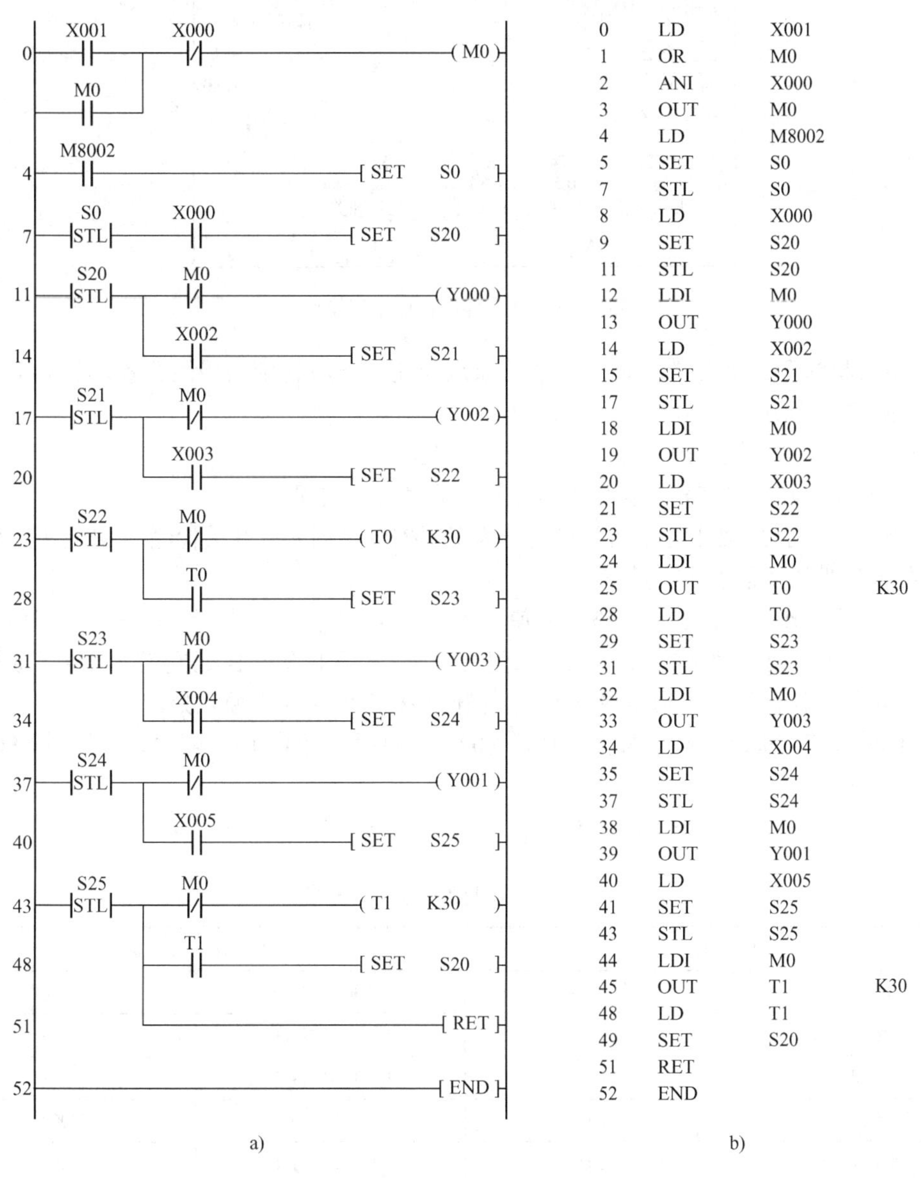

0	LD	X001	
1	OR	M0	
2	ANI	X000	
3	OUT	M0	
4	LD	M8002	
5	SET	S0	
7	STL	S0	
8	LD	X000	
9	SET	S20	
11	STL	S20	
12	LDI	M0	
13	OUT	Y000	
14	LD	X002	
15	SET	S21	
17	STL	S21	
18	LDI	M0	
19	OUT	Y002	
20	LD	X003	
21	SET	S22	
23	STL	S22	
24	LDI	M0	
25	OUT	T0	K30
28	LD	T0	
29	SET	S23	
31	STL	S23	
32	LDI	M0	
33	OUT	Y003	
34	LD	X004	
35	SET	S24	
37	STL	S24	
38	LDI	M0	
39	OUT	Y001	
40	LD	X005	
41	SET	S25	
43	STL	S25	
44	LDI	M0	
45	OUT	T1	K30
48	LD	T1	
49	SET	S20	
51	RET		
52	END		

b)

图 4-14　PLC 控制加热炉自动送料装置梯形图及指令语句表

a) 梯形图　b) 指令语句表

码 4-5　PLC 控制机械手

4.2.4　应用实例：PLC 控制机械手

PLC 控制机械手示意图如图 4-15 所示。其控制要求如下：

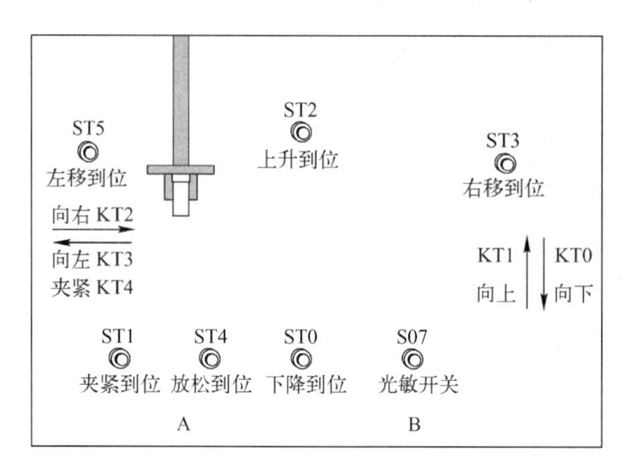

图 4-15 PLC 控制机械手示意图

1）定义机械手“取与放”搬运系统的原点为左上方所达到的极限位置，其左限位开关闭合，上限位开关闭合，机械手处于放松状态。

2）搬运过程是机械手把工件从 A 处搬到 B 处。

3）上升和下降、左移和右移均由电磁阀驱动气缸来实现。

4）当工件处于 B 处上方准备下放时，为确保安全，用光敏开关检测 B 处有无工件，只有在 B 处无工件时才能发出下放信号。

5）机械手工作过程：起动机械手并使其下降到 A 处位置→夹紧工件→夹住工件并上升到顶端→机械手横向移动到右端，进行光敏检测→机械手下降到 B 处位置→机械手放松并把工件放到 B 处→机械手上升到顶端→机械手横向移动返回到左端原点处。

6）机械手连续循环运行，按停止按钮 S02，机械手立即停止；再次按起动按钮 S01，机械手继续运行。

解：1）确定 PLC 控制机械手 I/O 分配表，如表 4-3 所列。

表 4-3 PLC 控制机械手 I/O 分配表

输入		输出	
输入设备	输入编号	输出设备	输出编号
起动按钮 S01	X010	下降电磁阀 KT0	Y000
停止按钮 S02	X011	上升电磁阀 KT1	Y001
下降到位 ST0	X002	右移电磁阀 KT2	Y002
夹紧到位 ST1	X003	左移电磁阀 KT3	Y003
上升到位 ST2	X004	夹紧电磁阀 KT4	Y004
右移到位 ST3	X005		
放松到位 ST4	X006		
左移到位 ST5	X007		
光敏开关 S07	X000		

2）根据工艺要求画出状态转移图，如图 4-16 所示。

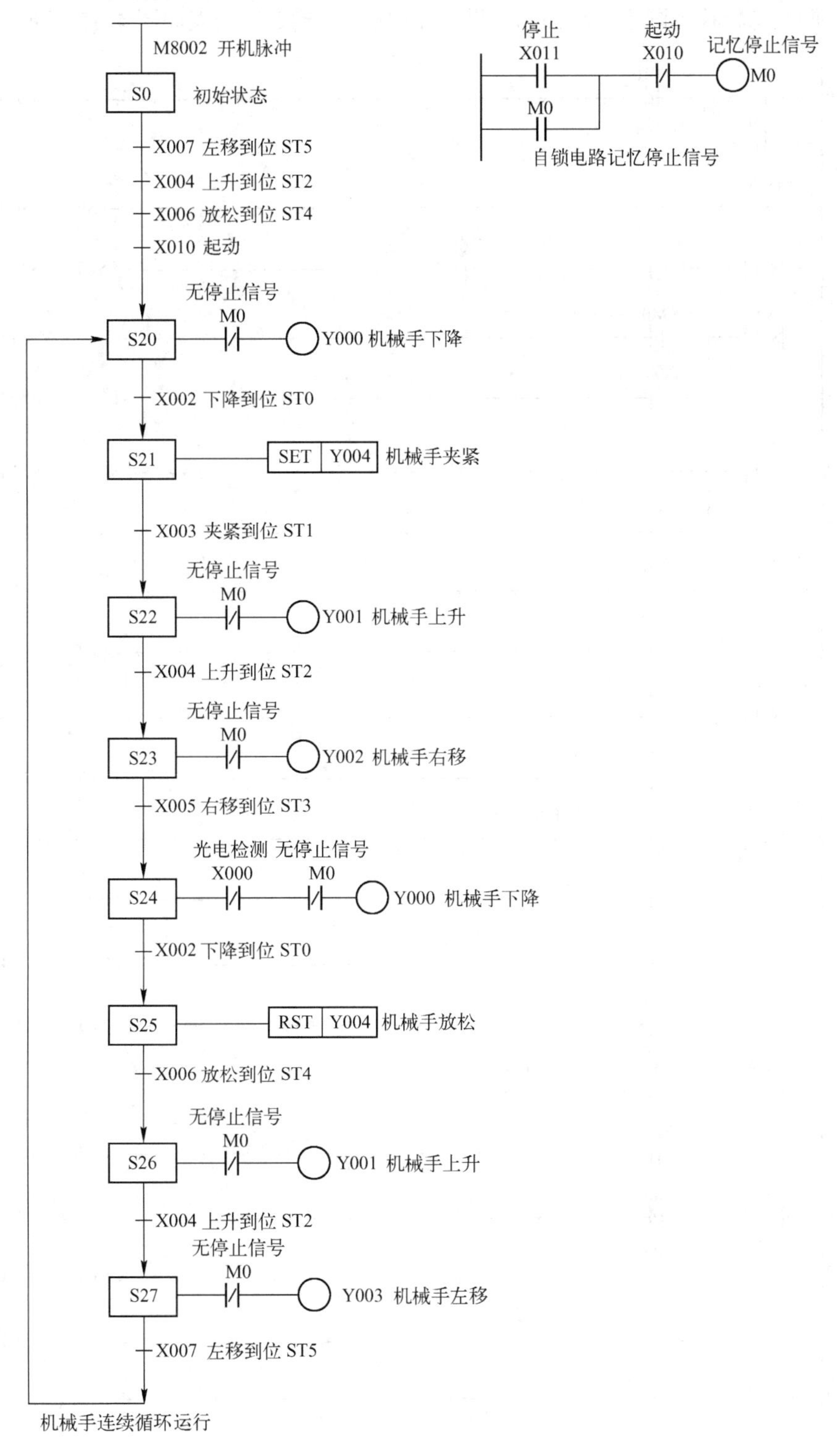

图 4-16 PLC 控制机械手的状态转移图

3）根据状态转移图画出梯形图，如图 4-17 所示，指令语句表如图 4-18 所示。

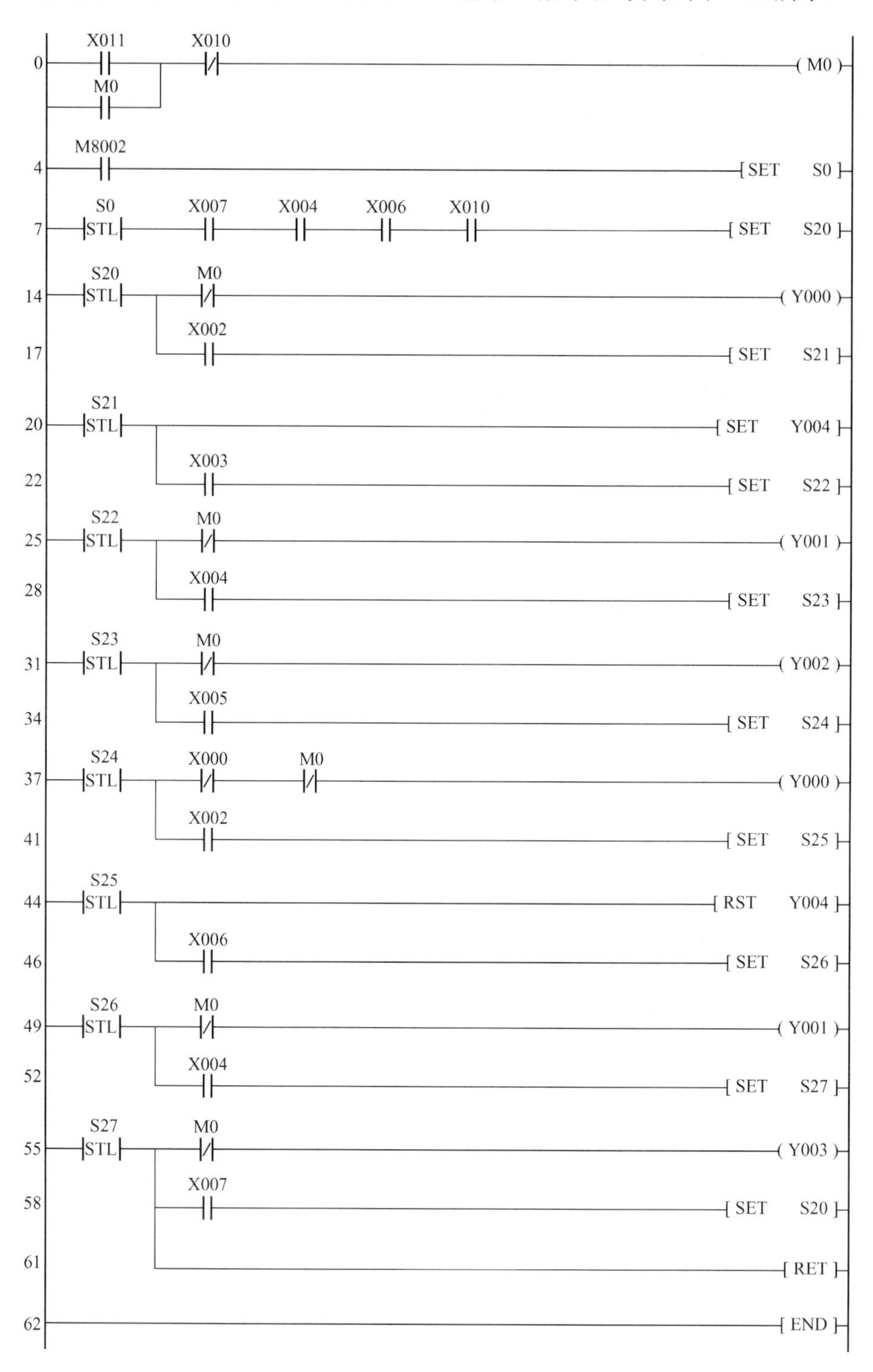

图 4-17　PLC 控制机械手状态转移图对应的梯形图

```
0    LD     X011
1    OR     M0
2    ANI    X010
3    OUT    M0
4    LD     M8002
5    SET    S0
7    STL    S0
8    LD     X007
9    AND    X004
10   AND    X006
11   AND    X010
12   SET    S20
14   STL    S20
15   LDI    M0
16   OUT    Y000
17   LD     X002
18   SET    S21
20   STL    S21
21   SET    Y004
22   LD     X003
23   SET    S22
25   STL    S22
26   LDI    M0
27   OUT    Y001
28   LD     X004
29   SET    S23
31   STL    S23
32   LDI    M0
33   OUT    Y002
34   LD     X005
35   SET    S24
37   STL    S24
38   LDI    X000
39   ANI    M0
40   OUT    Y000
41   LD     X002
42   SET    S25
44   STL    S25
45   RST    Y004
46   LD     X006
47   SET    S26
49   STL    S26
50   LDI    M0
51   OUT    Y001
52   LD     X004
53   SET    S27
55   STL    S27
56   LDI    M0
57   OUT    Y003
58   LD     X007
59   SET    S20
61   RET
62   END
```

图 4-18　PLC 控制机械手状态转移图对应的指令语句表

4.3 循环与跳转程序设计

4.3.1 基础知识：循环程序设计

如图 4-19 所示，向前面状态进行转移的流程称为循环，图中用箭头指向转移的目标状态。使用循环流程可以实现一般的重复。

4.3.2 应用实例：PLC 控制交通信号灯

PLC 控制交通信号灯示意图如图 4-20 所示。其控制要求如下：

码 4-6 PLC 控制红绿灯

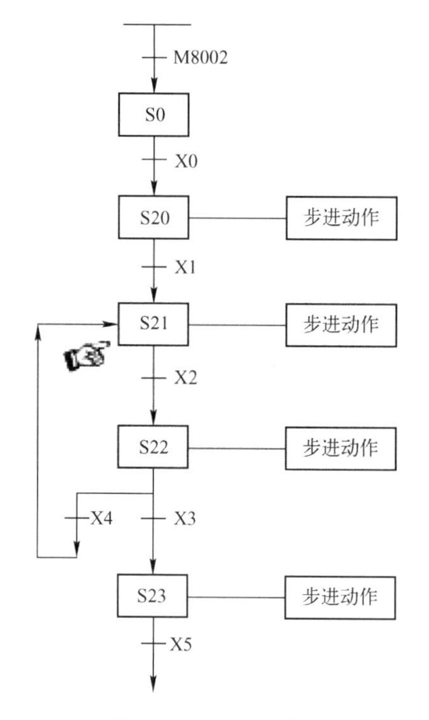

图 4-19 循环程序

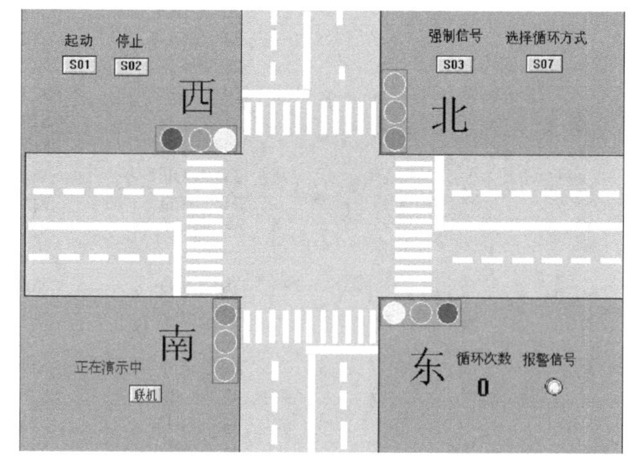

图 4-20 PLC 控制交通信号灯示意图

设置一个起动按钮 S01，当它接通时，信号灯控制系统开始工作，且先南、北红灯亮，东、西绿灯亮。设置一个开关 S07 用以选择交通信号灯的连续循环与单次循环，当 S07 为 0 时，交通信号灯连续循环，当 S07 为 1 时，交通信号灯单次循环。其工艺流程如下：

1）南、北红灯亮并保持 15s，同时东、西绿灯亮，但保持 10s，到 10s 时东、西绿灯闪亮 3 次（每周期 1s）后熄灭；继而黄灯亮，并保持 2s，到 2s 时东、西黄灯熄灭，红灯亮，同时南、北红灯熄灭，绿灯亮。

2）东、西红灯亮并保持 10s，同时南、北绿灯亮，但保持 5s，到 5s 时南、北绿灯闪亮 3 次（每周期 1s）后熄灭；继而黄灯亮，并保持 2s，到 2s 时南、北黄灯熄灭，红灯亮，同时东、西红灯熄灭，绿灯亮。

解：1）确定 PLC 控制交通信号灯 I/O 分配表，如表 4-4 所列。

表 4-4　PLC 控制交通信号灯 I/O 分配表

输　入		输　出	
输入设备	输入编号	输出设备	输出编号
起动按钮 S01	X000	南、北红灯	Y000
循环方式选择开关 S07	X001	东、西绿灯	Y001
		东、西黄灯	Y002
		东、西红灯	Y003
		南、北绿灯	Y004
		南、北黄灯	Y005

2）根据工艺要求画出状态转移图，如图 4-21 所示。

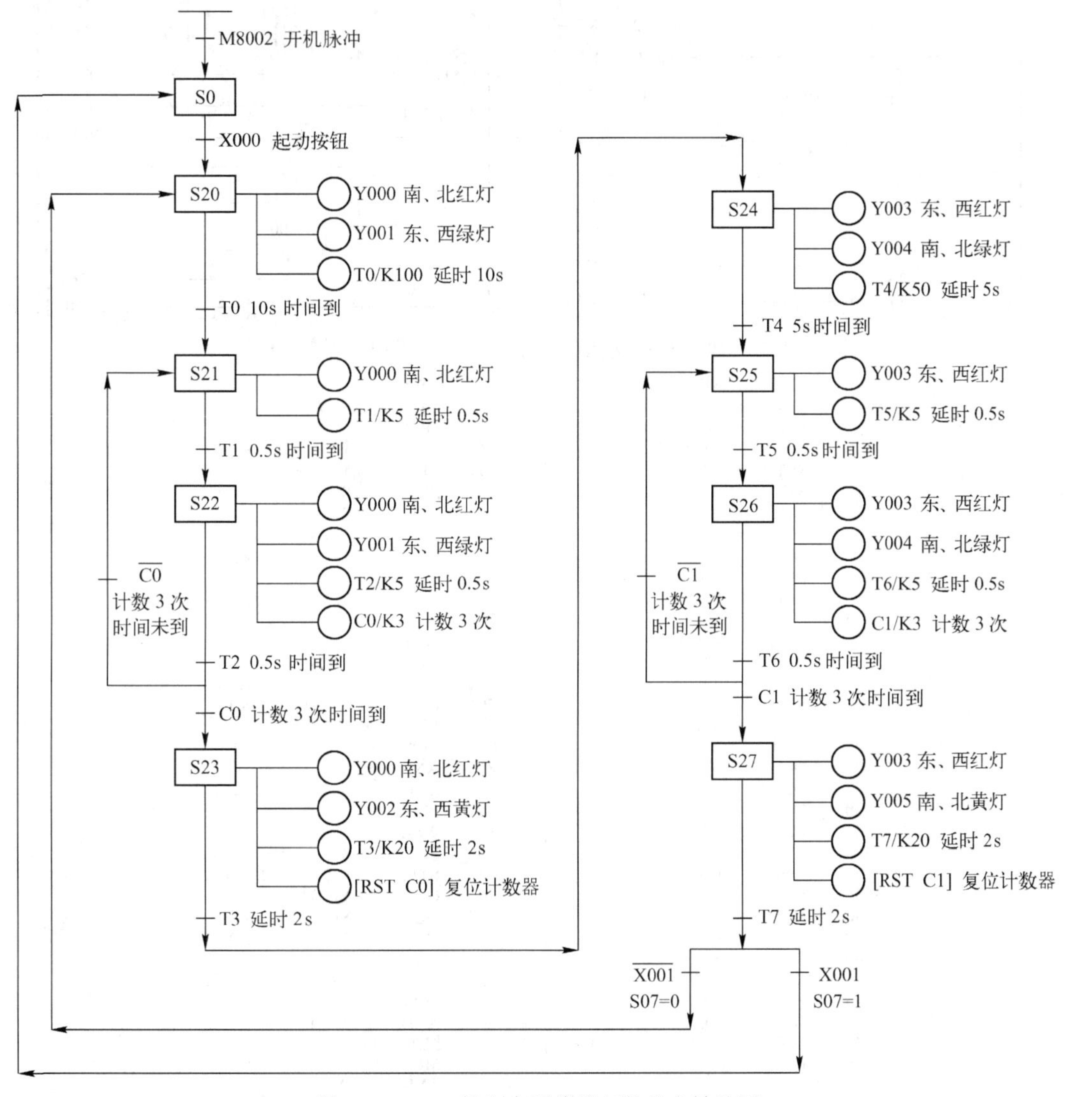

图 4-21　PLC 控制交通信号灯的状态转移图

3）根据状态转移图画出的梯形图如图 4-22 所示，指令语句表如图 4-23 所示。

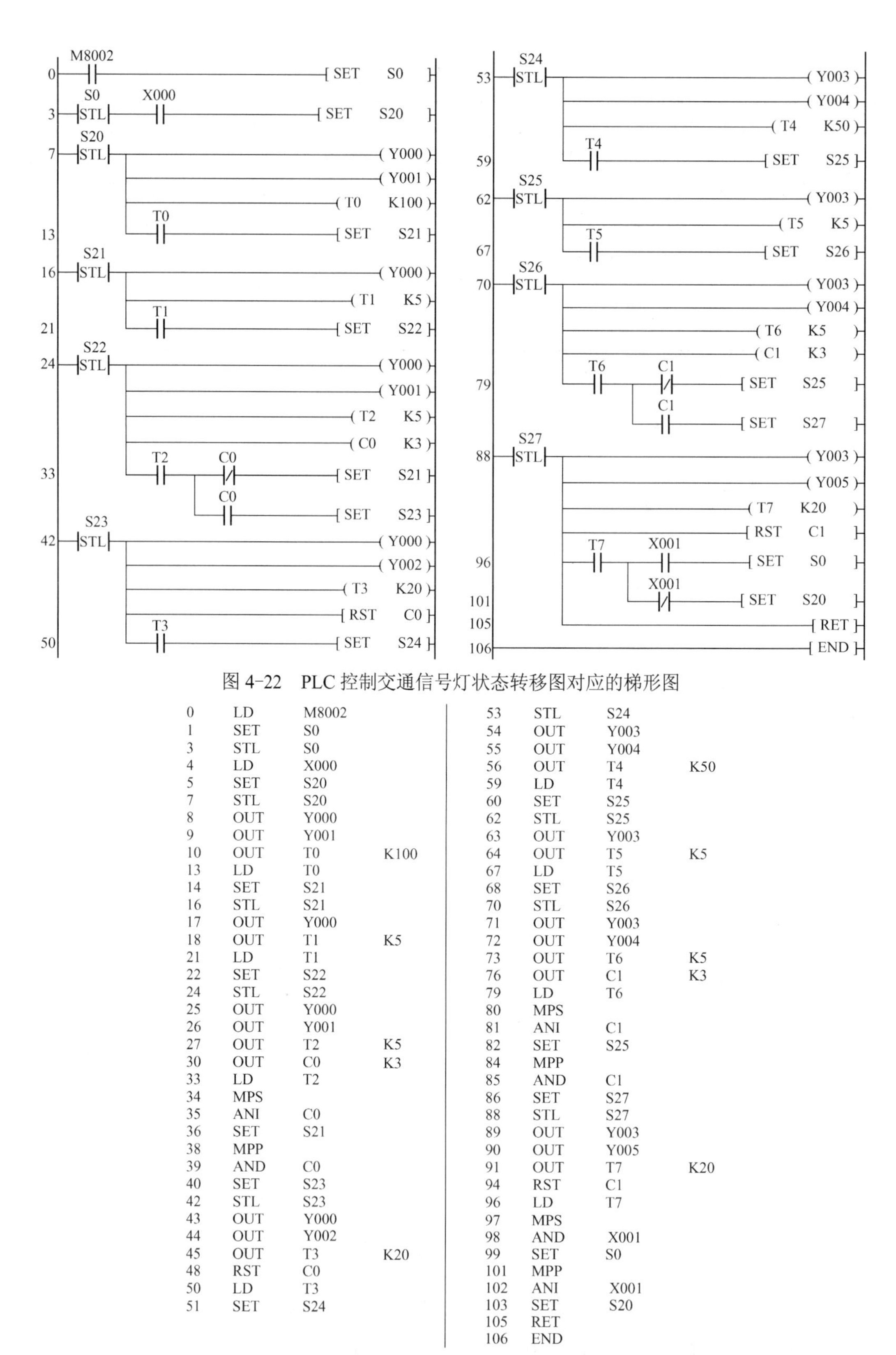

图 4-22　PLC 控制交通信号灯状态转移图对应的梯形图

0	LD	M8002		53	STL	S24	
1	SET	S0		54	OUT	Y003	
3	STL	S0		55	OUT	Y004	
4	LD	X000		56	OUT	T4	K50
5	SET	S20		59	LD	T4	
7	STL	S20		60	SET	S25	
8	OUT	Y000		62	STL	S25	
9	OUT	Y001		63	OUT	Y003	
10	OUT	T0	K100	64	OUT	T5	K5
13	LD	T0		67	LD	T5	
14	SET	S21		68	SET	S26	
16	STL	S21		70	STL	S26	
17	OUT	Y000		71	OUT	Y003	
18	OUT	T1	K5	72	OUT	Y004	
21	LD	T1		73	OUT	T6	K5
22	SET	S22		76	OUT	C1	K3
24	STL	S22		79	LD	T6	
25	OUT	Y000		80	MPS		
26	OUT	Y001		81	ANI	C1	
27	OUT	T2	K5	82	SET	S25	
30	OUT	C0	K3	84	MPP		
33	LD	T2		85	AND	C1	
34	MPS			86	SET	S27	
35	ANI	C0		88	STL	S27	
36	SET	S21		89	OUT	Y003	
38	MPP			90	OUT	Y005	
39	AND	C0		91	OUT	T7	K20
40	SET	S23		94	RST	C1	
42	STL	S23		96	LD	T7	
43	OUT	Y000		97	MPS		
44	OUT	Y002		98	AND	X001	
45	OUT	T3	K20	99	SET	S0	
48	RST	C0		101	MPP		
50	LD	T3		102	ANI	X001	
51	SET	S24		103	SET	S20	
				105	RET		
				106	END		

图 4-23　PLC 控制交通信号灯状态转移图对应的指令语句表

4.3.3　基础知识：跳转程序设计

如图 4-24 所示，向下面状态的直接转移或向系列外的状态转移被称为跳转，图中用箭头符号指向转移的目标状态。

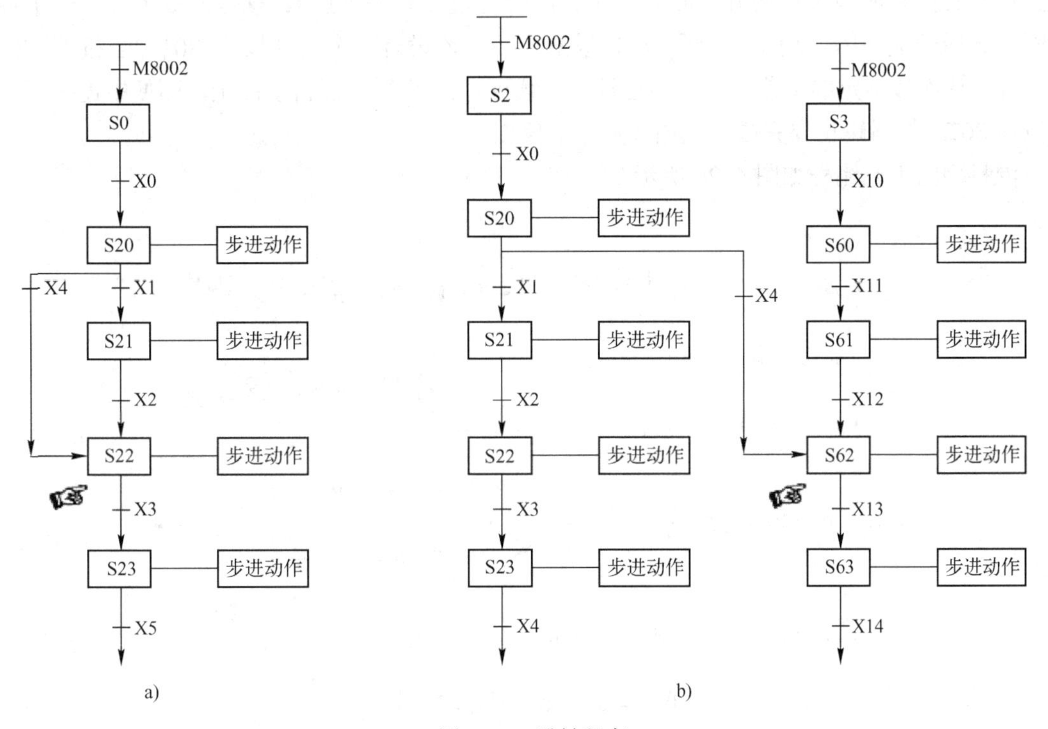

图 4-24　跳转程序

a) 向下面状态的直接转移　b) 向系列外的状态转移

4.3.4　应用实例：PLC 控制自动混料罐

码 4-7　PLC 控制混料罐

PLC 控制自动混料罐的示意图如图 4-25 所示。其控制要求如下：

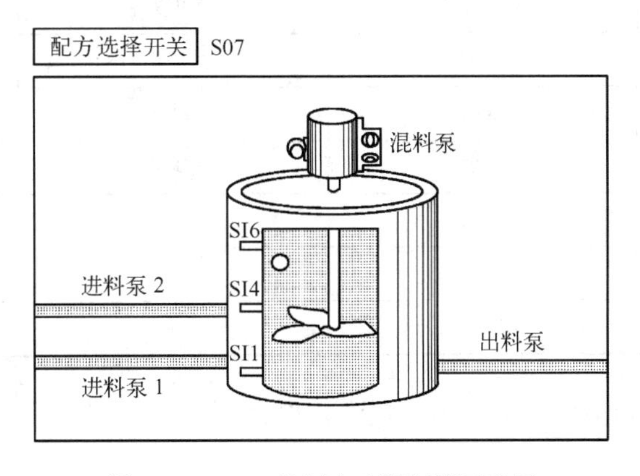

图 4-25　PLC 控制自动混料罐示意图

混料罐包括两个进料泵（控制两种液料的进罐）、一个出料泵（控制混合料出罐）和混料泵（用于搅拌液料），罐体上装有 3 个液位检测开关 SI1、SI4、SI6，分别送出罐内液位低、中、高的检测信号，罐内与检测开关对应处有一个装有磁钢的浮球作为液面指示器（浮球到达开关位置时液位检测开关吸合，离开时液位检测开关释放）。操作面板上设有一个混料配方选择开关 S07，用于选择配方 1 或配方 2，还设有一个起动按钮 S01。当按下 S01 后，混料罐就按给定的工艺流程开始运行，连续进行 3 次循环后自动停止，即便中途按下停止按钮 S02，混料罐也要完成一次循环后才能停止。

混料罐的工艺流程如图 4-26 所示。

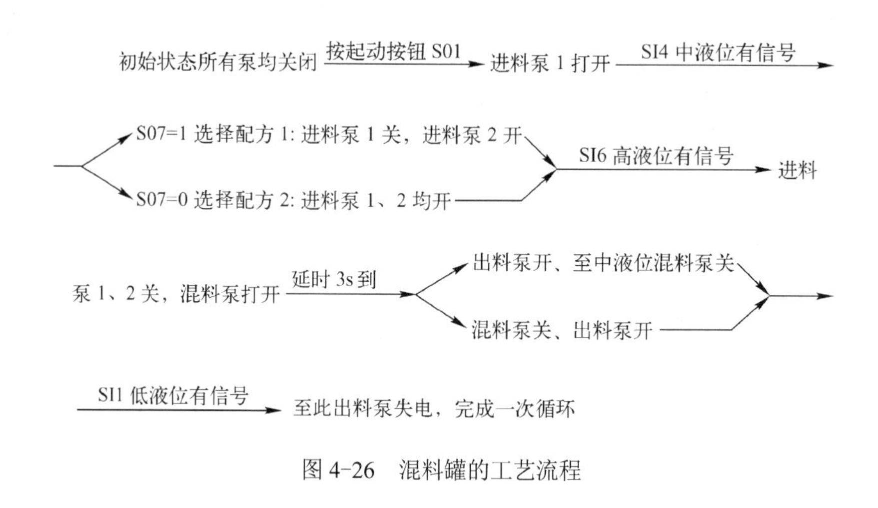

图 4-26　混料罐的工艺流程

解：1）确定 PLC 控制自动混料罐 I/O 分配表，如表 4-5 所列。

表 4-5　PLC 控制自动混料罐 I/O 分配表

输　入		输　出	
输入设备	输入编号	输出设备	输出编号
高液位检测开关 SI6	X000	进料泵 1	Y000
中液位检测开关 SI4	X001	进料泵 2	Y001
低液位检测开关 SI1	X002	混料泵	Y002
起动按钮 S01	X003	出料泵	Y003
停止按钮 S02	X004		
配方选择开关 S07	X005		

2）根据工艺要求画出状态转移图，如图 4-27 所示。

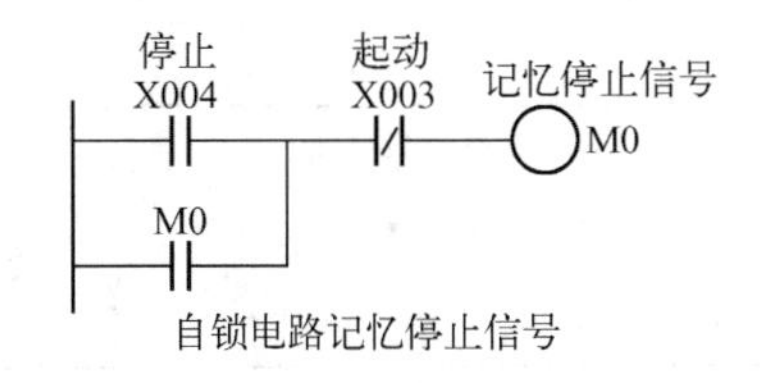

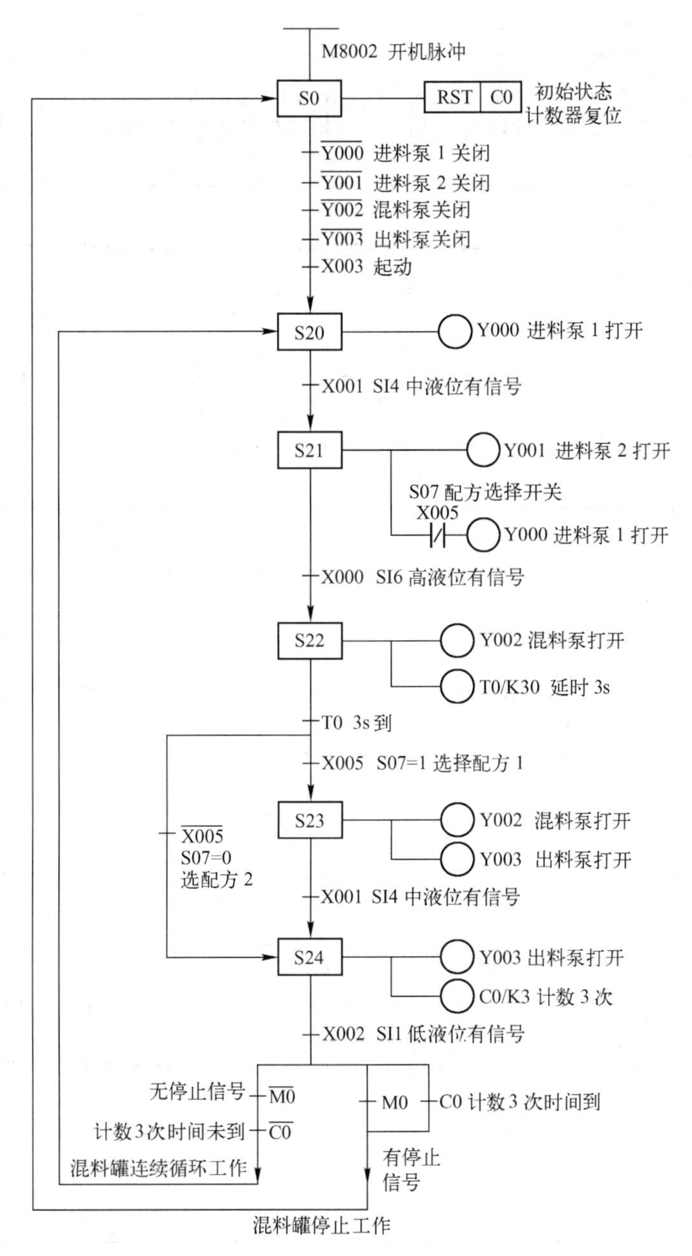

图 4-27　PLC 控制自动混料罐的状态转移图

3）根据状态转移图画出的梯形图如图 4-28 所示，其指令语句表如图 4-29 所示。

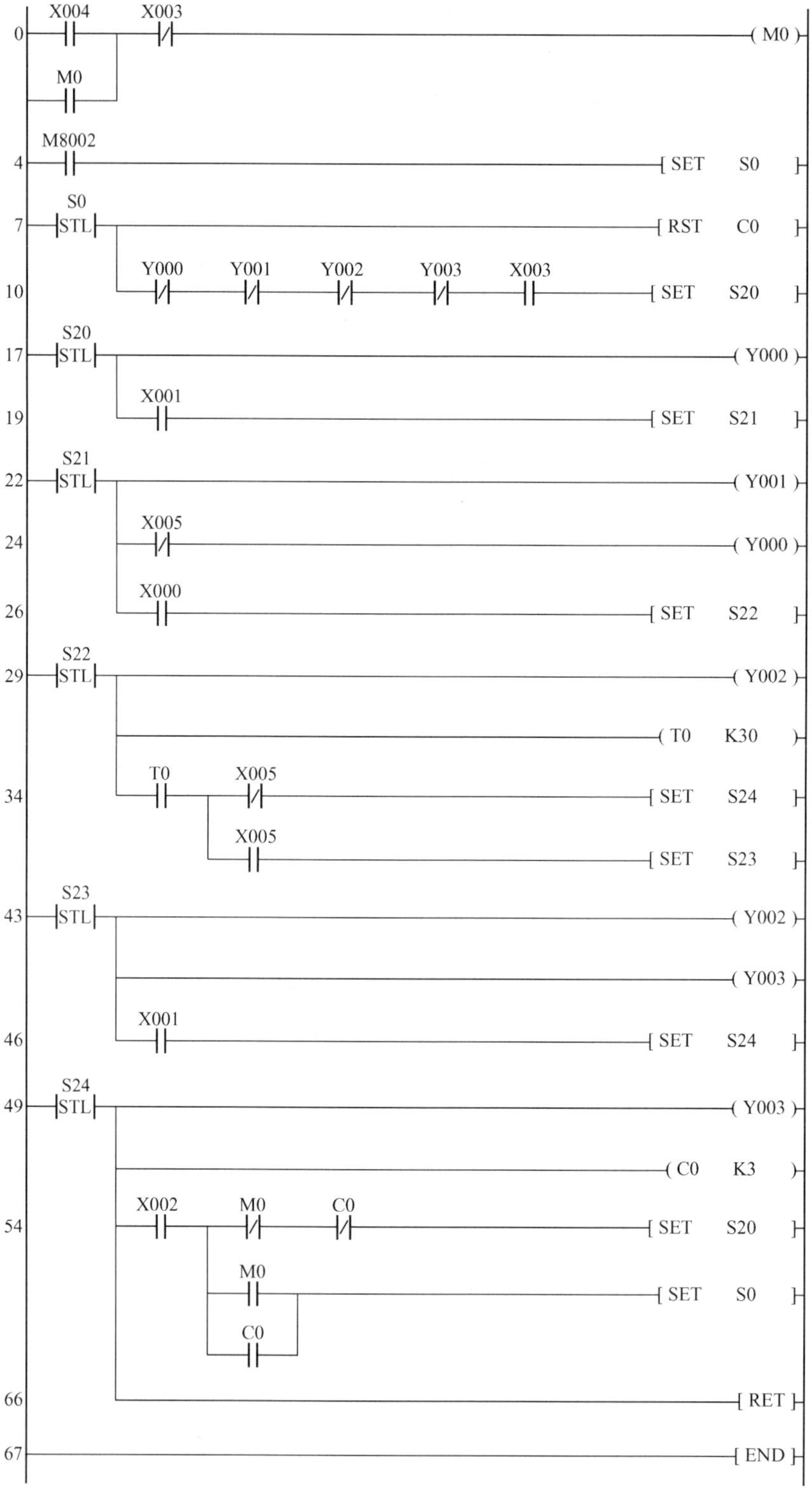

图 4-28　PLC 控制自动混料罐状态转移图对应的梯形图

```
0    LD    X004              34   LD    T0
1    OR    M0                35   MPS
2    ANI   X003              36   ANI   X005
3    OUT   M0                37   SET   S24
4    LD    M8002             39   MPP
5    SET   S0                40   AND   X005
7    STL   S0                41   SET   S23
8    RST   C0                43   STL   S23
10   LDI   Y000              44   OUT   Y002
11   ANI   Y001              45   OUT   Y003
12   ANI   Y002              46   LD    X001
13   ANI   Y003              47   SET   S24
14   AND   X003              49   STL   S24
15   SET   S20               50   OUT   Y003
17   STL   S20               51   OUT   C0    K3
18   OUT   Y000              54   LD    X002
19   LD    X001              55   MPS
20   SET   S21               56   ANI   M0
22   STL   S21               57   ANI   C0
23   OUT   Y001              58   SET   S20
24   LDI   X005              60   MPP
25   OUT   Y000              61   LD    M0
26   LD    X000              62   OR    C0
27   SET   S22               63   ANB
29   STL   S22               64   SET   S0
30   OUT   Y002              66   RET
31   OUT   T0    K30         67   END
```

图 4-29　PLC 控制自动混料罐状态转移图对应的指令语句表

4.3.5　应用实例：PLC 控制运料小车

图 4-30 所示为 PLC 控制运料小车的示意图，其控制要求如下：

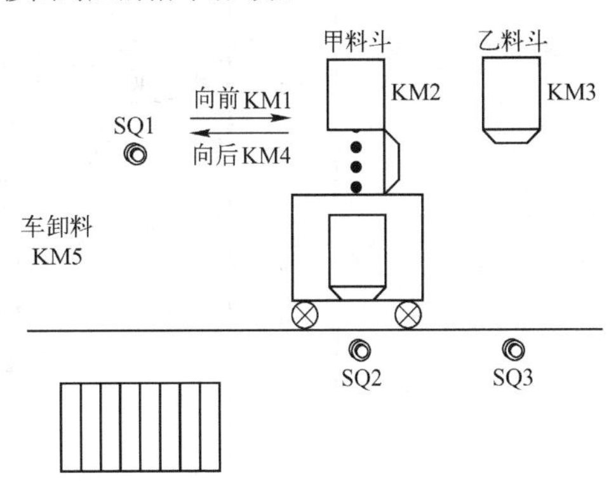

图 4-30　PLC 控制运料小车示意图

起动按钮 S01 用来起动运料小车，停止按钮 S02 用来手动停止运料小车。按起动按钮 S01，小车从原点起动，KM1 接触器吸合使小车向前运行直到碰到 SQ2 开关时停止，此时 KM2 接触器吸合使甲料斗装料 5s，然后小车继续向前运行直到碰到 SQ3 开关时停止，此时 KM3 接触器吸合使乙料斗装料 3s，随后 KM4 接触器吸合使小车返回原点直到碰到 SQ1 开关时停止，此时 KM5 接触器吸合使小车卸料 5s 后完成一次循环工作过程。小车连续循环运行，按停止按钮 S02 小车完成当前运行环节后，立即返回原点，直到碰到 SQ1 开关立即停止，再次按起动按钮 S01，小车重新运行。

解：1）确定 PLC 控制运料小车 I/O 分配表，如表 4-6 所列。

表 4-6　PLC 控制运料小车 I/O 分配表

输　入		输　出	
输入设备	输入编号	输出设备	输出编号
起动按钮 S01	X000	向前接触器 KM1	Y000
停止按钮 S02	X001	甲卸料接触器 KM2	Y001
开关 SQ1	X002	乙卸料接触器 KM3	Y002
开关 SQ2	X003	向后接触器 KM4	Y003
开关 SQ3	X004	车卸料接触器 KM5	Y004

2）根据工艺要求画出状态转移图，如图 4-31 所示。

码 4-8　PLC 控制运料小车

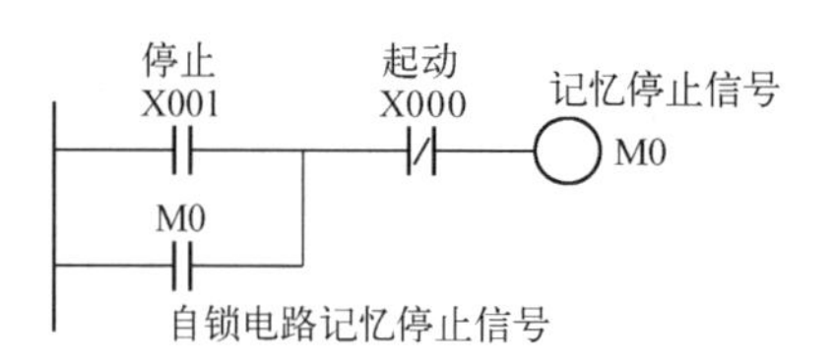

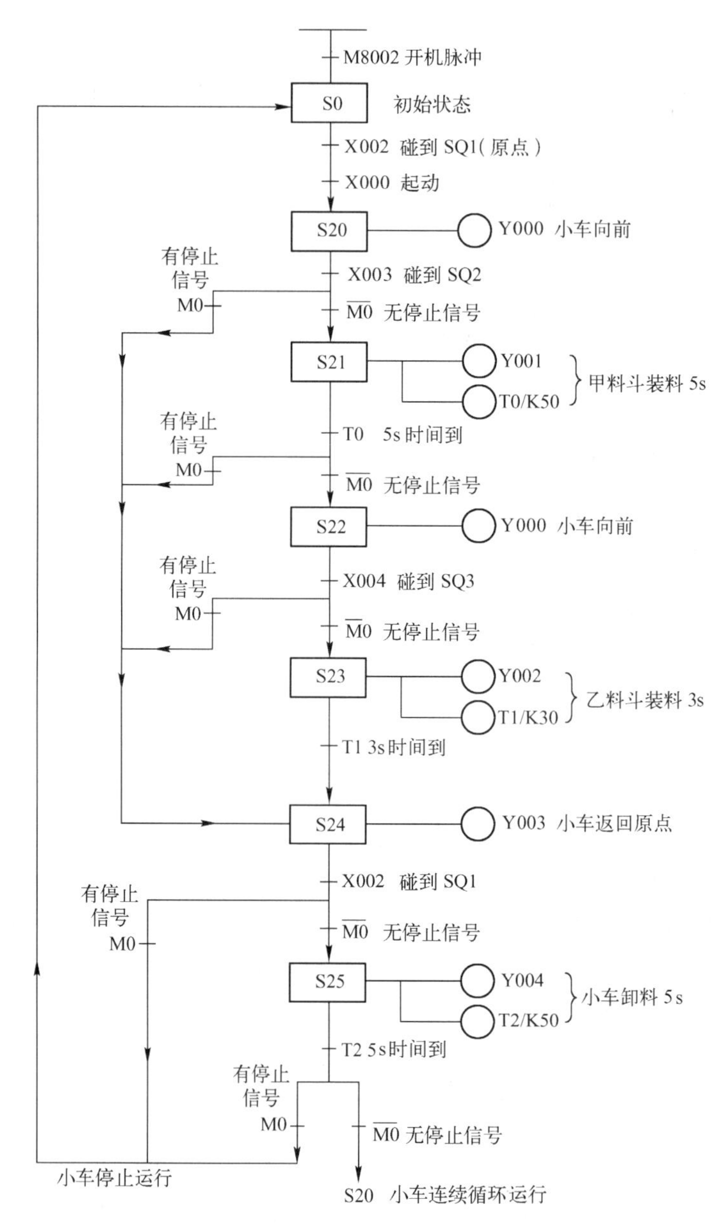

图 4-31　PLC 控制运料小车的状态转移图

3）根据状态转移图画出的梯形图如图 4-32 所示，其指令语句表如图 4-33 所示。

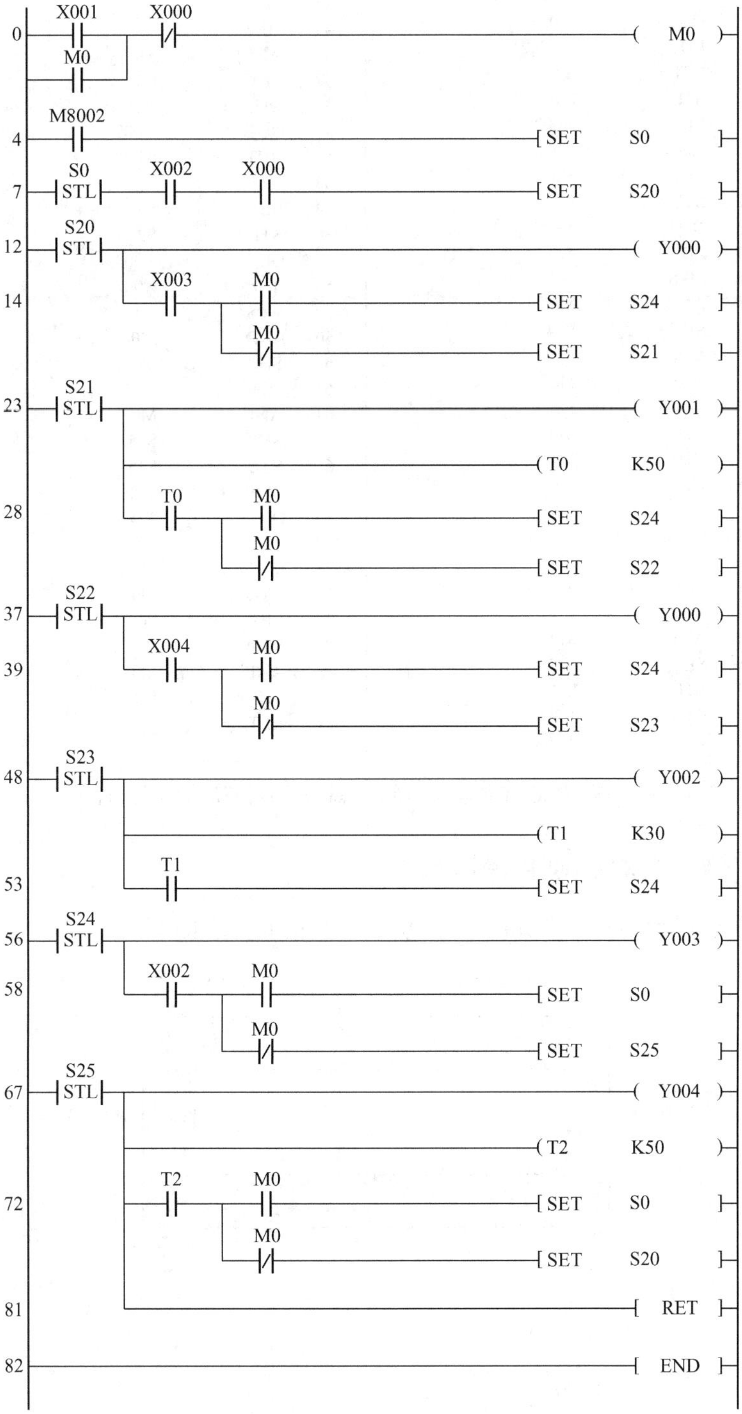

0 X001 X000 M0 (M0)
4 M8002 [SET S0]
7 S0 STL X002 X000 [SET S20]
12 S20 STL (Y000)
14 X003 M0 [SET S24]
M0 [SET S21]
23 S21 STL (Y001)
(T0 K50)
28 T0 M0 [SET S24]
M0 [SET S22]
37 S22 STL (Y000)
39 X004 M0 [SET S24]
M0 [SET S23]
48 S23 STL (Y002)
(T1 K30)
53 T1 [SET S24]
56 S24 STL (Y003)
58 X002 M0 [SET S0]
M0 [SET S25]
67 S25 STL (Y004)
(T2 K50)
72 T2 M0 [SET S0]
M0 [SET S20]
81 [RET]
82 [END]

图 4-32 PLC 控制运料小车状态转移图对应的梯形图

```
0   LD    X001
1   OR    M0
2   ANI   X000
3   OUT   M0
4   LD    M8002
5   SET   S0
7   STL   S0
8   LD    X002
9   AND   X000
10  SET   S20
12  STL   S20
13  OUT   Y000
14  LD    X003
15  MPS
16  AND   M0
17  SET   S24
19  MPP
20  ANI   M0
21  SET   S21
23  STL   S21
24  OUT   Y001
25  OUT   T0     K50
28  LD    T0
29  MPS
30  AND   M0
31  SET   S24
33  MPP
34  ANI   M0
35  SET   S22
37  STL   S22
38  OUT   Y000
39  LD    X004
40  MPS
41  AND   M0
42  SET   S24
44  MPP
45  ANI   M0
47  SET   S23
48  STL   S23
49  OUT   Y002
50  OUT   T1     K30
53  LD    T1
54  SET   S24
56  STL   S24
57  OUT   Y003
58  LD    X002
59  MPS
60  AND   M0
61  SET   S0
63  MPP
64  ANI   M0
65  SET   S25
67  STL   S25
68  OUT   Y004
69  OUT   T2     K50
72  LD    T2
73  MPS
74  AND   M0
75  SET   S0
77  MPP
78  ANI   M0
79  SET   S20
81  RET
82  END
```

图 4-33　PLC 控制运料小车状态转移图对应的指令语句表

4.3.6　应用实例：PLC 控制机械滑台

PLC 控制机械滑台的示意图如图 4-34 所示，其控制要求如下：

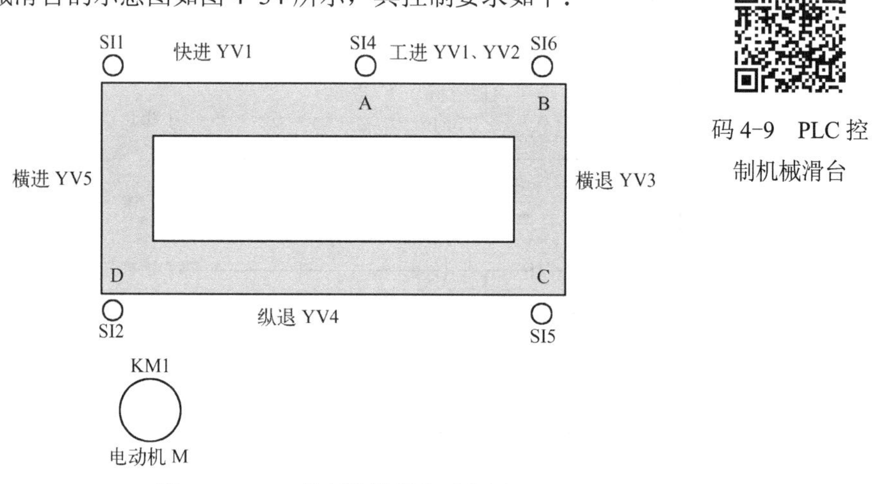

码 4-9　PLC 控制机械滑台

图 4-34　PLC 控制机械滑台示意图

机械滑台上带有主轴动力头，在操作面板上装有起动按钮 S01、停止按钮 S02。工艺流程如下：

1）当工作台在原始位置时，按下循环起动按钮 S01，电磁阀 YV1 得电，工作台快进，同时由接触器 KM1 驱动的动力头电动机 M 起动。

2）当工作台快进到达 A 点时，行程开关 SI4 压合，电磁阀 YV1、YV2 得电，工作台由快进切换成工进，进行切削加工。

3）当工作台工进到达 B 点时，行程开关 SI6 动作，工进结束，电磁阀 YV1、YV2 失电，同时工作台停留 3s，时间一到电磁阀 YV3 得电，工作台作横向退刀，同时主轴电动机 M 停转。

4）当工作台到达 C 点时，行程开关 SI5 压合，电磁阀 YV3 失电，横向退刀结束，电磁阀 YV4 得电，工作台作纵向退刀。

5）工作台退到 D 点碰到开关 SI2，电磁阀 YV4 失电，纵向退刀结束，电磁阀 YV5 得电，工作台横向进给直到原点，压合行程开关 SI1，此时电磁阀 YV5 失电，完成一次循环。

6）机械滑台连续进行 3 次循环后自动停止，中途按停止按钮 S02，机械滑台立即停止运行，并按原路径返回，直到压合行程开关 SI1 才能停止；再次按起动按钮 S01，机械滑台重新循环运行。

解：1）确定 PLC 控制机械滑台 I/O 分配表，如表 4-7 所列。

表 4-7　PLC 控制机械滑台 I/O 分配表

输　入		输　出	
输入设备	输入编号	输出设备	输出编号
起动按钮 S01	X000	主轴电动机接触器 KM1	Y000
停止按钮 S02	X001	电磁阀 YV1	Y001
行程开关 SI1	X002	电磁阀 YV2	Y002
行程开关 SI4	X003	电磁阀 YV3	Y003
行程开关 SI6	X004	电磁阀 YV4	Y004
行程开关 SI5	X005	电磁阀 YV5	Y005
行程开关 SI2	X006		
选择按钮 S07	X007		

2）根据工艺要求画出状态转移图，如图 4-35 所示。

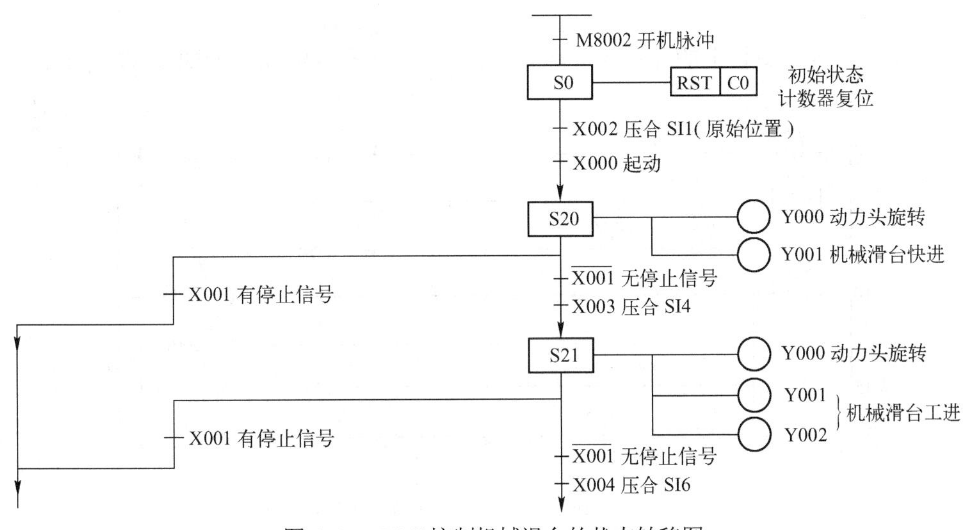

图 4-35　PLC 控制机械滑台的状态转移图

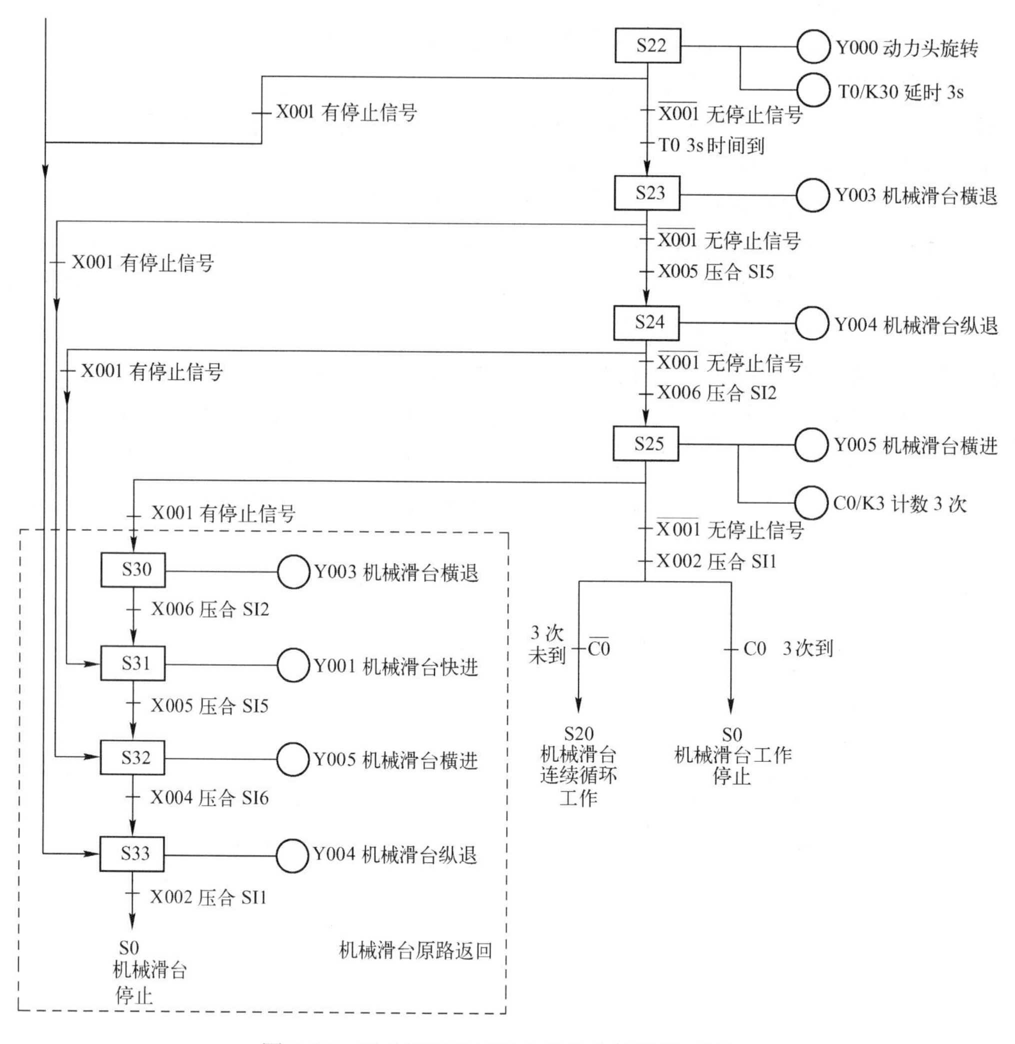

图 4-35 PLC 控制机械滑台的状态转移图（续）

3）根据状态转移图画出的梯形图如图 4-36 所示，其指令语句表如图 4-37 所示。

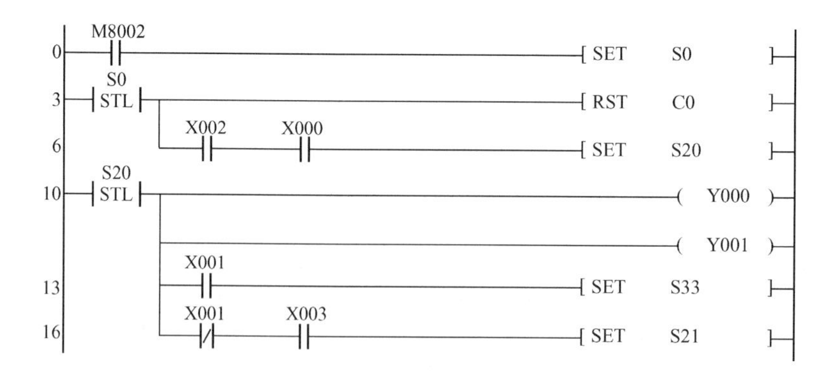

图 4-36 PLC 控制机械滑台的梯形图

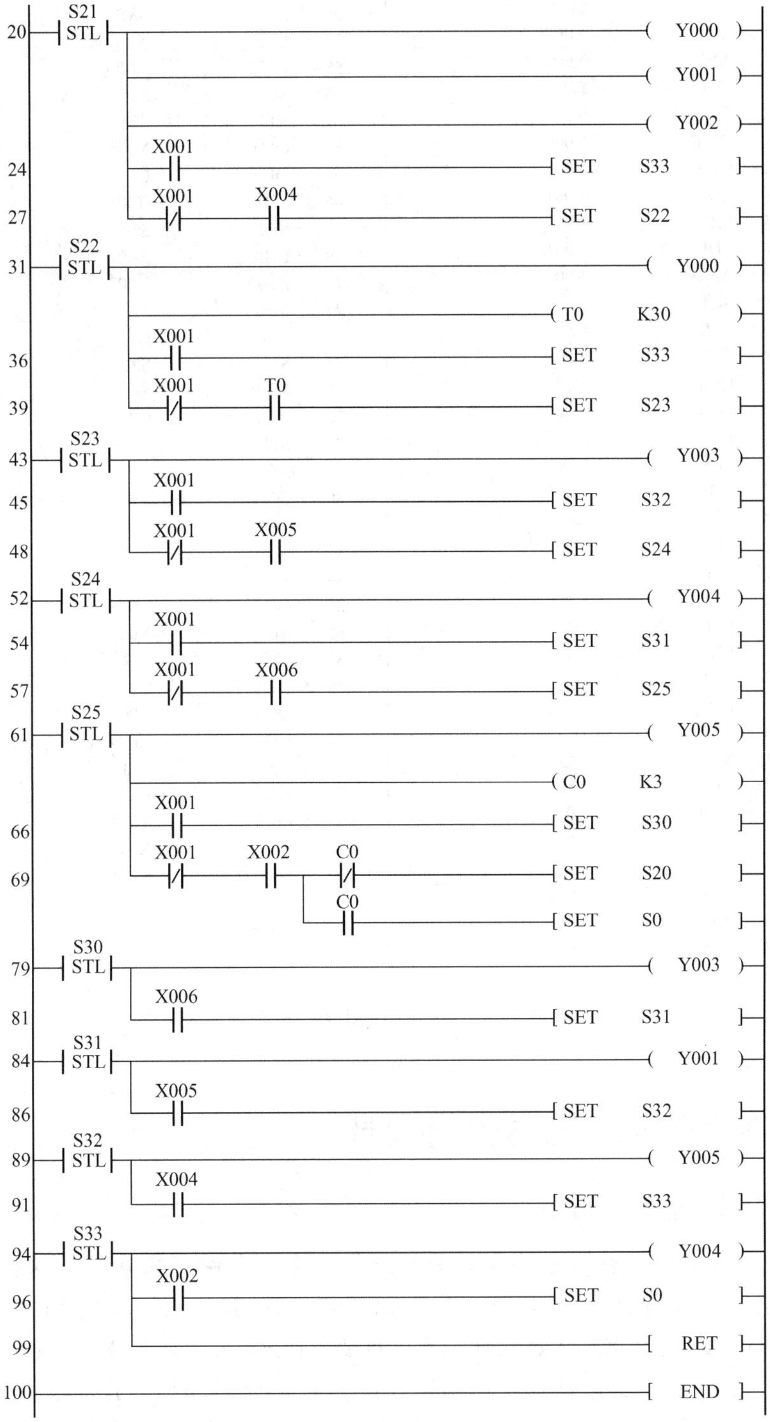

20 S21 STL (Y000)
(Y001)
(Y002)
24 X001 [SET S33]
27 X001 X004 [SET S22]
31 S22 STL (Y000)
(T0 K30)
36 X001 [SET S33]
39 X001 T0 [SET S23]
43 S23 STL (Y003)
45 X001 [SET S32]
48 X001 X005 [SET S24]
52 S24 STL (Y004)
54 X001 [SET S31]
57 X001 X006 [SET S25]
61 S25 STL (Y005)
(C0 K3)
66 X001 [SET S30]
69 X001 X002 C0 [SET S20]
C0 [SET S0]
79 S30 STL (Y003)
81 X006 [SET S31]
84 S31 STL (Y001)
86 X005 [SET S32]
89 S32 STL (Y005)
91 X004 [SET S33]
94 S33 STL (Y004)
96 X002 [SET S0]
99 [RET]
100 [END]

图 4-36　PLC 控制机械滑台的梯形图（续）

```
0    LD    M8002
1    SET   S0
3    STL   S0
4    RST   C0
6    LD    X002
7    AND   X000
8    SET   S20
10   STL   S20
11   OUT   Y000
12   OUT   Y001
13   LD    X001
14   SET   S33
16   LDI   X001
17   AND   X003
18   SET   S21
20   STL   S21
21   OUT   Y000
22   OUT   Y001
23   OUT   Y002
24   LD    X001
25   SET   S33
27   LDI   X001
28   AND   X004
29   SET   S22
31   STL   S22
32   OUT   Y000
33   OUT   T0     K30
36   LD    X001
37   SET   S33
39   LDI   X001
40   AND   T0
41   SET   S23
43   STL   S23
44   OUT   Y003
45   LD    X001
46   SET   S32
48   LDI   X001
49   AND   X005
50   SET   S24
52   STL   S24
53   OUT   Y004
54   LD    X001
55   SET   S31
57   LDI   X001
58   AND   X006
59   SET   S25
61   STL   S25
62   OUT   Y005
63   OUT   C0     K3
66   LD    X001
67   SET   S30
69   LDI   X001
70   AND   X002
71   MPS
72   ANI   C0
73   SET   S20
75   MPP
76   AND   C0
77   SET   S0
79   STL   S30
80   OUT   Y003
81   LD    X006
82   SET   S31
84   STL   S31
85   OUT   Y001
86   LD    X005
87   SET   S32
89   STL   S32
90   OUT   Y005
91   LD    X004
92   SET   S33
94   STL   S33
95   OUT   Y004
96   LD    X002
97   SET   S0
99   RET
100  END
```

图 4-37　PLC 控制机械滑台的指令语句表

4.4　选择性分支与并行分支程序设计

4.4.1　基础知识：选择性分支

如图 4-38 所示，当有多条路径时只能选择其中一条路径来执行，这种分支方式称为选择性分支。当 S0 执行后，若 X1 先有效，则跳到 S21 执行，此后即使 X2 有效，S22 也无法执行。之后若 X3 有效，则脱离 S21 跳到 S23 执行，当 X5 有效后，则结束流程。当 S0 执行后，若 X2 先有效，则跳到 S22 执行，此后即使 X1 有效，S21 也无法执行。选择性分支流程不能交叉，如图 4-39 所示，对其中左图所示的流程必须按右图所示进行修改。

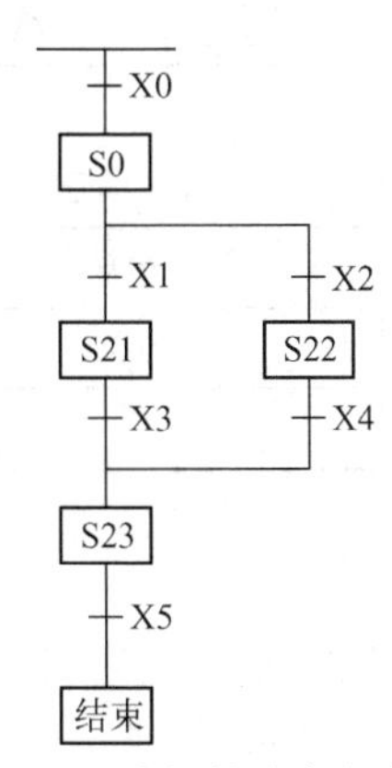

图 4-38　选择性分支程序

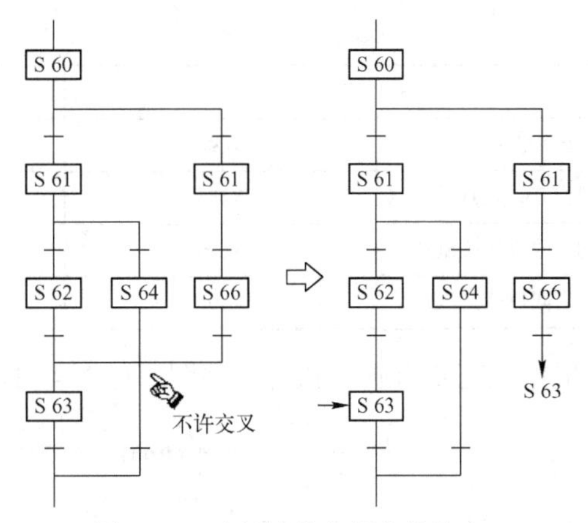

图 4-39　选择性分支程序的修改

4.4.2　应用实例：PLC 控制机械手分拣大小球

PLC 控制机械手分拣大小球控制系统如图 4-40 所示，其控制要求如下：

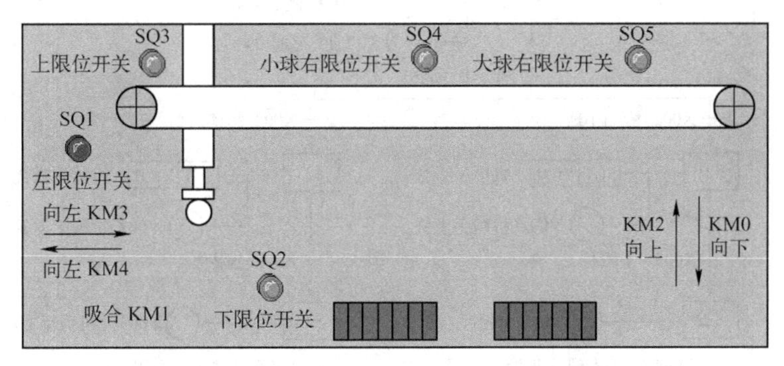

图 4-40　PLC 控制机械手分拣大小球控制系统工作示意图

机械手初始状态在左上角原点处（上限位开关 SQ3 及左限位开关 SQ1 压合，机械手处于放松状态），当按下起动按钮 S01 后，机械手下降，2s 后机械手一定会碰到球，如果碰到球的同时还碰到下限位开关 SQ2，则一定是小球；如果碰到球的同时未碰到下限位开关 SQ2，则一定是大球。机械手抓住球后开始上升，碰到上限位开关 SQ3 后右移。如果是小球则右移到 SQ4 处（如果是大球则右移到 SQ5 处），机械手下降，当碰到下限位开关 SQ2 时，将小球（大球）释放并放入小球（大球）容器中。释放后机械手上升，碰到上限位开关 SQ3 后左移，碰到左限位开关 SQ1 时停止，至此一个循环结束。

解：1）确定机械手分拣大小球控制系统 I/O 分配表，如表 4-8 所列。

表 4-8　PLC 控制机械手分拣大小球控制系统 I/O 分配表

输　入		输　出	
输入设备	输入编号	输出设备	输出编号
“起动”按钮 S01	X000	下降电磁阀 YV0	Y000
左限位开关 SQ1	X001	机械手吸合电磁阀 YV1	Y001
下限位开关 SQ2	X002	上升电磁阀 YV2	Y002

（续）

输　　入		输　　出	
输入设备	输入编号	输出设备	输出编号
上限位开关 SQ3	X003	右移电磁阀 YV3	Y003
小球右限位开关 SQ4	X004	左移电磁阀 YV4	Y004
大球右限位开关 SQ5	X005		

2）根据工艺要求画出状态转移图，如图 4-41 所示。

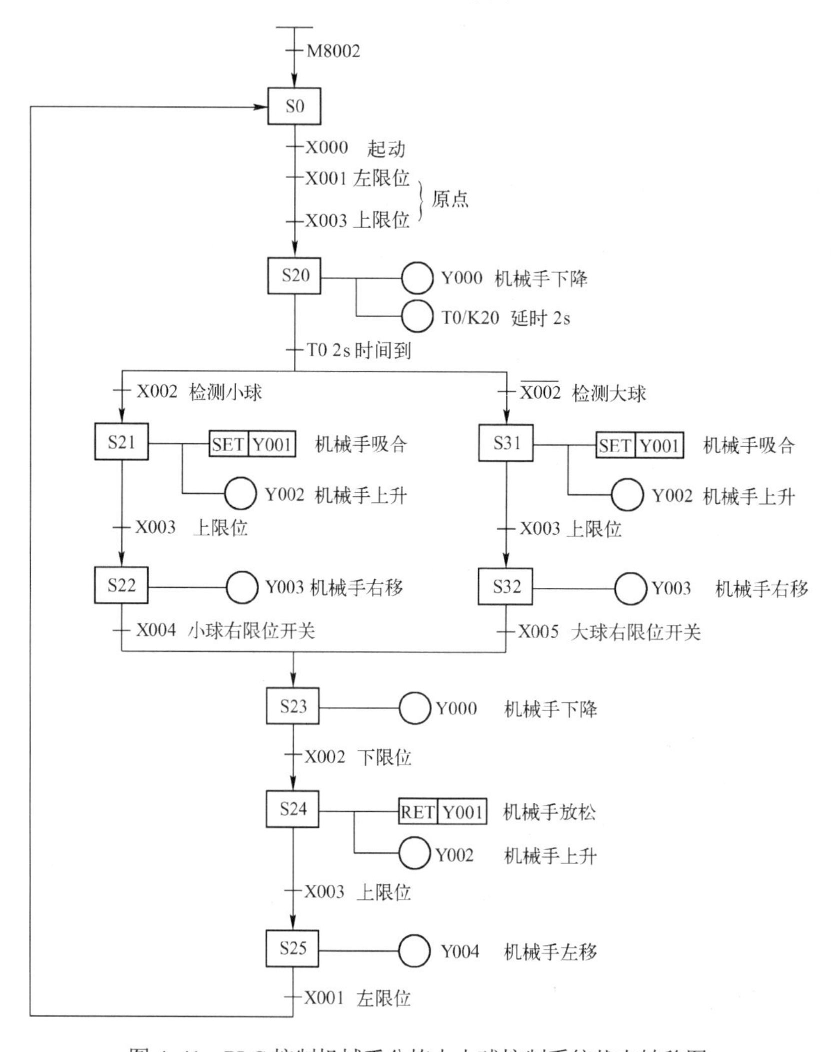

图 4-41　PLC 控制机械手分拣大小球控制系统状态转移图

从图 4-41 所示的状态转移图中可以看出，状态转移图中出现了分支，而两条分支不会同时工作，具体转移到哪一条分支由转移条件（下限位开关 SQ2）X002 的通断状态决定。此类状态转移图称为选择性分支与汇合的多流程状态转移图。

3）根据状态转移图得到梯形图及指令语句表，如图 4-42 所示。

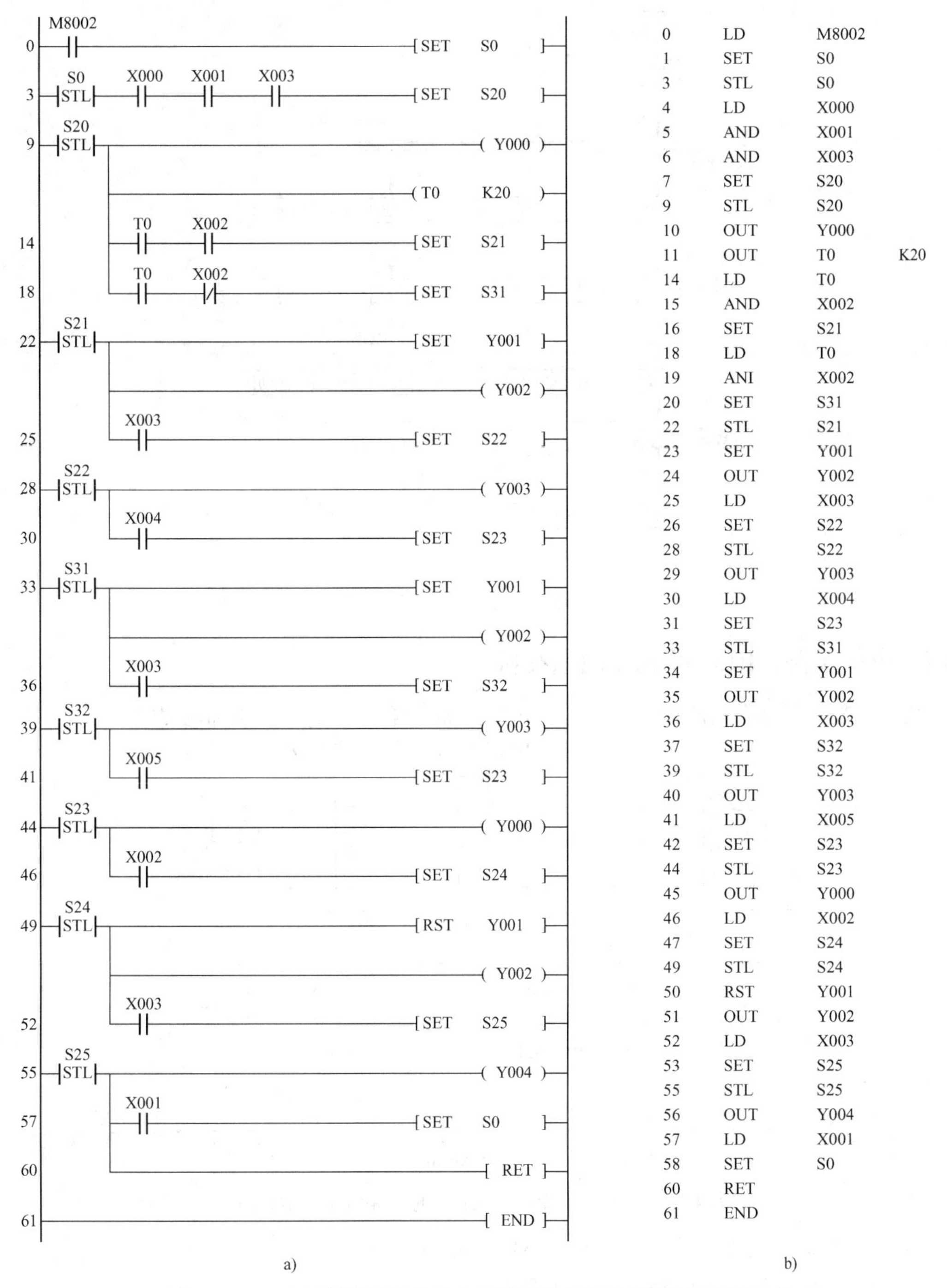

0	LD	M8002	
1	SET	S0	
3	STL	S0	
4	LD	X000	
5	AND	X001	
6	AND	X003	
7	SET	S20	
9	STL	S20	
10	OUT	Y000	
11	OUT	T0	K20
14	LD	T0	
15	AND	X002	
16	SET	S21	
18	LD	T0	
19	ANI	X002	
20	SET	S31	
22	STL	S21	
23	SET	Y001	
24	OUT	Y002	
25	LD	X003	
26	SET	S22	
28	STL	S22	
29	OUT	Y003	
30	LD	X004	
31	SET	S23	
33	STL	S31	
34	SET	Y001	
35	OUT	Y002	
36	LD	X003	
37	SET	S32	
39	STL	S32	
40	OUT	Y003	
41	LD	X005	
42	SET	S23	
44	STL	S23	
45	OUT	Y000	
46	LD	X002	
47	SET	S24	
49	STL	S24	
50	RST	Y001	
51	OUT	Y002	
52	LD	X003	
53	SET	S25	
55	STL	S25	
56	OUT	Y004	
57	LD	X001	
58	SET	S0	
60	RET		
61	END		

a)　　　　b)

图 4-42　PLC 控制机械手分拣大小球控制系统梯形图及指令语句表

a）梯形图　b）指令语句表

4.4.3　基础知识：并行分支

图 4-43 所示为并行分支状态转移图。当有多条路径，且多条路径同时执行，这种分支方式称为并行分支。

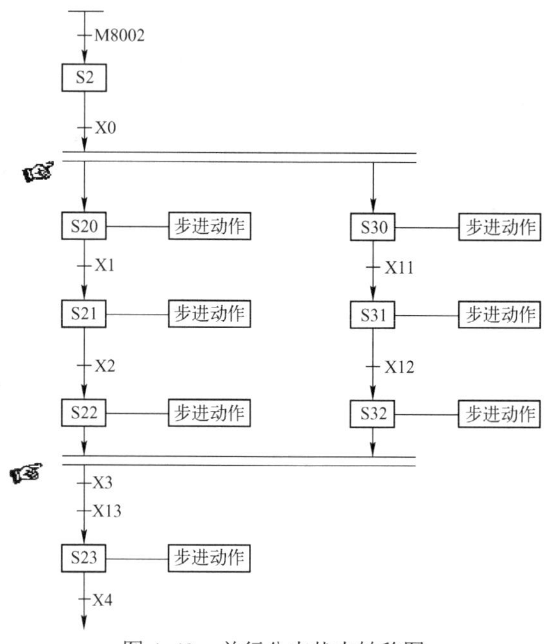

图 4-43 并行分支状态转移图

4.4.4 应用实例：PLC 控制专用钻孔机床

PLC 控制专用钻孔机床控制系统工作示意图如图 4-44 所示，其控制要求如下：

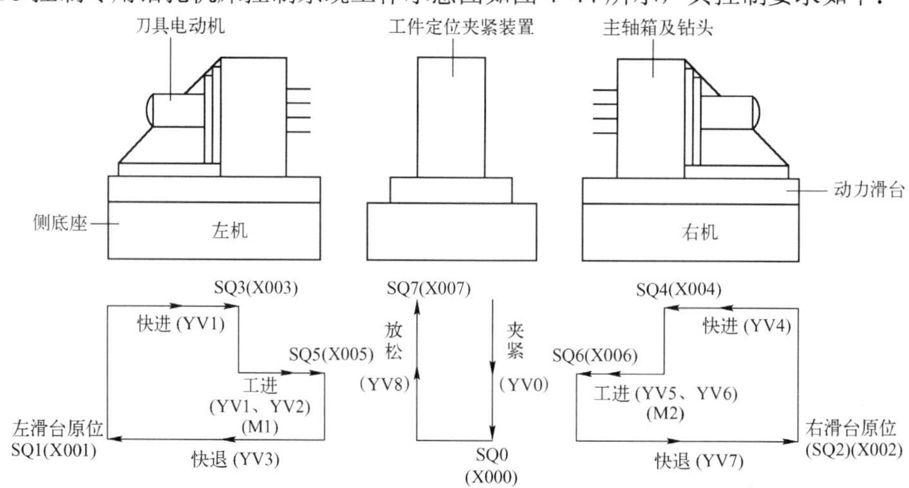

图 4-44 PLC 控制专用钻孔机床控制系统工作示意图

1）左、右动力头由主轴电动机 M1、M2 分别驱动。

2）动力头的进给由电磁阀控制气缸驱动。

3）工步位置由限位开关 SQ1～SQ6 控制。

4）设 S01 为起动按钮，限位开关 SQ0 闭合为夹紧到位，阻位开关 SQ7 闭合为放松到位。

可循环的工作过程：当左、右滑台在原位时按起动按钮 S01→工件夹紧→左、右滑台同时快进→左、右滑台工进并起动动力头电动机→挡板停留（延时 3s）→动力头电动机停，左、右滑台分别快退到原处→松开工件。

解：1）确定 PLC 控制专用钻孔钻床控制系统 I/O 分配表，如表 4-9 所列。

表 4-9　PLC 控制专用钻孔钻床控制系统 I/O 分配表

输　入		输出	
输入设备	输入编号	输出设备	输出编号
起动按钮 S01	X010	夹紧电磁阀 YV0	Y000
夹紧限位开关 SQ0	X000	电磁阀 YV1	Y001
限位开关 SQ1	X001	电磁阀 YV2	Y002
限位开关 SQ2	X002	电磁阀 YV3	Y003
限位开关 SQ3	X003	电磁阀 YV4	Y004
限位开关 SQ4	X004	电磁阀 YV5	Y005
限位开关 SQ5	X005	电磁阀 YV6	Y006
限位开关 SQ6	X006	电磁阀 YV7	Y007
放松限位开关 SQ7	X007	放松电磁阀 YV8	Y010
		左动力头主轴电动机 M1	Y011
		右动力头主轴电动机 M2	Y012

2）根据工艺要求画出状态转移图，如图 4-45 所示。

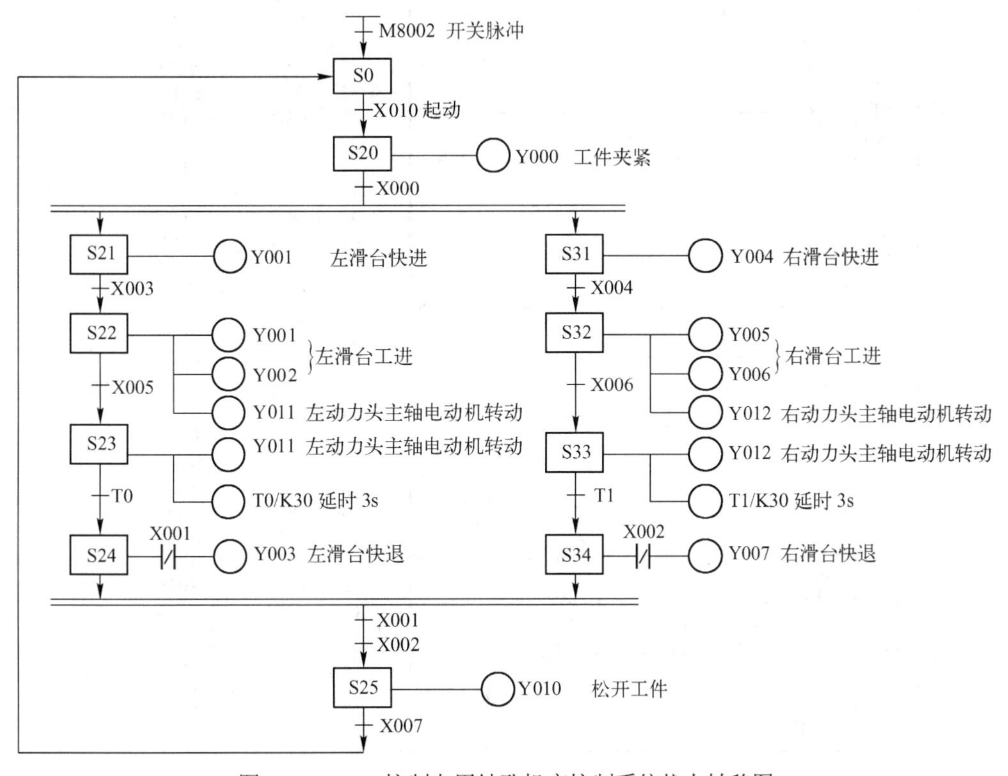

图 4-45　PLC 控制专用钻孔机床控制系统状态转移图

从图 4-45 所示的状态转移图中可以看出，状态图中出现两个单独分支，它们各自执行状态流程（即左、右两个钻孔动力头同时工作，各行其事，当两个动力头都完成各自的工作后），再转入公共的状态之中。此类状态转移图称为并行分支与汇合的状态转移图。

3）根据状态转移图得到的梯形图及指令语句表，如图 4-46 所示。

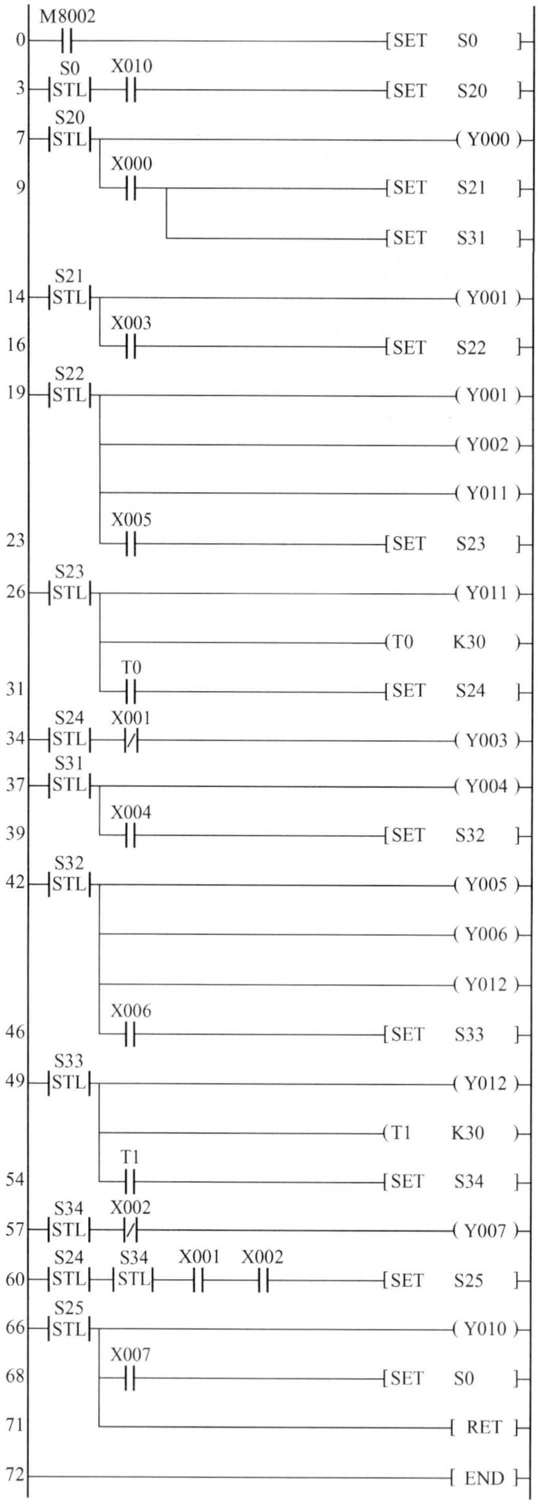

```
    M8002
0  ─┤├──────────────────────────────[SET  S0  ]
    S0    X010
3  ─┤STL├─┤├────────────────────────[SET  S20 ]
    S20
7  ─┤STL├┬──────────────────────────( Y000 )
         │ X000
9        └─┤├──┬────────────────────[SET  S21 ]
               └────────────────────[SET  S31 ]
    S21
14 ─┤STL├┬──────────────────────────( Y001 )
         │ X003
16       └─┤├───────────────────────[SET  S22 ]
    S22
19 ─┤STL├┬──────────────────────────( Y001 )
         ├──────────────────────────( Y002 )
         ├──────────────────────────( Y011 )
         │ X005
23       └─┤├───────────────────────[SET  S23 ]
    S23
26 ─┤STL├┬──────────────────────────( Y011 )
         ├──────────────────────────(T0   K30 )
         │ T0
31       └─┤├───────────────────────[SET  S24 ]
    S24   X001
34 ─┤STL├─┤/├───────────────────────( Y003 )
    S31
37 ─┤STL├┬──────────────────────────( Y004 )
         │ X004
39       └─┤├───────────────────────[SET  S32 ]
    S32
42 ─┤STL├┬──────────────────────────( Y005 )
         ├──────────────────────────( Y006 )
         ├──────────────────────────( Y012 )
         │ X006
46       └─┤├───────────────────────[SET  S33 ]
    S33
49 ─┤STL├┬──────────────────────────( Y012 )
         ├──────────────────────────(T1   K30 )
         │ T1
54       └─┤├───────────────────────[SET  S34 ]
    S34   X002
57 ─┤STL├─┤/├───────────────────────( Y007 )
    S24    S34    X001   X002
60 ─┤STL├─┤STL├─┤├────┤├────────────[SET  S25 ]
    S25
66 ─┤STL├┬──────────────────────────( Y010 )
         │ X007
68       ├─┤├───────────────────────[SET  S0  ]
71       └──────────────────────────[ RET ]
72 ─────────────────────────────────[ END ]
```

a)

步序	指令	元件	
0	LD	M8002	
1	SET	S0	
3	STL	S0	
4	LD	X010	
5	SET	S20	
7	STL	S20	
8	OUT	Y000	
9	LD	X000	
10	SET	S21	
12	SET	S31	
14	STL	S21	
15	OUT	Y001	
16	LD	X003	
17	SET	S22	
19	STL	S22	
20	OUT	Y001	
21	OUT	Y002	
22	OUT	Y011	
23	LD	X005	
24	SET	S23	
26	STL	S23	
27	OUT	Y011	
28	OUT	T0	K30
31	LD	T0	
32	SET	S24	
34	STL	S24	
35	LDI	X001	
36	OUT	Y003	
37	STL	S31	
38	OUT	Y004	
39	LD	X004	
40	SET	S32	
42	STL	S32	
43	OUT	Y005	
44	OUT	Y006	
45	OUT	Y012	
46	LD	X006	
47	SET	S33	
49	STL	S33	
50	OUT	Y012	
51	OUT	T1	K30
54	LD	T1	
55	SET	S34	
57	STL	S34	
58	LDI	X002	
59	OUT	Y007	
60	STL	S24	
61	STL	S34	
62	LD	X001	
63	AND	X002	
64	SET	S25	
66	STL	S25	
67	OUT	Y010	
68	LD	X007	
69	SET	S0	
71	RET		
72	END		

b)

图 4-46　PLC 控制专用钻孔机床控制系统梯形图及指令语句表

a) 梯形图　b) 指令语句表

4.5 复杂顺序控制流程的简化

4.5.1 应用实例：PLC 控制工作方式可选的运料小车

图 4-47 所示为 PLC 控制工作方式可选的运料小车示意图。其控制要求如下：

起动按钮 S01 用来起动运料小车，停止按钮 S02 用来手动停止运料小车，按选择工作方式按钮 S07、S08（程序每次只读小车到达 SQ2 以前的值），得到的工作方式如表 4-10 所列。

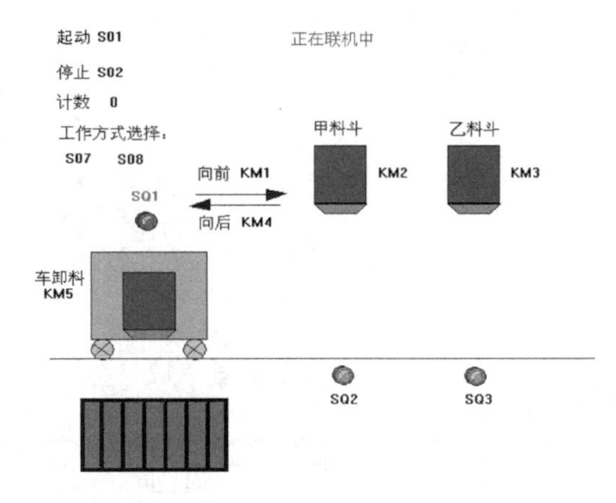

图 4-47 PLC 控制工作方式可选的运料小车示意图

表 4-10 选择工作方式

工作方式	S07	S08
方式 1	0	0
方式 2	1	0
方式 3	0	1
方式 4	1	1

按起动按钮 S01 小车从原点起动，接触器 KM1 吸合使小车向前直到碰到开关 SQ2。

方式 1：小车停，接触器 KM2 吸合使甲料斗装料 5s，然后小车继续向前运行直到碰到开关 SQ3 时停止，此时接触器 KM3 吸合使乙料斗装料 3s；

方式 2：小车停，接触器 KM2 吸合使甲料斗装料 7s，小车不再前行；

方式 3：小车停，接触器 KM2 吸合使甲料斗装料 3s，然后小车继续向前运行直到碰到开关 SQ3 时停止，此时接触器 KM3 吸合使乙料斗装料 5s；

方式 4：小车继续向前运行直到碰到开关 SQ3 时停止，此时接触器 KM3 吸合使乙料斗装料 8s；

完成以上任何一种方式后，接触器 KM4 吸合使小车返回原点，直到碰到开关 SQ1 时停止，接触器 KM5 吸合使小车卸料 5s 即完成一次循环。在此循环过程中按下停止按钮 S02，小车完成一次循环后停止运行，否则小车完成 3 次循环后自动停止。

解：1）设定工作方式可选的运料小车 I/O 分配表，如表 4-11 所列。

表 4-11 工作方式可选的运料小车 I/O 分配表

输　入		输出	
输入设备	输入编号	输出设备	输出编号
起动按钮 S01	X00	向前接触器 KM1	Y00
停止按钮 S02	X01	甲装料接触器 KM2	Y01
限位开关 SQ1	X02	乙装料接触器 KM3	Y02
限位开关 SQ2	X03	向后接触器 KM4	Y03
限位开关 SQ3	X04	车卸料接触器 KM5	Y04
选择按钮 S07	X05		
选择按钮 S08	X06		

2）根据工艺要求画出状态转移图，如图 4-48 所示。

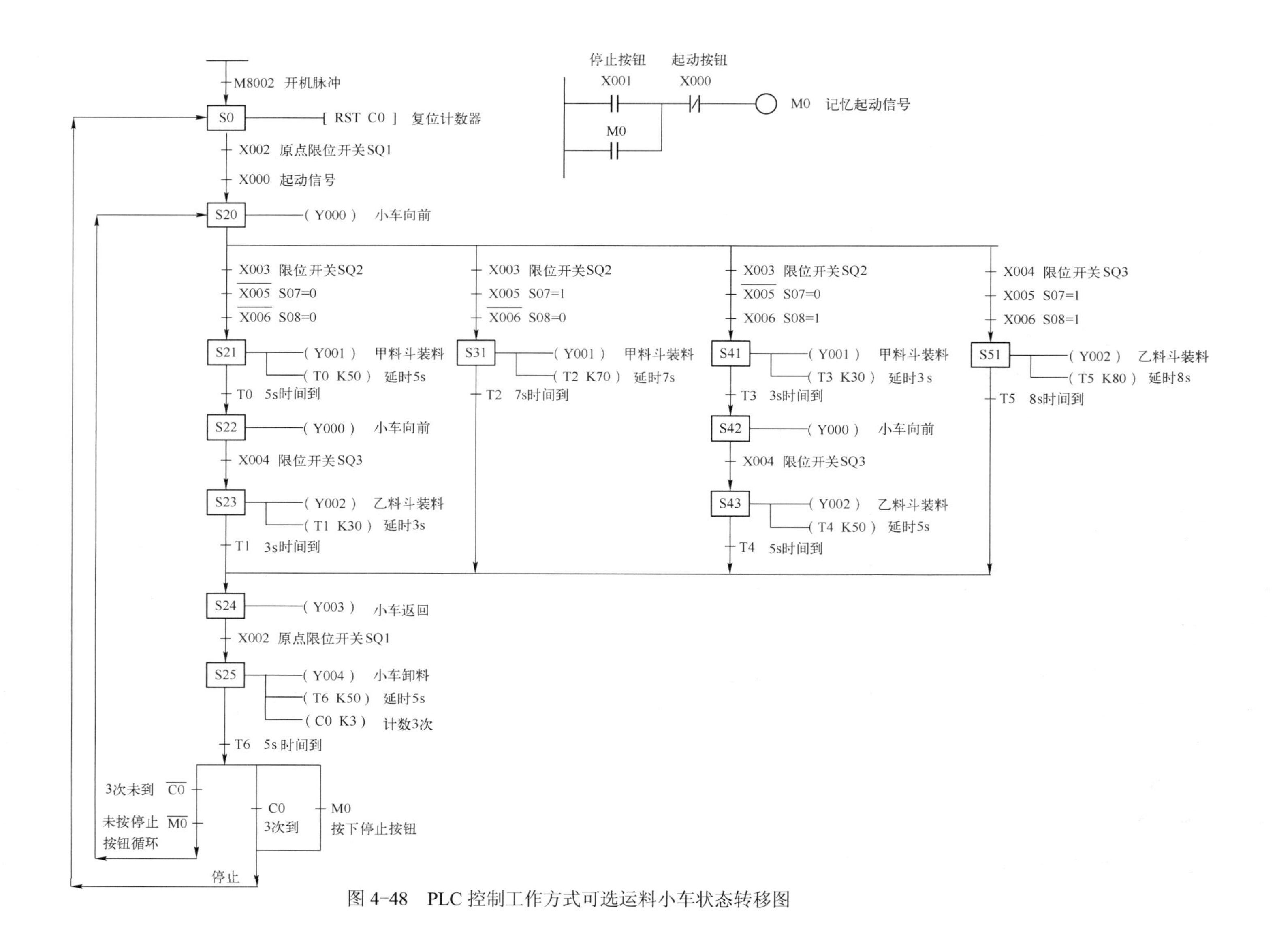

图 4-48 PLC 控制工作方式可选运料小车状态转移图

3）根据状态转移图画出的梯形图如图 4-49 所示，对应的指令语句表如图 4-50 所示。

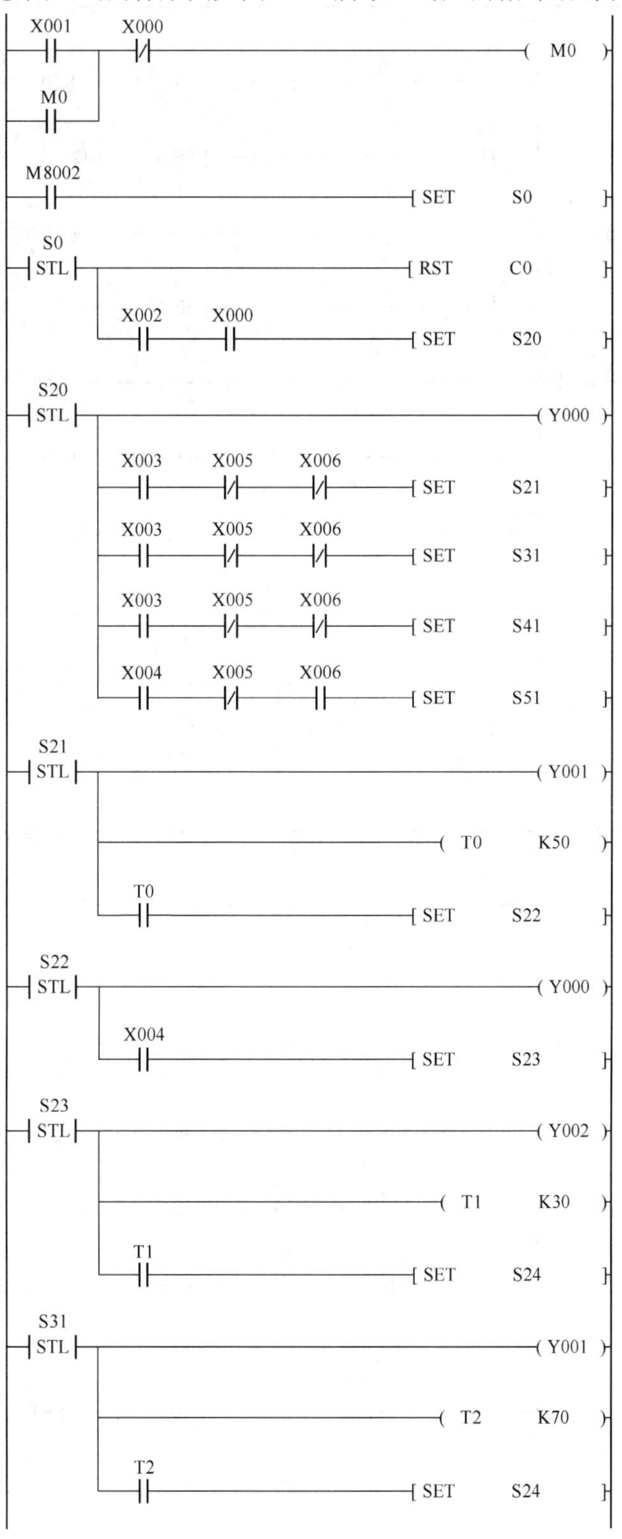

图 4-49　PLC 控制工作方式可选运料小车梯形图

```
S41
STL ──────────────────────── ( Y001 )
    ──────────────────────── ( T3  K30 )
    T3
    ─┤├──────────────────── [ SET  S42 ]
S42
STL ──────────────────────── ( Y000 )
    X004
    ─┤├──────────────────── [ SET  S43 ]
S43
STL ──────────────────────── ( Y002 )
    ──────────────────────── ( T4  K50 )
    T4
    ─┤├──────────────────── [ SET  S24 ]
S51
STL ──────────────────────── ( Y002 )
    ──────────────────────── ( T5  K80 )
    T5
    ─┤├──────────────────── [ SET  S24 ]
S24
STL ──────────────────────── ( Y003 )
    X002
    ─┤├──────────────────── [ SET  S25 ]
S25
STL ──────────────────────── ( Y004 )
    ──────────────────────── ( T6  K50 )
    ──────────────────────── ( C0  K3 )
    T1       M0       C0
    ─┤├──┬──┤/├──────┤/├──── [ SET  S20 ]
         │   M0
         ├──┤├──┬─────────── [ SET  S0 ]
         │   C0 │
         └──┤├──┘
    ──────────────────────── [ RET ]
──────────────────────────── [ END ]
```

图 4-49　PLC 控制工作方式可选运料小车梯形图（续）

步序	指令	元件	常数
0	LD	X001	
1	OR	M0	
2	ANI	X000	
3	OUT	M0	
4	LD	M8002	
5	SET	S0	
7	STL	S0	
8	RST	C0	
10	LD	X002	
11	AND	X000	
12	SET	S20	
14	STL	S20	
15	OUT	Y000	
16	LD	X003	
17	ANI	X005	
18	ANI	X006	
19	SET	S21	
21	LD	X003	
22	AND	X005	
23	ANI	X006	
24	SET	S31	
26	LD	X003	
27	ANI	X005	
28	AND	X006	
29	SET	S41	
31	LD	X004	
32	AND	X005	
33	AND	X006	
34	SET	S51	
36	STL	S21	
37	OUT	Y001	
38	OUT	T0	K50
41	LD	T0	
42	SET	S22	
44	STL	S22	
45	OUT	Y000	
46	LD	X004	
47	SET	S23	
49	STL	S23	
50	OUT	Y002	
51	OUT	T1	K30
54	LD	T1	
55	SET	S24	
57	STL	S31	
58	OUT	Y001	
59	OUT	T2	K70
62	LD	T2	
63	SET	S24	
65	STL	S41	
66	OUT	Y001	
67	OUT	T3	K30
70	LD	T3	
71	SET	S42	
73	STL	S42	
74	OUT	Y000	
75	LD	X004	
76	SET	S43	
78	STL	S43	
79	OUT	Y002	
80	OUT	T4	K50
83	LD	T4	
84	SET	S24	
86	STL	S51	
87	OUT	Y002	
88	OUT	T5	K80
91	LD	T5	
92	SET	S24	
94	STL	S24	
95	OUT	Y003	
96	LD	X002	
97	SET	S25	
99	STL	S25	
100	OUT	Y004	
101	OUT	T6	K50
104	OUT	C0	K3
107	LD	T6	
108	MPS		
109	ANI	M0	
110	ANI	C0	
111	SET	S20	
113	MPP		
114	LD	M0	
115	OR	C0	
116	ANB		
117	SET	S0	
119	RET		
120	END		

图 4-50　PLC 控制工作方式可选运料小车指令语句表

图 4-48 所示的状态转移图，有 4 条选择性分支，使程序结构显得较为复杂。实际上这 4 种工作模式，可理解为一种工作模式，只不过小车在甲料斗和乙料斗位置的停留时间不同，图 4-51 为简化的状态转移图，采用在同一状态下通过不同选择方式，激活不同的定时器，从而完成控制，此结构相对简洁，且易于理解。

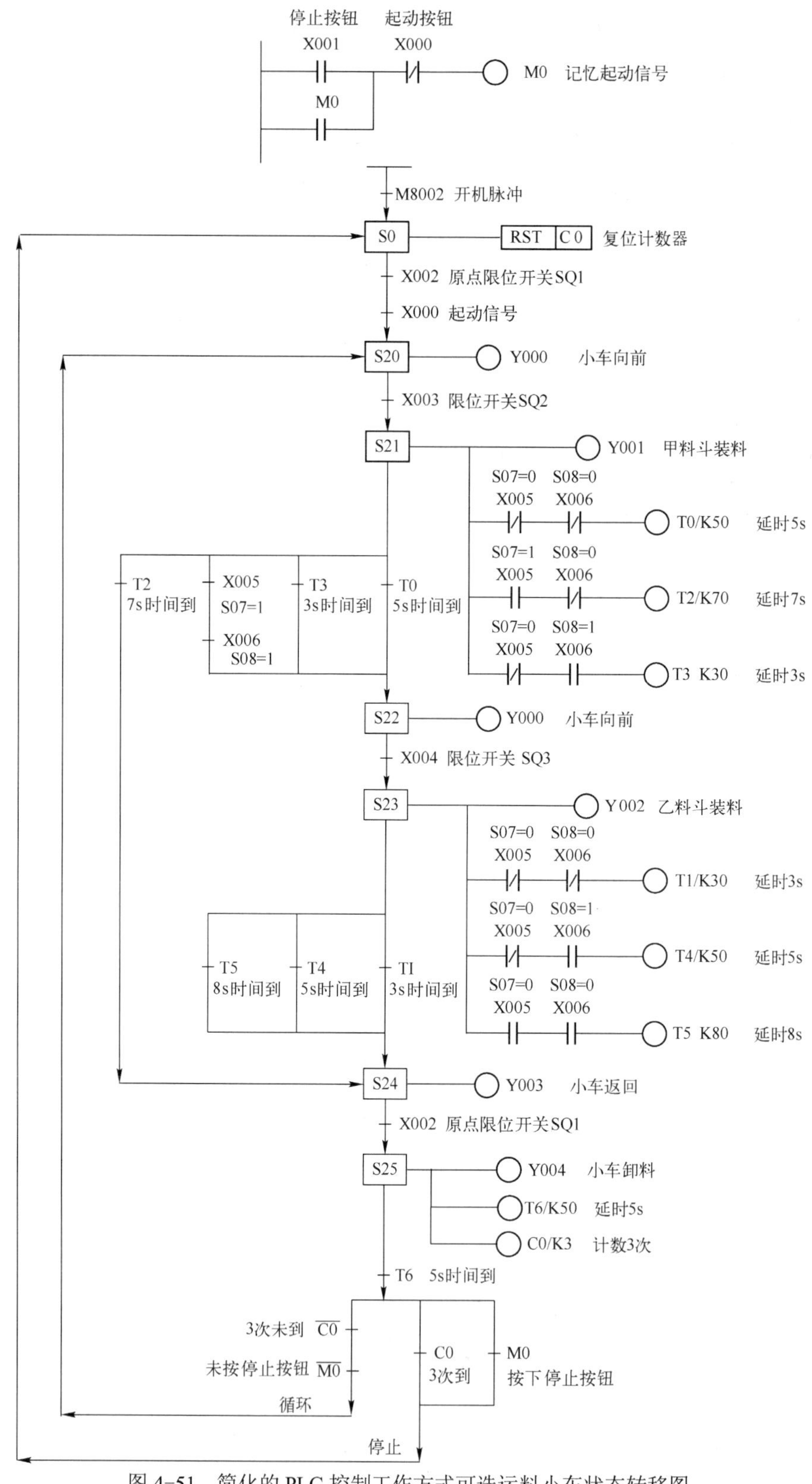

图 4-51 简化的PLC控制工作方式可选运料小车状态转移图

4.5.2 应用实例：PLC 控制复杂工艺的混料罐装置

PLC 控制自动混料罐的示意图如图 4-52 所示。其控制要求如下：

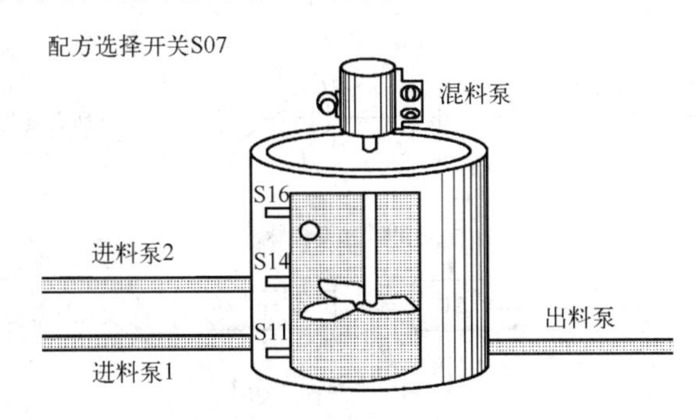

图 4-52 PLC 控制自动混料罐示意图

混料罐装有两个进料泵用以控制两种液料的进罐，装有一个出料泵用以控制混合料出罐，另外还有一个混料泵用于搅拌液料，罐体上装有 3 个液位检测开关 SI1、SI4、SI6，分别送出罐内液位低、中、高的检测信号，罐内与检测开关对应处有一只装有磁钢的浮球作为液面指示器（浮球到达液位检测开关位置时开关吸合，离开时液位检测开关释放）。

初始状态下所有泵均关闭。按下起动按钮 SB1 后进料泵 1 起动，当液位到达 SI4 时根据不同配方的工艺要求进行控制：如果按配方 1 则关闭进料泵 1，起动进料泵 2；如果按配方 2 则进料泵 1 和 2 均打开。当进料液位到达 SI6 时将进料泵 1 和 2 全部关闭，同时打开混料泵。混料泵持续运行 3s 后再根据不同配方的工艺要求进行控制：如果按配方 1 则打开出料泵，等到液位下降到 SI4 时停止混料泵；如果按配方 2 则打开出料泵并立即停止混料泵。直到液位下降到 SI1 时关闭出料泵，完成一次循环。

在操作面板设有一个起动按钮 SB1，当按下 SB1 后，混料罐首先按配方 1 连续循环，循环 3 次后，混料罐自动转为配方 2 做连续循环，循环 3 次后混料罐工作停止。设有一个停止按钮 SB2 作为流程的停止按钮，按 SB2 则混料罐完成本次循环后停止工作，再按起动按钮可重新运行。

解：设定 PLC 控制自动混料罐的 I/O 分配表，如表 4-12 所列。

表 4-12 PLC 控制自动混料罐的 I/O 分配表

输 入		输出	
输入设备	输入编号	输出设备	输出编号
高液位检测开关 SI6	X000	进料泵 1	Y000
中液位检测开关 SI4	X001	进料泵 2	Y001
低液位检测开关 SI1	X002	混料泵	Y002
起动按钮 SB1	X003	出料泵	Y003
停止按钮 SB2	X004		

根据控制要求，控制的实际过程是先按配方 1 工作 3 次，再按配方 2 工作 3 次。因此可分别进行分析，画出配方 1 的状态转移图如图 4-53 所示，画出配方 2 的状态转移图如图 4-54 所示。

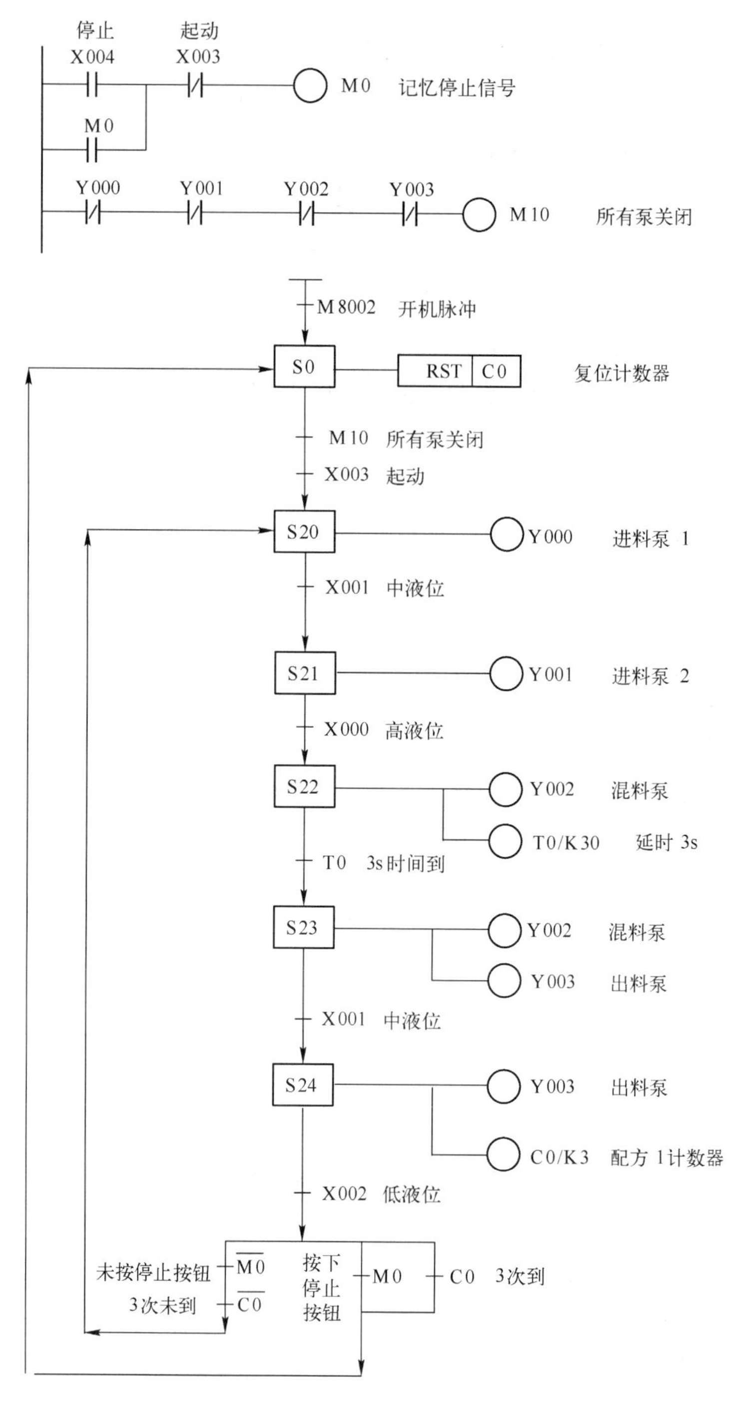

图 4-53 配方 1 的状态转移图

根据工艺要求先按配方 1 工作 3 次，再按配方 2 工作 3 次，则配方 1 与配方 2 的关系如图 4-55 所示。

根据配方 1 与配方 2 的关系图将配方 1 与配方 2 状态转移图相同部分合并，得到符合整个控制要求的状态转移图如图 4-56 所示。

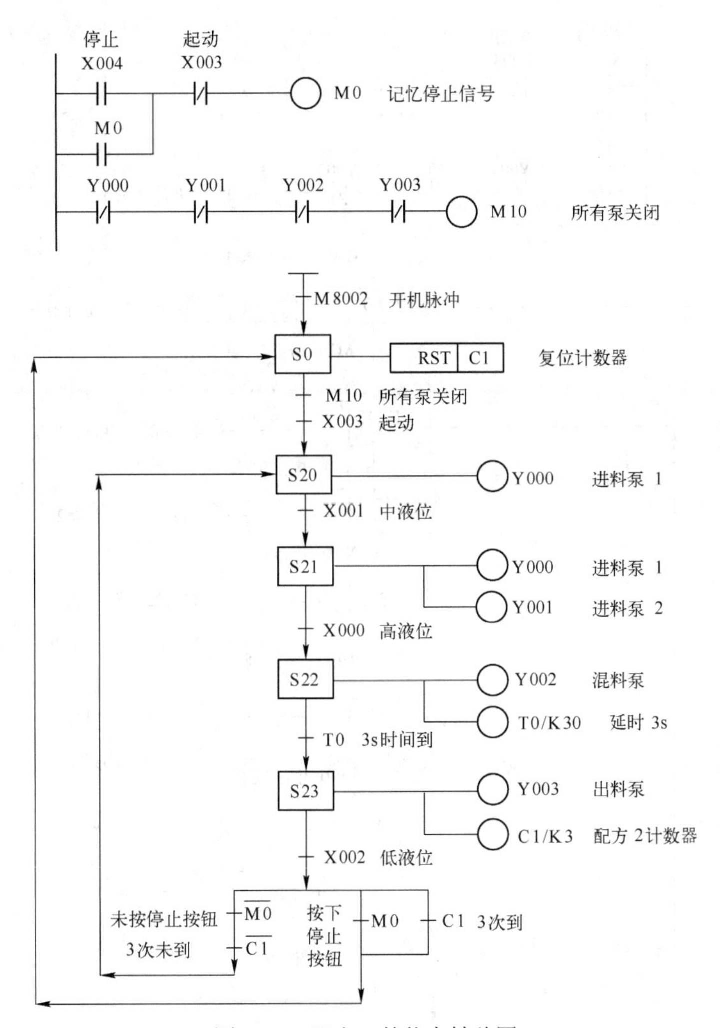

图 4-54 配方 2 的状态转移图

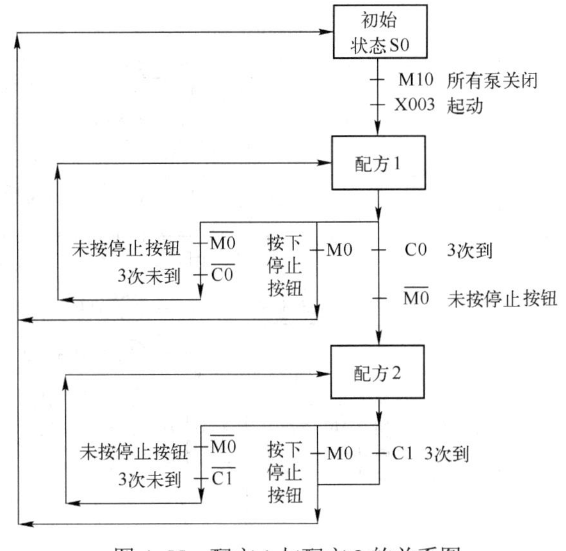

图 4-55 配方 1 与配方 2 的关系图

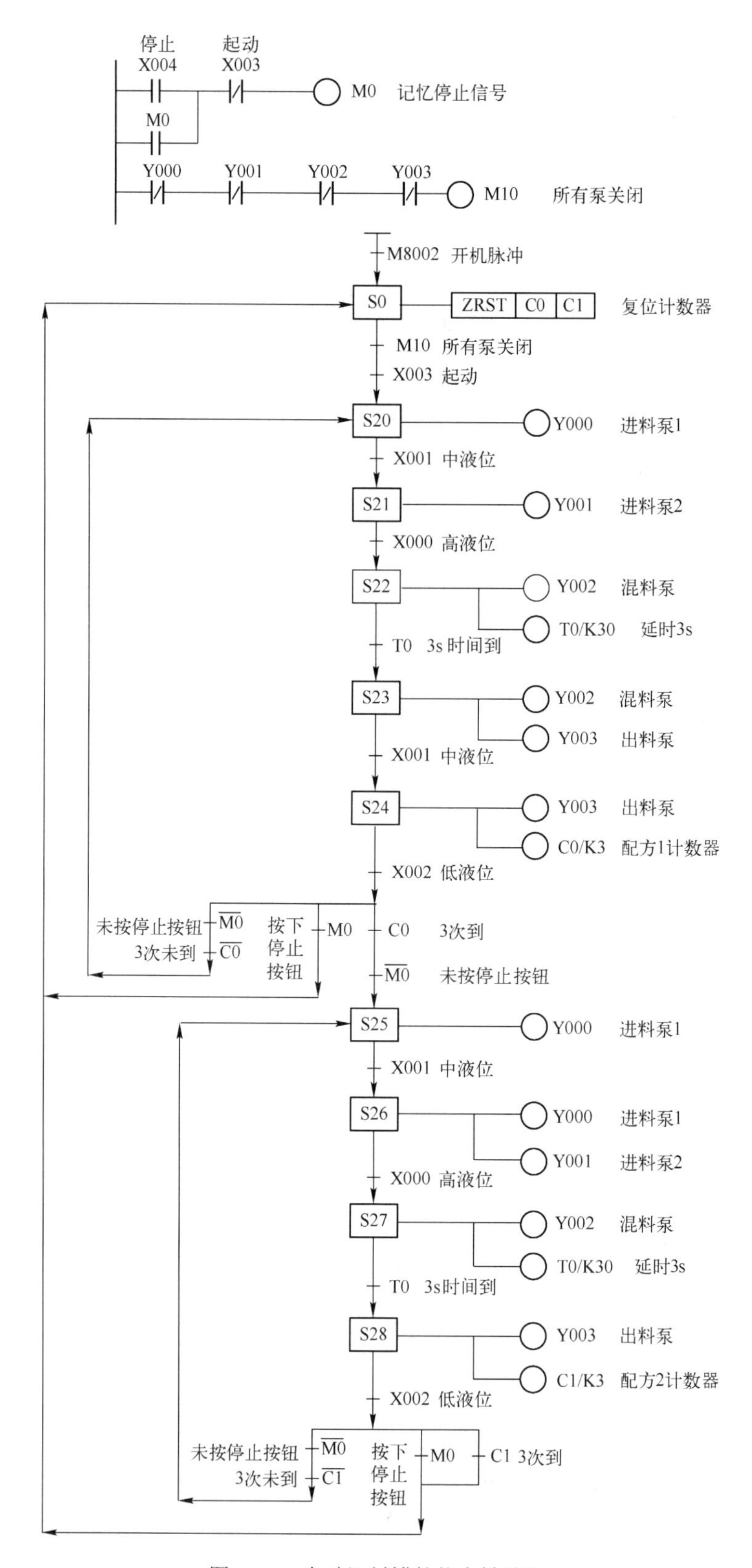

图 4-56 自动混料罐的状态转移图

图 4-56 的方式采用两种配方顺次连接的形式，这种方法编写的程序内容较多，分析图 4-56 可知其状态 S20 与状态 S25 驱动的元件相同，可以考虑合并，同样状态 S22 与 S27 也可以合并，以简化控制程序。

整理后的自动混料罐的工艺流程如图 4-57 所示。

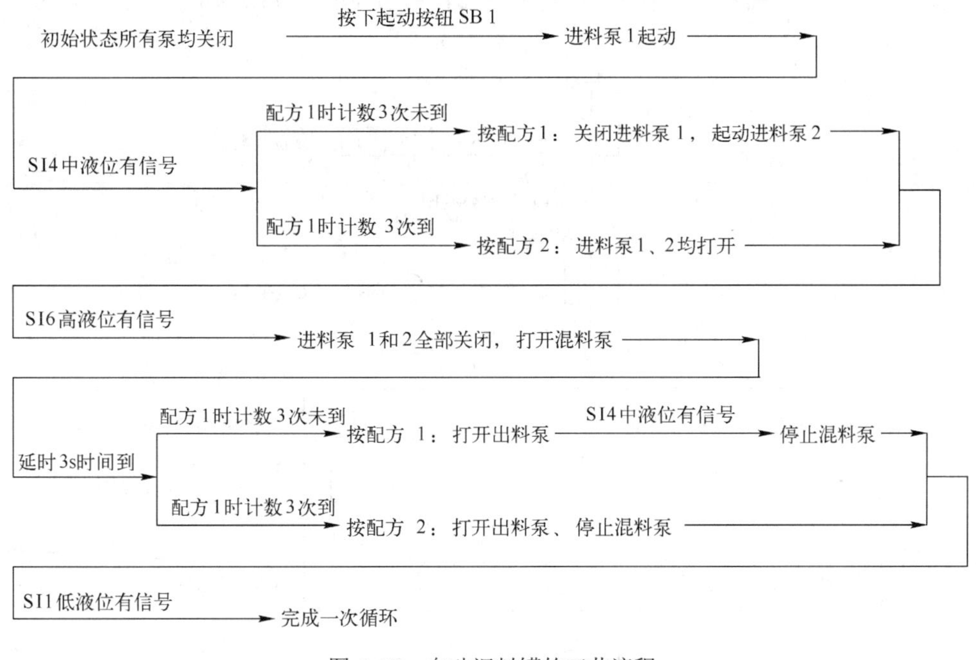

图 4-57 自动混料罐的工艺流程

根据以上工艺可知，实际上控制过程可在 SI4 中液位有信号时产生了一次分支，当混料罐延时 3s 时间到后产生了第二次分支，因此考虑采用分支形式可简化原有的状态转移图。根据此思路画出的自动混料罐的控制状态转移图如图 4-58 所示。

图 4-58 实际就是将上述的状态 S20 与状态 S25 合并，状态 S22 与 S27 合并后的控制状态转移图。该状态转移图中采用计数器信号 C0，用它来选择走左侧的方案 1 流程，还是走右侧的方案 2 流程。

若仔细观察图 4-58 会发现状态 S24 与状态 S28 其输出驱动的元件均为 Y003，所不同的是计数器不同，而计数器可提调整至其他程序段计数，并不影响控制功能，因此可将状态 S24 与状态 S28 合并后使用跳步状态转移的结构进一步简化控制状态转移图。

采用跳步方式简化后的状态转移图如图 4-59 所示。

在图 4-59 中可见其状态转移图已较为简洁，但若进一步分析可知，选择配方实际是依靠 C0 计数器进行的。而比较状态 S21 与状态 S26 可知进料泵 2 Y001 始终输出，则可得 Y000 是否输出由 C0 是否接通来控制，因此只要重新考虑好计数器的摆放位置即可。合并状态 S21 与状态 S26 后的状态转移图如图 4-60 所示。

必须指出，采用此方法计数时，配方 2 时计数器 C1 的计数条件为配方 1 时计数器 C0 已计满 3 次，同时配方 2 时计数器 C1 必须放在配方 1 时计数器 C0 的前面，否则 C0 记到 3 次时接通，就会造成 C1 计数出错。

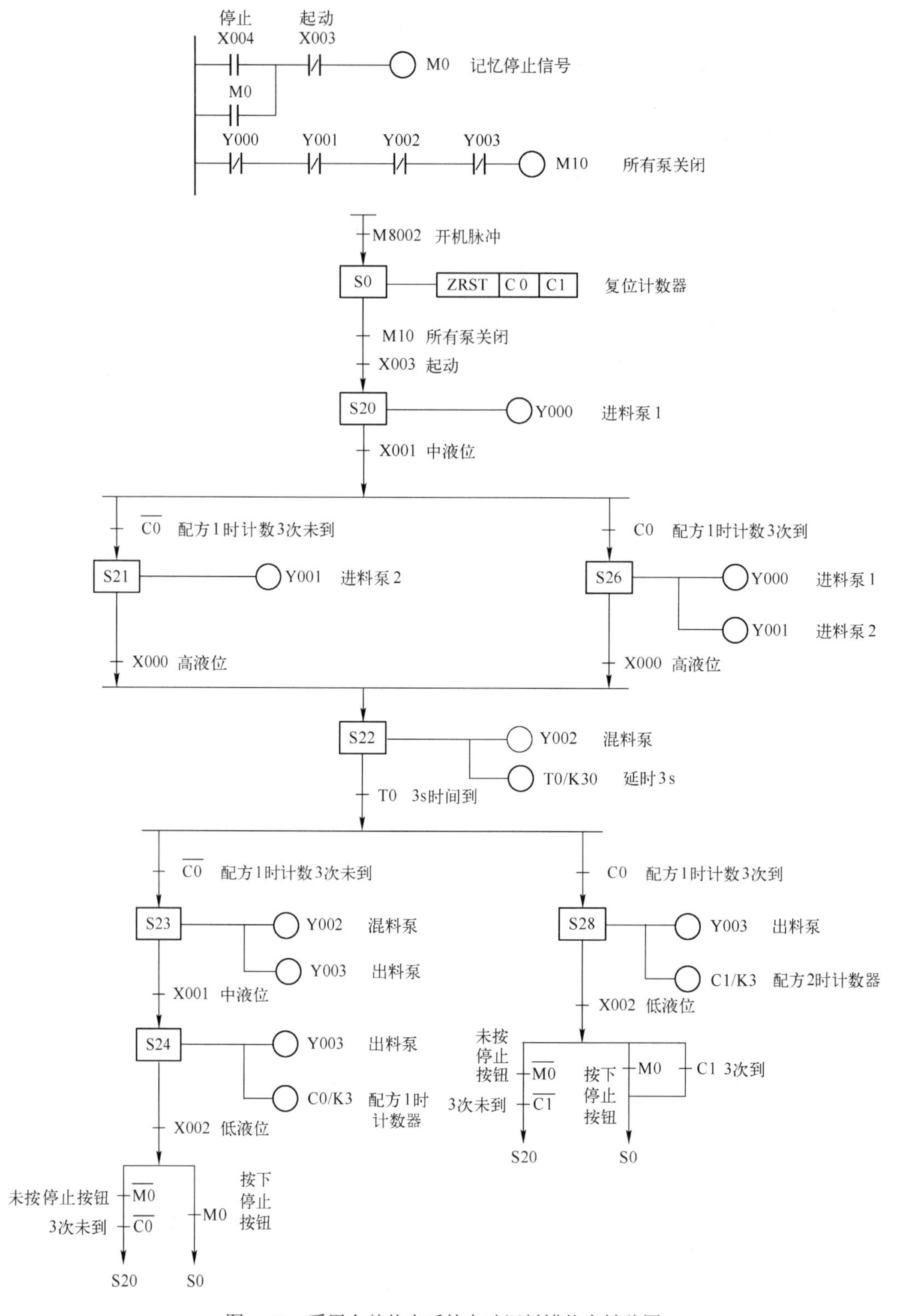

图 4-58 采用合并状态后的自动混料罐状态转移图

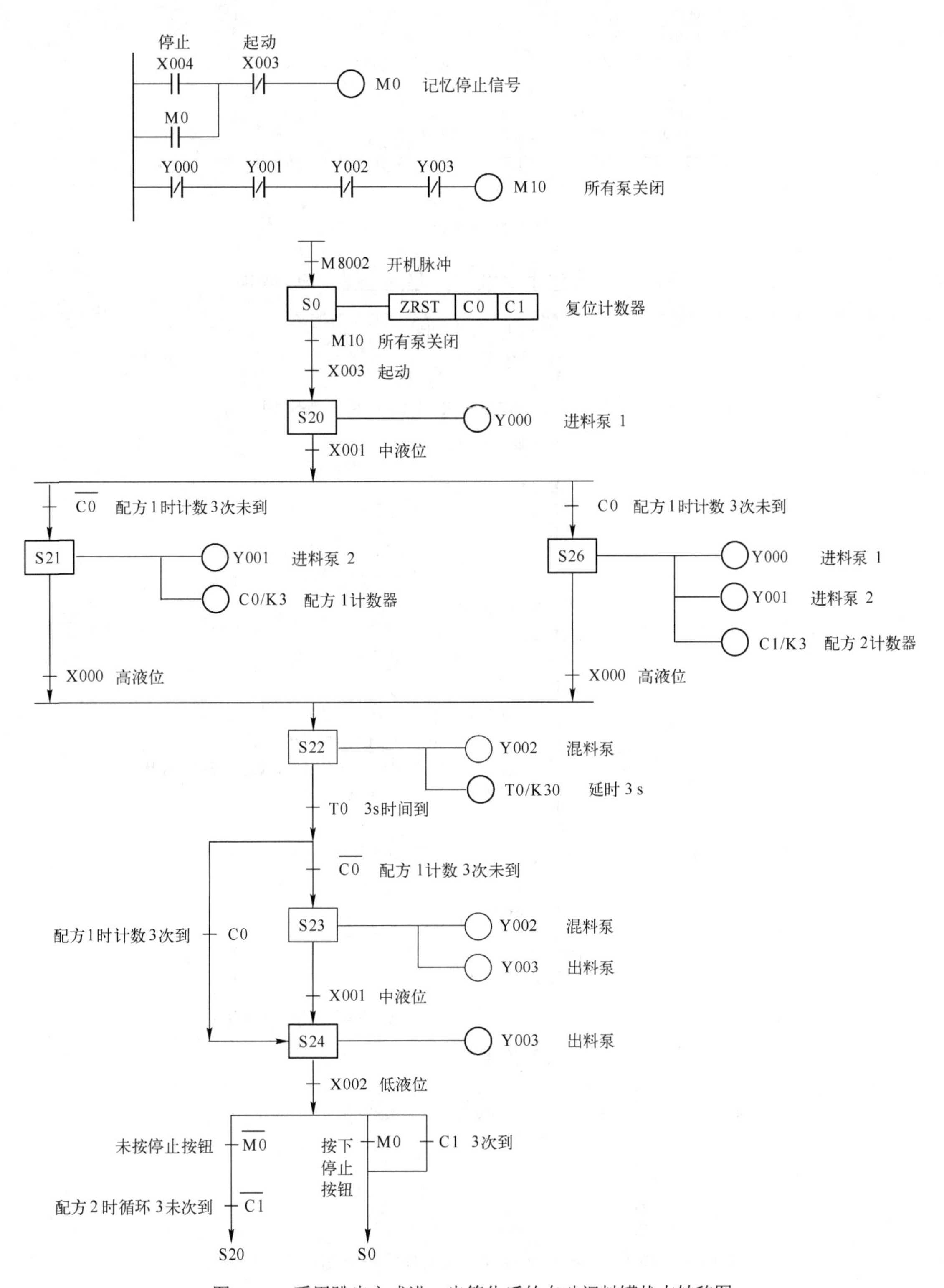

图4-59 采用跳步方式进一步简化后的自动混料罐状态转移图

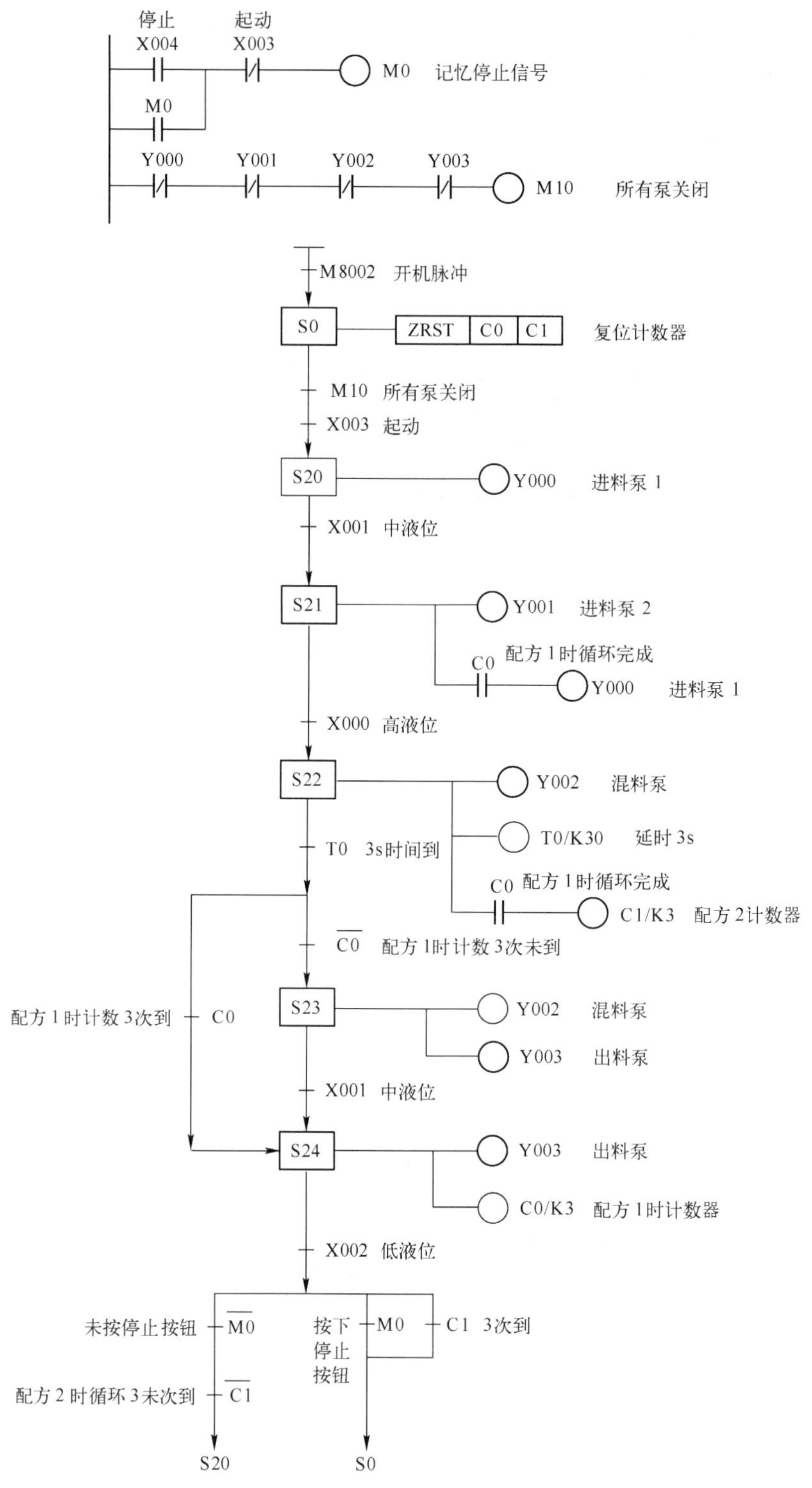

图 4-60　采用 C0 控制 Y000 简化后的自动混料罐状态转移图

当然若比较图 4-60 的状态 S23 与状态 S24 可知，出料泵 Y003 始终输出，采用 C0 进行跳步只是“跳掉”了混料泵 Y002 是否输出的步骤，换句话说 C0 控制了 Y002 是否输出。因此状态转移图可进一步简化以去除跳步结构，变为简单流程控制的形式，如图 4-61 所示。

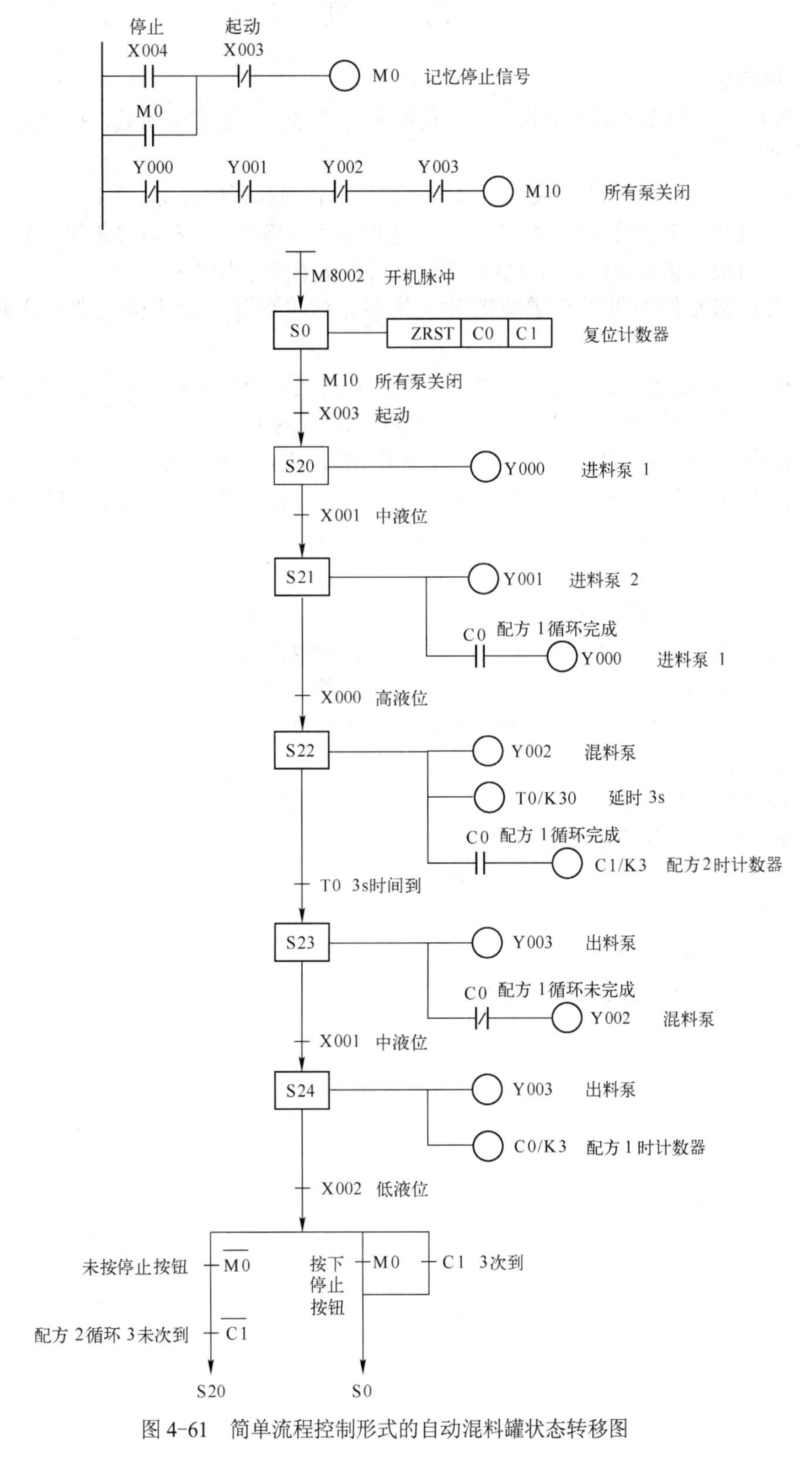

图 4-61 简单流程控制形式的自动混料罐状态转移图

习　题

一、判断题

1．PLC 步进指令中的每个状态器需具备 3 个功能：驱动有关负载、指定转移目标、指定转移条件。（　）

2．PLC 中的选择性流程指的是多个流程分支可同时执行的分支流程。（　）

3．用 PLC 步进指令编程时，先要分析控制过程，确定步进和转移条件，按规则画出状态转换图；再根据状态转换图画出梯形图；最后由梯形图写出程序表。（　）

4．当状态元件不用于步进顺控时，状态元件也可作为输出继电器用于程序当中。（　）

5．在状态转移过程中，在一个扫描周期内会出现两个状态同时动作的可能性，因此，两个状态中不允许同时动作的驱动元件之间应进行联锁控制。（　）

6．在步进接点后面的电路块中不允许使用主控或主控复位指令。（　）

7．由于步进接点指令具有主控和跳转作用，因此，不必每一条 STL 指令后都加一条 RET 指令，只需在最后使用一条 RET 指令就可以了。（　）

二、选择题

1．STL 指令的操作元件为（　）。

A．定时器 T　　B．计数器 C

C．辅助继电器 M　　D．状态元件 S

2．PLC 中步进触点返回指令 RET 的功能是（　）。

A．程序的复位指令

B．程序的结束指令

C．将步进触点由子母线返回到原来的左母线

D．将步进触点由左母线返回到原来的副母线

三、简答题

1．状态转移图具有哪些特点？

2．状态转移图编程通常有哪几种结构形式？

第 5 章　典型功能指令在编程中的应用

5.1　功能指令概述

5.1.1　功能指令格式

功能指令由操作码与操作数两部分组成。操作码又称为指令助记符，用来表示指令的功能，即告诉机器要做什么操作。操作数用来指明参与操作的对象，即告诉机器对哪些元件进行操作。操作数分为源操作数、目的操作数和其他操作数。源操作数用 S·表示，指执行指令后数据不变的操作数，两个或两个以上时为 S1·、S2·。目的操作数用 D·表示，指执行指令后数据被刷新的操作数，两个或两个以上时为 D1·、D2·。其他操作数用 m、n 表示，是补充注释的常数，用 K（十进制）和 H（十六进制）表示，两个或两个以上时为 m1、m2、n1、n2。

典型功能指令如图 5-1a 所示。其中，FNC 45 是功能指令的调用编号，使用编程器调用时必须采用此方法；MEAN 是该指令的助记符，其含义是求平均数，使用编程软件输入时可直接输入助记符；D0 为源操作数，D10 为目的操作数时，K3 是指以 D0 为首地址的连续三个地址，即 D0、D1、D2。该指令的功能含义如图 5-1b 所示。

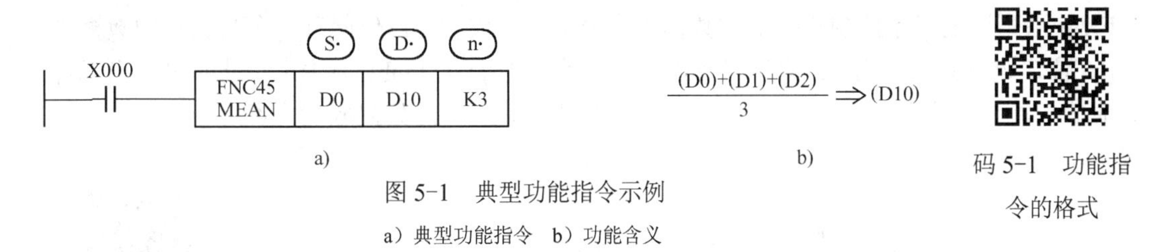

图 5-1　典型功能指令示例

a）典型功能指令　b）功能含义

码 5-1　功能指令的格式

5.1.2　数据寄存器

数据寄存器是用于存放各种数据的软元件。FX2 系列 PLC 中每一个数据寄存器都是 16 位的（最高位为正、负符号位），也可用两个数据寄存器合并起来存储 32 位数据（最高位为正、负符号位）。通常数据寄存器可分为以下几类。

1．通用数据寄存器（D0～D199）

通用数据寄存器中只要不写入其他数据，已写入的数据不会变化。但是，由 RUN→STOP 时，全部数据均清零（若特殊辅助继电器 M8033 已被驱动，则数据不被清零）。

码 5-2　数据寄存器

2．停电保持用寄存器（D200～D999）

停电保持用寄存器基本上与通用数据寄存器相同。除非改写，否则原有数据不会丢失，不论电源接通与否、PLC 运行与否，其内容也不变化。然而在两台 PLC 进行点对点的通信时，D490～D509 被用作通信操作。

3．文件寄存器（D1000～D2999）

文件寄存器是在用户程序存储器（RAM、EEPROM、EPROM）内的一个存储区，以 500 点为一个单位，最多可在参数设置时达到 2000 点。对外围设备端口进行写入操作。在 PLC 运行时，可用 BMOV 指令读到通用数据寄存器中，但是不能用指令将数据写入文件寄存器。用 BMOV 指令将数据写入 RAM 后，再从 RAM 中读出。注意将数据写入 EEPROM 时，需要花费一定的时间。

4．RAM 文件寄存器（D6000～D7999）

RAM 文件寄存器是当驱动特殊辅助继电器 M8074 后，由于采用扫描被禁止，D6000～D7999 的数据寄存器可作为文件寄存器处理，用 BMOV 指令传送数据（写入或读出）。

5．特殊用途寄存器（D8000～D8255）

特殊用途寄存器是写入特定目的的数据，用来监控 PLC 中各种元件的运行，其内容在电源接通时，写入初始化值（一般先清零，然后由系统 ROM 来写入）。

5.1.3 数据表示方法

FX_{2N} 系列可编程序控制器提供的数据表示方法分为位软元件、字软元件和位软元件组合等。位软元件指处理开关（ON/OFF）信息的元件，如 X、Y、M、S。字软元件指处理数据的元件，如 D。位软元件组合表示数据是以 4 个位元件一组，代表 4 位 BCD 码，也表示一位十进制数，用 KnMm 表示，K 为十进制，n 为十进制位数，也是位元件的组数，M 为位元件，m 为位元件的首地址，一般用 0 结尾的元件，如 K2X000 表示以 X000 为首地址的 8 位，即 X000～X007。

FX_{2N} 系列可编程序控制器提供的数据长度分为 16 位和 32 位两种。参与运算的数据默认为 16 位二进制数据；而 32 位数据要在操作码前面加 D（Double）表示，此时只写出元件的首地址，且首地址为 32 位数据中的低 16 位数据，高 16 位数据放在比首地址高一位的地址中，如图 5-2 所示。

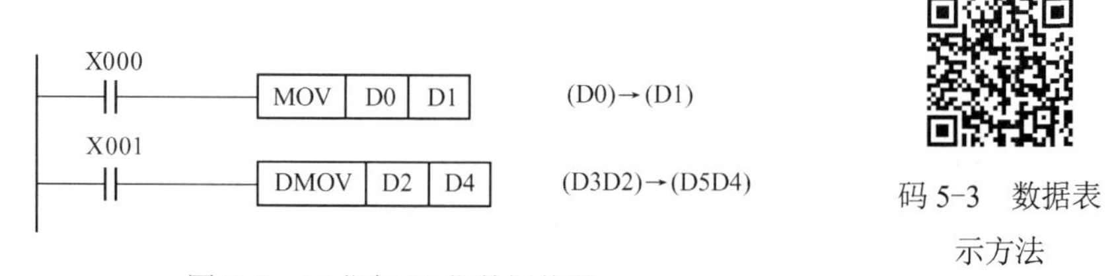

码 5-3 数据表示方法

图 5-2 16 位与 32 位数据传送

功能指令的执行方式分为连续执行方式和脉冲执行方式。连续执行方式是指每个扫描周期都重复执行一次。脉冲执行方式是指在信号 OFF→ON 时执行一次，在指令后加 P（Pulse）表示。如图 5-3 所示，当 X010 接通时，每个扫描周期都重复执行将 D0 传送给 D1 的操作；而 D2 传送给 D4 的操作只在 X011 信号 OFF→ON 时执行一次。

功能指令还提供变址寄存器 V、Z，改变操作数的地址，其作用是存放改变地址的数据。实际地址等于当前地址加变址数据，32 位运算时 V 和 Z 组合使用，V 为高 16 位，Z 为低 16 位。变址寄存器的使用如图 5-4 所示。

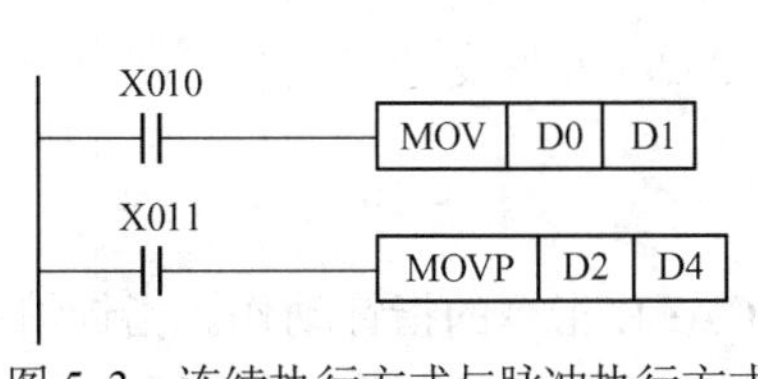

图 5-3　连续执行方式与脉冲执行方式

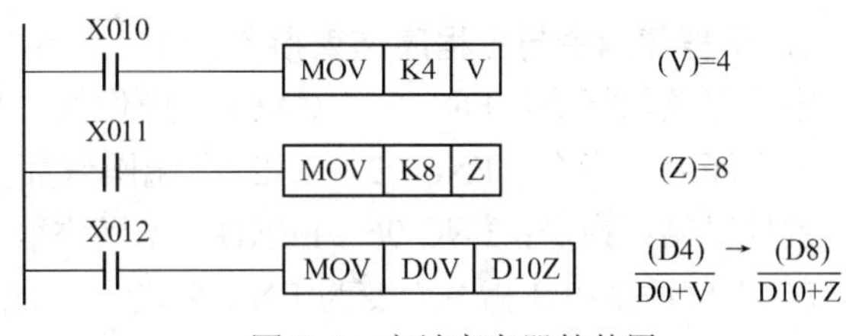

图 5-4　变址寄存器的使用

5.2　程序流控制指令及其应用

5.2.1　基础知识：程序流控制指令

1．条件跳转指令（跳步指令）

FNC 00　CJ　操作数：指针 P0~P63（允许变址修改）

作为执行序列的一部分指令，用 CJ、CJP 指令可以缩短运算周期及使用双线圈。跳步指针 P 取值为 P0～P127。跳步指令应用如图 5-5 所示，当 X000 接通时，则从第 1 步跳转到 P8，X000 断开时，从 P8 后一步跳转到 P9。

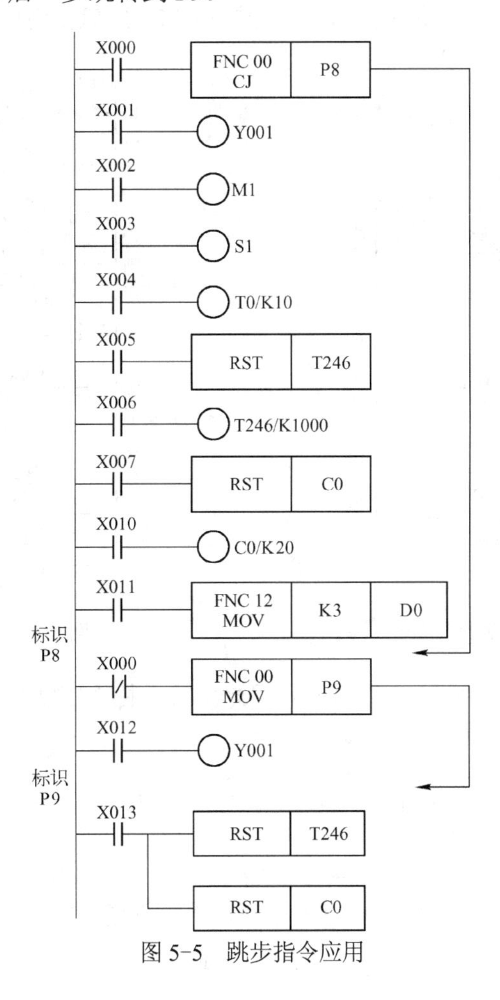

图 5-5　跳步指令应用

2．子程序指令与主程序结束指令

子程序调用指令：FNC 01　CALL　操作数：指针 P0~P62（允许变址修改）

子程序返回指令：FNC 02　SRET　无操作数

主程序结束指令：FNC 06　FEND　无操作数

P63 因为使用 CJ 指令而变为 END 跳转，因此不作为 CALL 指令的指针动作。指针编号可作为变址而被修改，嵌套最多可为 5 层。如图 5-6 所示，X001 接通瞬间，只执行 CALLP P11 指令一次后跳转到 P11，在执行 P11 子程序过程中，如果执行 P12 的调用指令，则调用 P12 的子程序，用 SRET 指令向 P11 的子程序跳转。而 P11 子程序中的 SRET 则返回主程序。这样在子程序内最多可允许有 4 次调用指令，整体而言可进行 5 层嵌套。

3．中断指令

中断返回指令：FNC 03　IRET　无操作数

开中断指令：FNC 04　EI　无操作数

关中断指令：FNC 05　DI　无操作数

中断指令应用如图 5-7 所示，可编程序控制器平时为禁止中断状态，如果用 EI 指令允许中断，则在扫描过程中如果 X000 或 X001 接通时上升沿执行中断程序①或②后，返回主程序。而中断指针 I×××，必须在主程序结束指令 FEND 后作为标记编程。

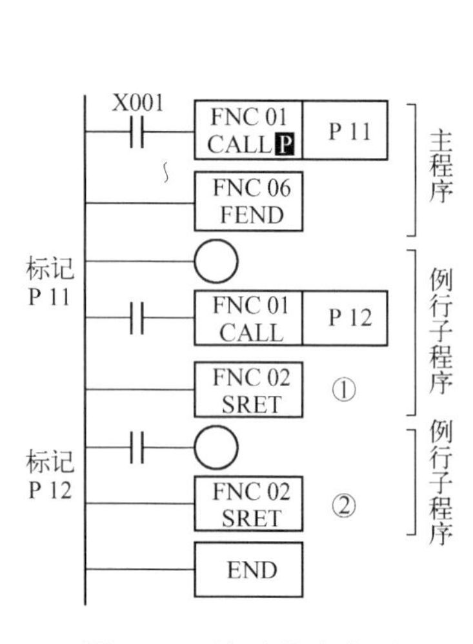

图 5-6　子程序指令应用

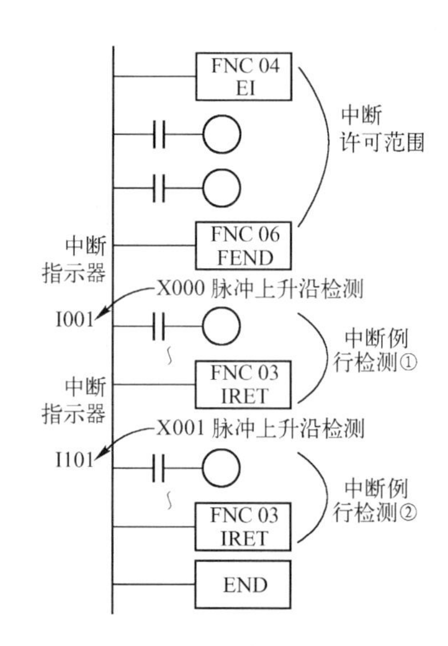

图 5-7　中断指令应用

外部信号中断指针含义如图 5-8 所示。可采用接通特殊辅助继电器 M8050～M8055 来对应禁止 X000～X005 的中断。

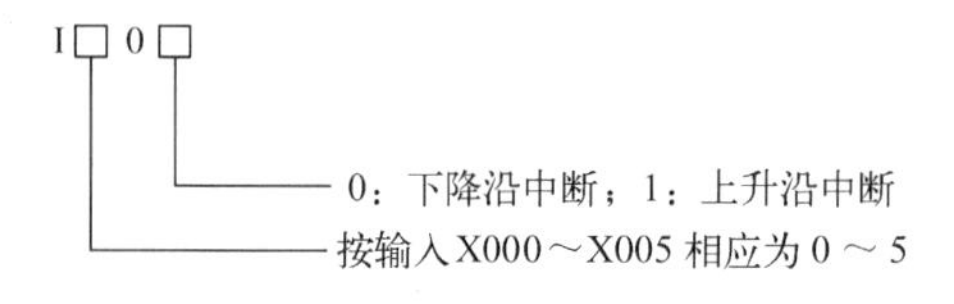

图 5-8　外部信号中断指针含义

4. 警戒定时器指令

警戒定时器指令：FNC 07　WDT　无操作数

在顺序控制程序中，执行监视时可用定时器的刷新指令，当可编程序控制器的运算周期（0～END 及 FEND 指令执行时间）超过 200ms 时，可编程序控制器 CPU 出错指示灯将点亮，同时停止工作，因此在编程过程中可使用该指令。如图 5-9 所示，将 240ms 程序一分为二，在中间编写 WDT 指令，则前后两个部分都在 200ms 以下。

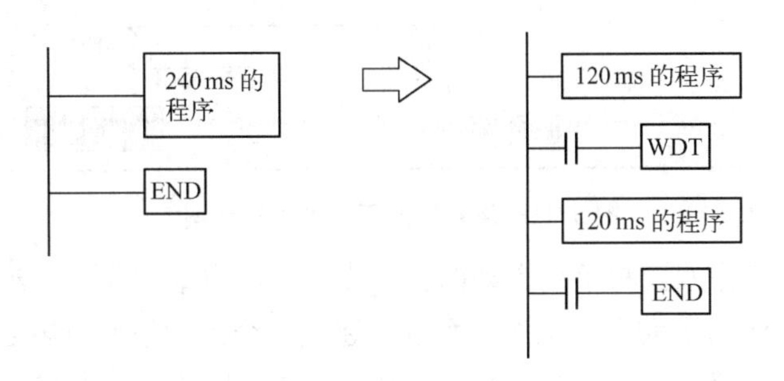

图 5-9　警戒定时器指令应用

5. 循环指令

循环开始指令：FNC 08　FOR　源操作数[S]：K、H、KnY、KnS、T、C、D、V、Z

循环结束指令：FNC 09　NEXT　无操作数

只有在 FOR～NEXT 指令之间处理执行几次之后，才处理 NEXT 指令以后的程序。若采用 Kn 直接指定次数，n 的取值为 0～32767 时有效。如图 5-10 所示，为 3 层嵌套的循环程序，这类循环程序最多可嵌套 5 层。

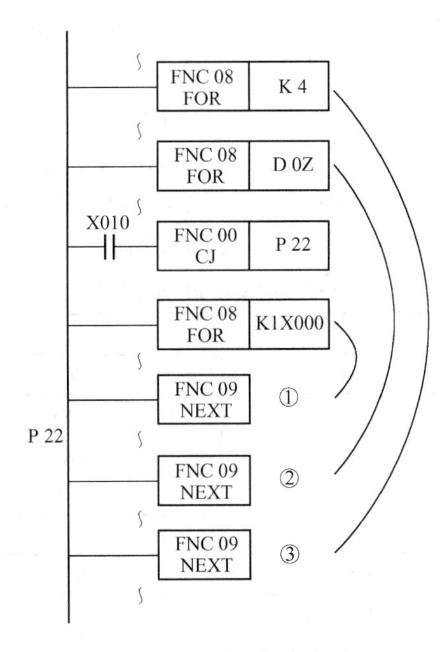

图 5-10　循环指令应用

5.2.2 应用实例：运输带的点动与连续运行的混合控制

某运输带的工作过程示意图如图 5-11 所示。其控制要求如下：

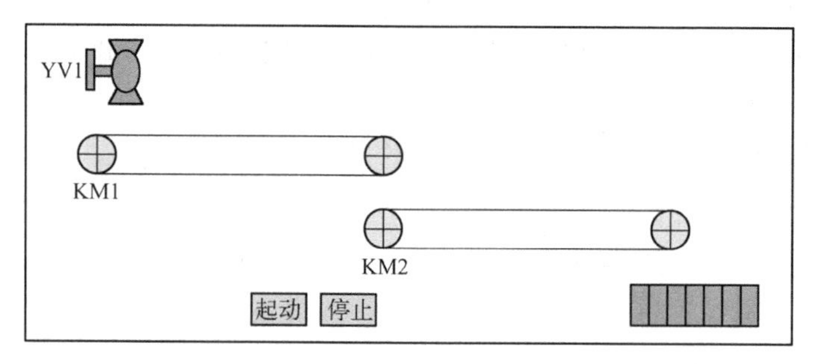

图 5-11 运输带的工作过程示意图

码 5-4 PLC 控制输送带点动与连续运行的混合控制

本系统具有自动工作方式与手动点动两种工作方式，自动工作与手动点动工作由转换开关 S1 选择。当 S1=1 时为手动点动工作，系统可通过 3 个点动按钮对电磁阀和电动机进行控制，以便对设备进行调整、检修和事故处理。S1=0 时为自动工作方式，在自动工作方式时有以下控制要求。

1）起动时，为了避免在后段输送带上造成物料堆积，要求以逆物料流动方向按一定时间间隔顺序起动，其起动顺序为：按起动按钮 SB1，第二条输送带的接触器 KM2 吸合以起动电动机 M2，延时 3s 后，第一条输送带的接触器 KM1 吸合以起动电动机 M1，延时 3s 后，卸料斗的电磁阀 YV1 吸合。

2）停止时，卸料斗的电磁阀 YV1 尚未吸合时，接触器 KM1、KM2 可立即断电使输送带停止；当卸料斗的电磁阀 YV1 吸合时，为了使输送带上不残留物料，要求顺物料流动方向按一定时间间隔顺序停止。其停止顺序为：按停止按钮 SB2，卸料斗的电磁阀 YV1 断开，延时 6s 后，第一条输送带的接触器 KM1 断开，此后再延时 6s，第二条输送带的接触器 KM2 断开。

3）故障停止：在正常运转中，当第二条输送带电动机发生故障时（热继电器 FR2 触点断开），卸料斗、第一条和第二条输送带同时停止。当第一条输送带电动机发生故障时（热继电器 FR1 触点断开），卸料斗、第一条输送带同时停止，经 6s 延时后，第二条输送带再停止。

解：1）确定输入/输出（I/O）分配表，如表 5-1 所列。

表 5-1 运输带 I/O 分配表

输　入		输出	
输入设备	输入编号	输出设备	输出编号
起动按钮 SB1	X000	电磁阀 YV1	Y000
停止按钮 SB2	X001	接触器 KM1	Y004
热继电器 FR1（M1 过热保护）	X002	接触器 KM2	Y005
热继电器 FR2（M2 过热保护）	X003		
电磁阀点动按钮 SB3	X004		
电动机 M1 点动按钮 SB4	X005		
电动机 M2 点动按钮 SB5	X006		
手动、自动转换开关 S1	X007		

2）根据工艺要求画出手动、自动程序结构，如图 5-12 所示。

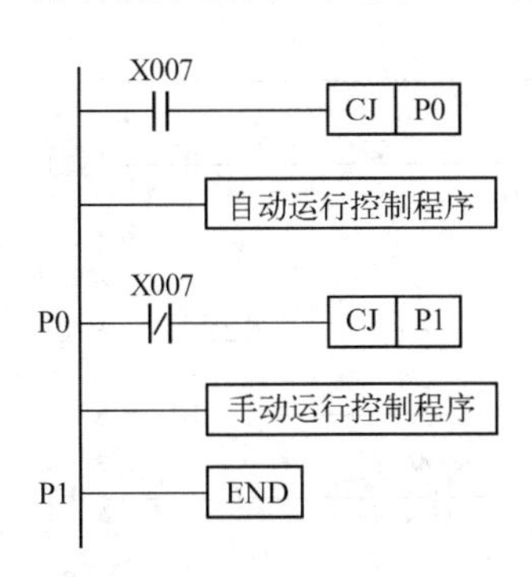

图 5-12　手动、自动程序结构

3）根据自动运行时的工艺要求画出状态转移图，如图 5-13 所示。图中 X002、X003 为电动机 M1、M2 过热保护，由于采用热继电器保护时，常闭触点比常开触点输入有优先级（即常闭触点先断开后，常开触点才接通），因此做保护使用时一般都采用常闭触点进行输入。

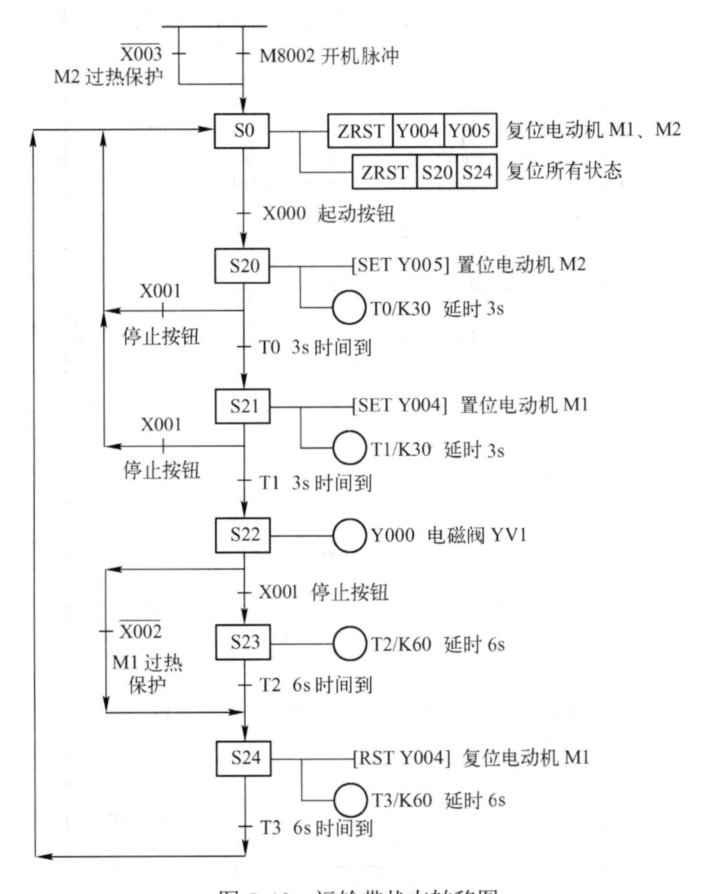

图 5-13　运输带状态转移图

4）根据手动、自动程序结构图和状态转移图画出梯形图，如图 5-14 所示，指令语句表如图 5-15 所示。

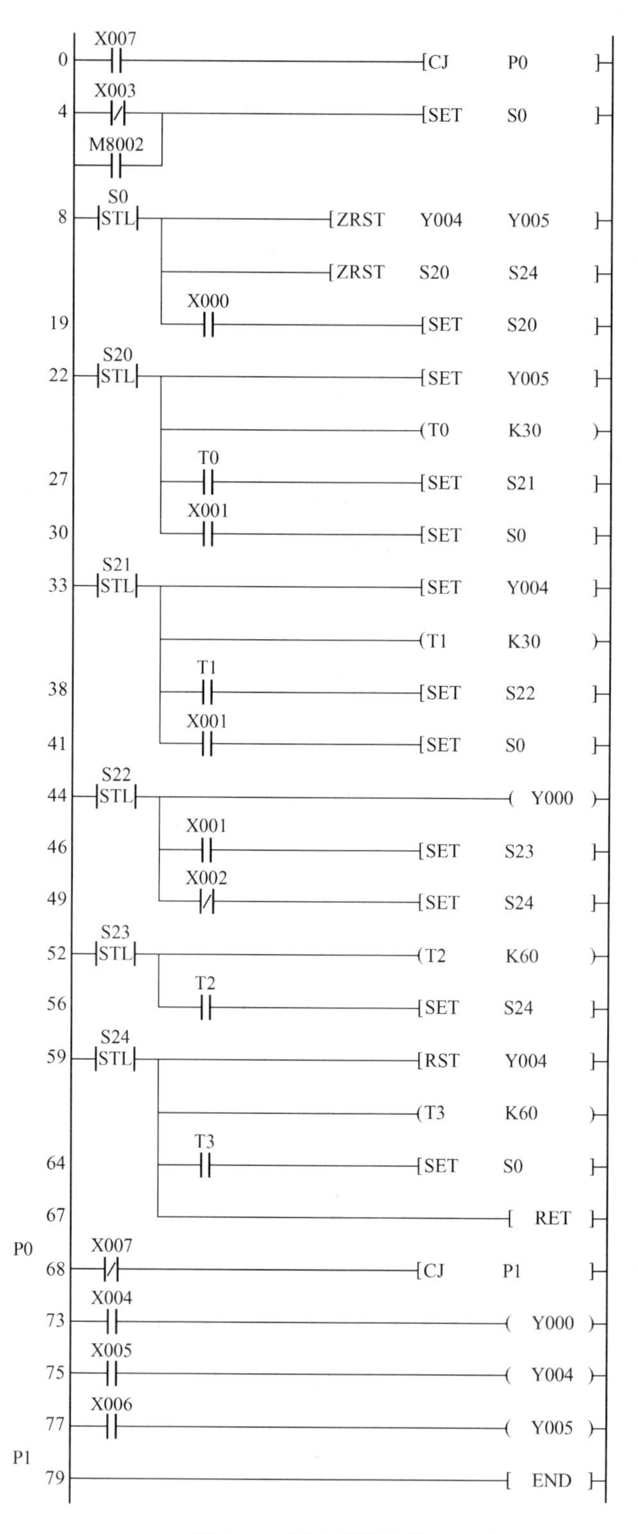

X007
0
CJ P0
X003
4
SET S0
M8002
S0
8
STL
ZRST Y004 Y005
ZRST S20 S24
X000
19
SET S20
S20
22
STL
SET Y005
T0 K30
T0
27
SET S21
X001
30
SET S0
S21
33
STL
SET Y004
T1 K30
T1
38
SET S22
X001
41
SET S0
S22
44
STL
Y000
X001
46
SET S23
X002
49
SET S24
S23
52
STL
T2 K60
T2
56
SET S24
S24
59
STL
RST Y004
T3 K60
T3
64
SET S0
67
RET
P0
X007
68
CJ P1
X004
73
Y000
X005
75
Y004
X006
77
Y005
P1
79
END

图 5-14　运输带梯形图

步	指令	元件	常数
0	LD	X007	
1	CJ	P0	
4	LDI	X003	
5	OR	M8002	
6	SET	S0	
8	STL	S0	
9	ZRST	Y004	Y005
14	ZRST	S20	S24
19	LD	X000	
20	SET	S20	
22	STL	S20	
23	SET	Y005	
24	OUT	T0	K30
27	LD	T0	
28	SET	S21	
30	LD	X001	
31	SET	S0	
33	STL	S21	
34	SET	Y004	
35	OUT	T1	K30
38	LD	T1	
39	SET	S22	
41	LD	X001	
42	SET	S0	
44	STL	S22	
45	OUT	Y000	
46	LD	X001	
47	SET	S23	
49	LDI	X002	
50	SET	S24	
52	STL	S23	
53	OUT	T2	K60
56	LD	T2	
57	SET	S24	
59	STL	S24	
60	RST	Y004	
61	OUT	T3	K60
64	LD	T3	
65	SET	S0	
67	RET		
68	P0		
69	LDI	X007	
70	CJ	P1	
73	LD	X004	
74	OUT	Y000	
75	LD	X005	
76	OUT	Y004	
77	LD	X006	
78	OUT	Y005	
79	P1		
80	END		

图 5-15 运输带指令语句表

5.3 比较类指令和传送类指令及其应用

5.3.1 基础知识：比较类指令

1. 比较指令 FNC 10 CMP

源操作数[S1]、[S2]：K、H、KnX、KnY、KnM、KnS、T、C、D、V、Z。

目的操作数[D]：Y、M、S。

比较指令应用如图 5-16 所示，当 X000 接通时比较源操作数(S1*)和源操作数(S2*)的内容，其大小比较是按代数形式进行的，且所用源操作数都被当作二进制值处理。大小比较结果控制目的操作数(D*)的对应动作，图 5-16 中目的操作数指定为 M0，则图中的 M0、M1、M2 被自动占有。当 X000 断开后不再执行 CMP 指令，但 M0～M2 仍保持 X000 断开之前的状态。

若比较指令不执行时，想要清除比较结果，可使用复位指令，如图 5-17 所示。

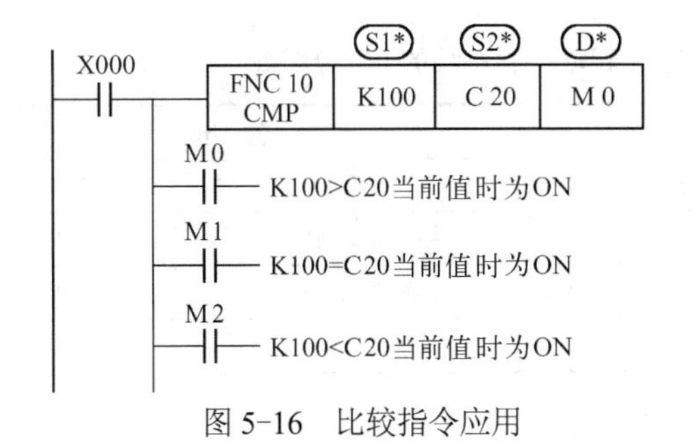

图 5-16 比较指令应用

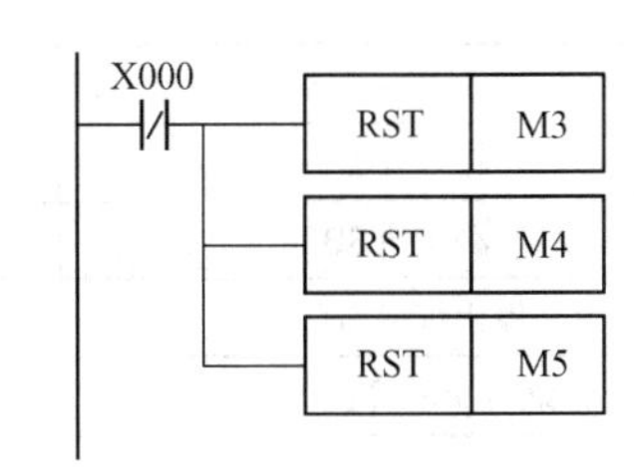

图 5-17 比较指令不执行时清除比较结果

2．区间比较指令 FNC11　ZCP

源操作数[S1]、[S2]、[S]：K、H、KnX、KnY、KnM、KnS、T、C、D、V、Z。

目的操作数[D]：Y、M、S。

区间比较指令应用如图 5-18 所示，是对相对两点的设定值进行大小比较的指令，其源操作数(S1*)的内容不得大于源操作数(S2*)的内容，其大小比较是按代数形式进行的，且所用源操作数都被当作二进制值处理。大小比较结果控制目的操作数(D*)的对应动作，图 5-18 中目的操作数指定为 M3，则图中的 M3、M4、M5 被自动占有。当 X000 断开后不再执行 ZCP 指令，但 M3～M5 仍保持 X000 断开之前的状态。ZCP 指令不执行时，想要清除比较结果，可使用复位指令。

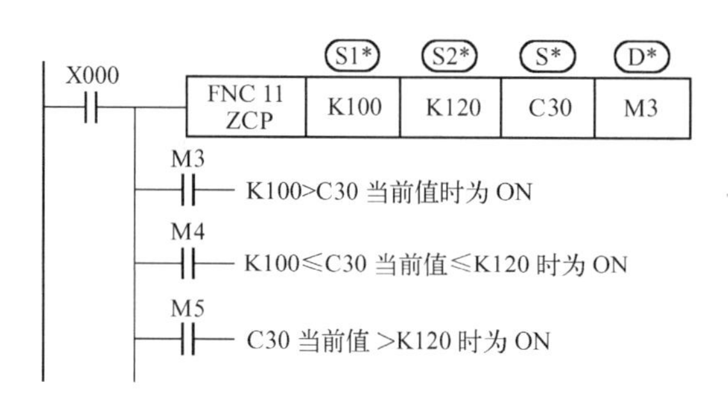

图 5-18　区间比较指令应用

5.3.2　应用实例：PLC 控制Y-△减压起动

Y-△减压起动控制系统主电路如图 5-19 所示。其基本控制功能为：按下起动按钮 SB1 时，使 KM1 接触器线圈得电，KM1 主触点闭合使电动机 M 得电，同时 KM3 接触器线圈得电，KM3 主触点闭合使电动机接成星形起动，时间继电器 KT 接通用以开始定时。当松开起动按钮 SB1 后，由于 KM1 常开触点闭合自锁，使电动机 M 继续星形起动。当定时器定时时间到，则 KT 常闭触点断开，使 KM3 线圈失电而使主触点断开星形连接，同时 KT 常开触点闭合，使 KM2 接触器线圈得电，KM2 主触点闭合使电动机接成三角形运行。按下停止按钮 SB2 时，其常闭触点断开，使接触器 KM1、KM2 线圈失电，其主触点断开使电动机 M 失电而停止。当电路发生过载时，热继电器 FR 常闭触点断开，切断整个电路的通路，使接触器 KM1、KM2、KM3 线圈失电，其主触点断开使电动机 M 失电而停止。

解：1）确定输入/输出分配表如表 5-2 所列。

表 5-2　PLC 控制Y-△减压起动控制系统的 I/O 分配表

输　入		输　出	
输入设备	输入编号	输出设备	输出编号
起动按钮 SB1	X000	接触器 KM1	Y000
停止按钮 SB2	X001	接触器 KM2	Y001
热继电器常闭触点 FR	X002	接触器 KM3	Y002

2）Y-△减压起动采用定时器延时，设延时时间为 3s，可采用图 5-20 所示程序实现控

制功能。该梯形图中按下起动按钮 SB1（X000）则接触器 KM1（Y000）接通，所谓Y-△减压起动只是 KM3（Y002）与 KM2（Y001）的一个切换动作，因此可考虑采用在 Y000 接通时，开始计时 3s，然后采用比较指令进行控制，3s 未到时，接通 KM3（Y002），3s 到或 3s 以上时接通 KM2（Y001）。

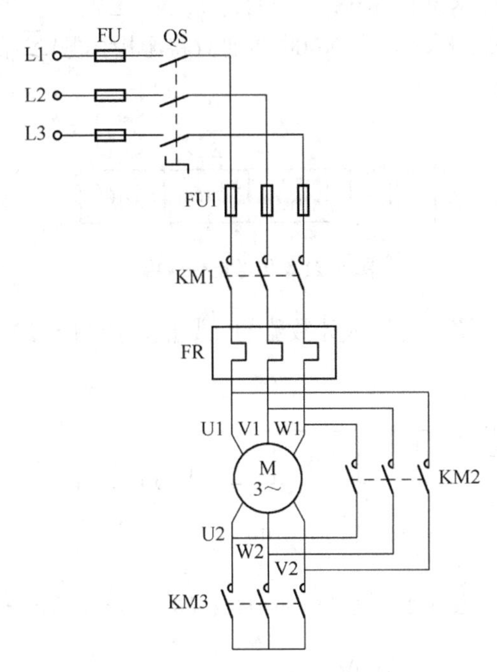

图 5-19　Y-△减压起动控制系统主电路

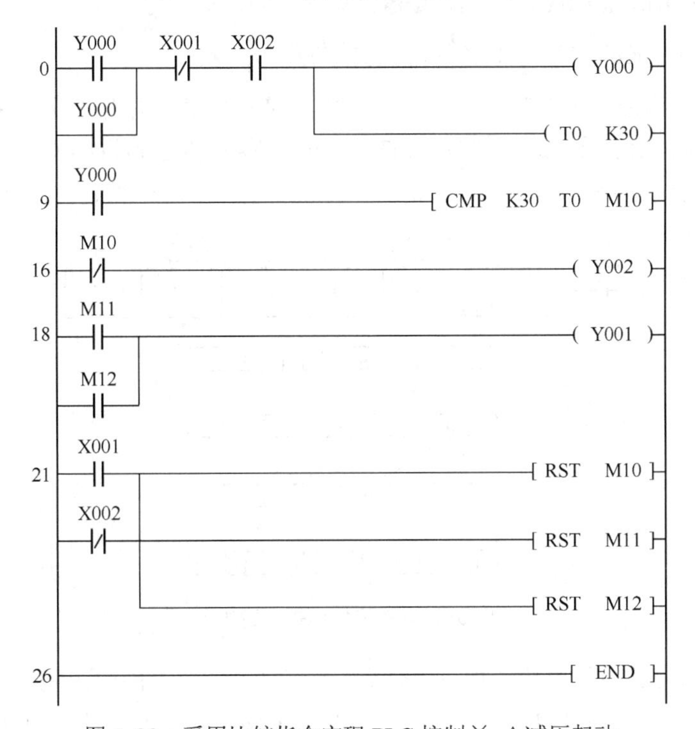

图 5-20　采用比较指令实现 PLC 控制Y-△减压起动

5.3.3 基础知识：传送类指令

1．传送指令 FNC 12 MOV

源操作数[S]：K、H、KnX、KnY、KnM、KnS、T、C、D、V、Z。

目的操作数[D]：KnY、KnM、KnS、T、C、D、V、Z。

传送指令应用如图 5-21 所示，当 X000 接通时将源操作数(S*)的内容传送到目的操作数(D*)，且源操作数的内容不变。

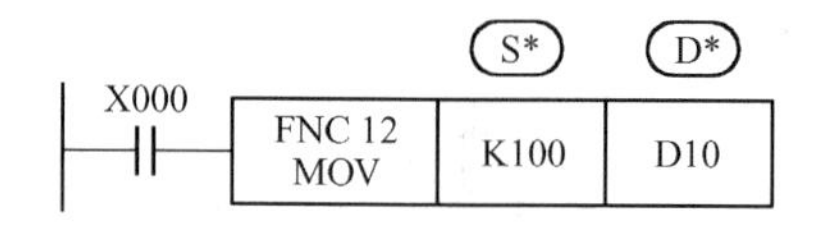

图 5-21 传送指令应用

可利用传送指令间接设置定时器或计数器的计数值，如图 5-22 所示。

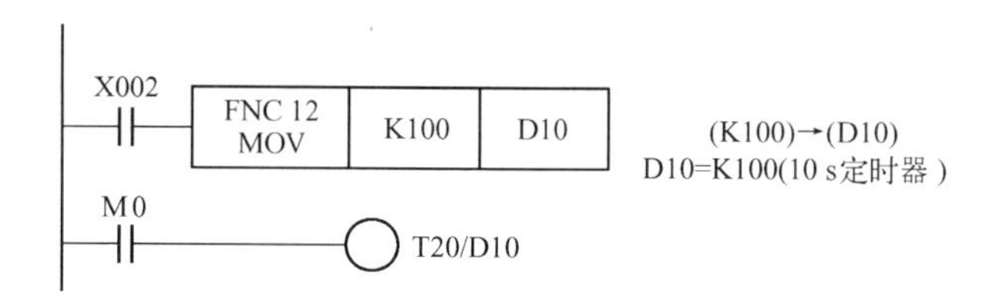

图 5-22 传送指令间接设置定时器计数值

2．移位传送指令 FNC 13 SMOV

源操作数[S]：KnX、KnY、KnM、KnS、T、C、D、V、Z。

目的操作数[D]：KnY、KnM、KnS、T、C、D、V、Z。

移位传送指令应用如图 5-23 所示，当 X000 接通时将源操作数(S*)的 BCD 转换值（从其第 4 位（m1=4）起的低 2 位部分（m2=2）的内容）传送到目的操作数(D*)的第 3 位（n=3），然后将其转换为 BIN 码，即 D2 的10^3位和10^0位在从 D1 传送时不受影响。

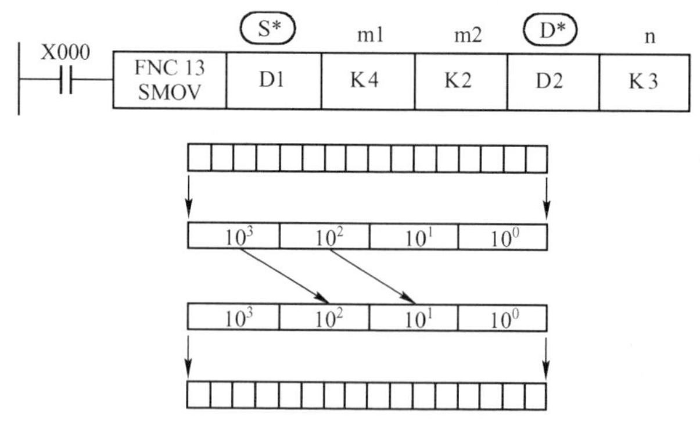

图 5-23 移位传送指令应用

图 5-24 所示为利用移位传送指令组合数据的典型例子，图中采用拨码盘输入数据，但10^2位与 10^1、10^0 并不是从连续的输入端输入，将 D1 转换值从其第 1 位（m1=1）起的 1 位

部分（m2=1）的内容传送到 D2 的第 3 位（n=3），然后将其转换为 BIN 码。

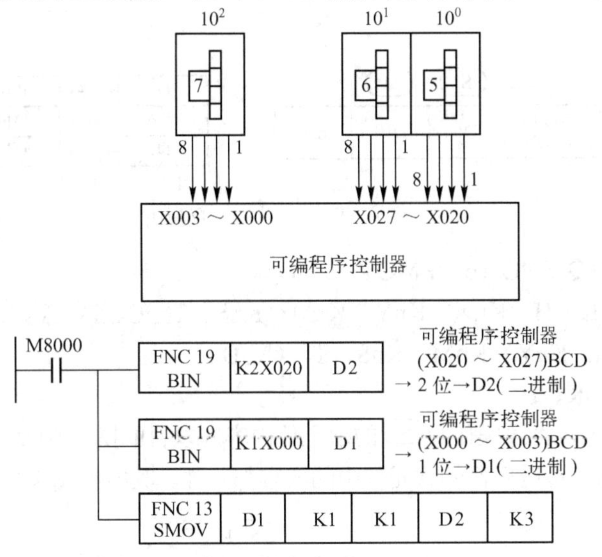

图 5-24　移位传送指令组合数据的典型例子

3．取反传送指令 FNC 14　CML

源操作数[S]：K、H、KnX、KnY、KnM、KnS、T、C、D、V、Z。

目的操作数[D]：KnY、KnM、KnS、T、C、D、V、Z。

取反传送指令应用如图 5-25a 所示，当 X000 接通时将源操作数(S*)的内容每位取反（0→1，1→0）后，将其传送到目的操作数(D*)。执行结果如图 5-25b 所示。

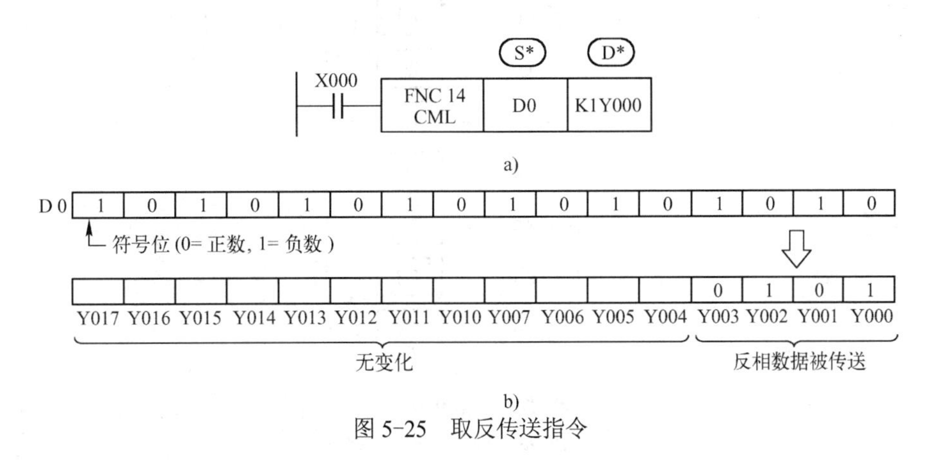

图 5-25　取反传送指令

a) 取反传送指令应用　b) 执行结果

4．块传送指令 FNC 15　BMOV

源操作数[S]：KnX、KnY、KnM、KnS、T、C、D。

目的操作数[D]：KnY、KnM、KnS、T、C、D。

其他操作数 n：K、H。

块传送指令应用如图 5-26 所示。(S*)为存放被传送的数据块的首地址；(D*)为存放传送来的数据块的首地址；n 为数据块的长度。其功能是将(S*)开始的 n 点的数据传送到(D*)开始的 n 点中。

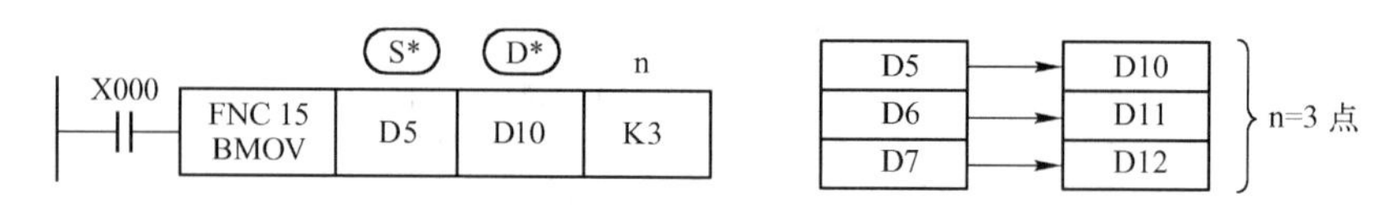

图 5-26　块传送指令应用

5．多点传送指令 FNC 16　FMOV

源操作数[S]：K、H、KnX、KnY、KnM、KnS、T、C、D、V、Z。

目的操作数[D]：KnY、KnM、KnS、T、C、D。

其他操作数 n：K、H。

如图 5-27a 所示，将源操作数(S*)的软元件内容向以目的操作数(D*)指定的软元件为开头的 n 点软元件进行传送，传送后目的软元件中的内容都一样。其执行结果如图 5-25b 所示。

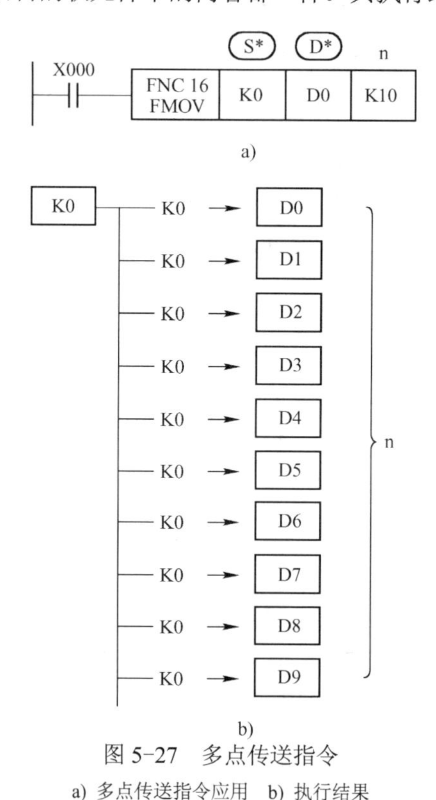

图 5-27　多点传送指令

a) 多点传送指令应用　b) 执行结果

6．数据交换指令 FNC 17　XCH

目的操作数[D1]、[D2]：KnY、KnM、KnS、T、C、D、V、Z。

此指令可进行 16 位与 32 位数据的交换。如使用连续执行指令时，每个扫描周期均进行数据交换，其应用如图 5-28 所示。

7．变换指令

BCD 变换：FNC 18　BCD。

BIN 变换：FNC 19　BIN。

源操作数[S]：KnX、KnY、KnM、KnS、T、C、D、V、Z。

目的操作数[D]：KnY、KnM、KnS、T、C、D、V、Z。

四则运算与增量指令、减量指令等运算都用 BIN 码运行，因此，可编程序控制器获取 BCD 的数字开关信息时要使用 BIN 变换传送指令。另外向 BCD 的七段显示器输出时应使用 BCD 变换传送指令。其应用如图 5-29 所示。

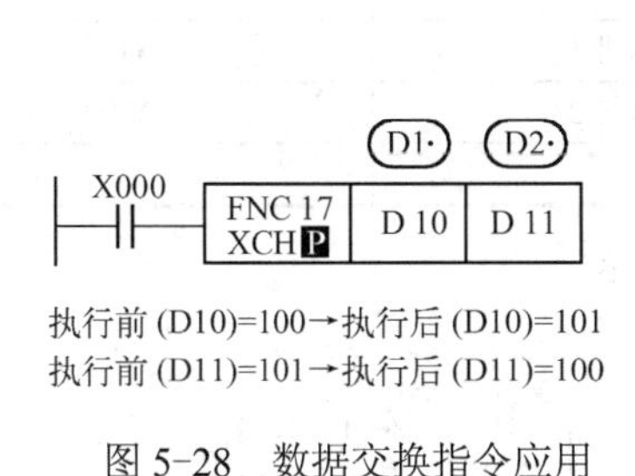

图 5-28　数据交换指令应用

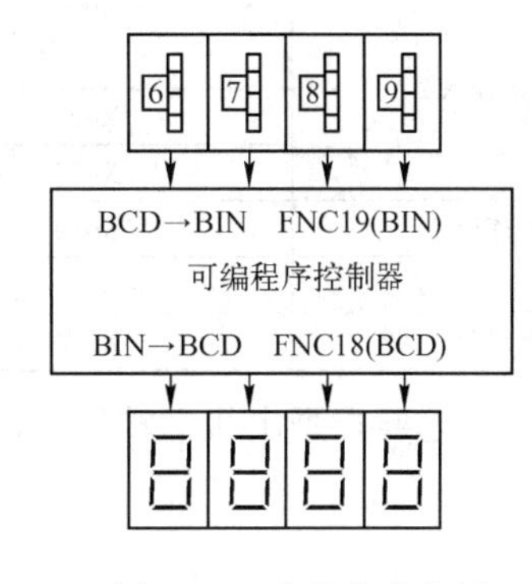

图 5-29　变换指令应用

5.3.4　应用实例：PLC 控制计件包装系统

某计件包装系统的工作过程示意图如图 5-30 所示。其控制要求如下：

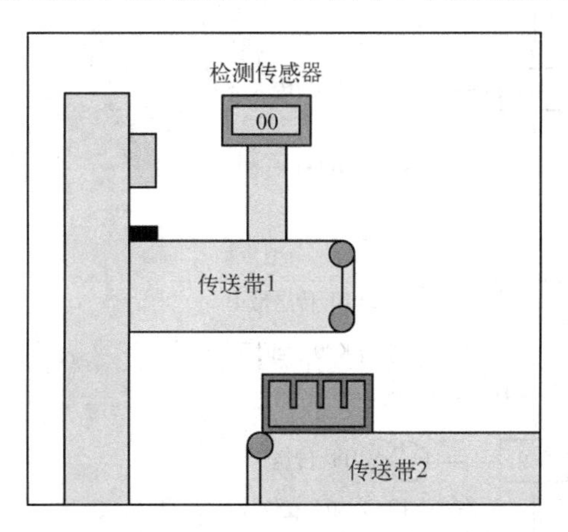

图 5-30　计件包装系统的工作过程示意图

码 5-5　PLC 控制计件包装系统

按下起动按钮 SB1 起动传送带 1，传送带 1 上的器件经过检测传感器时，传感器发出一个器件的计数脉冲，并将器件传送到传送带 2 上的箱子里进行计数包装，根据需要盒内的工件数量由外部拨码盘设定（0～99），且只能在系统停止时才能设定，用两位数码管显示当前计数值，计数到达时，延时 3s，停止传送带 1，同时起动传送带 2，传送带 2 保持运行 5s 后，再起动传送带 1，重复以上计数过程，当中途按下停止按钮 SB2 后，本次包装才能停止。

解：1）确定输入/输出（I/O）分配表，如表 5-3 所列。

表 5-3 计件包装系统 I/O 分配表

输入		输出	
输入设备	输入编号	输出设备	输出编号
拨码盘输入 1	X000	数码管显示 1	Y000
	X001		Y001
	X002		Y002
	X003		Y003
拨码盘输入 2	X004	数码管显示 2	Y004
	X005		Y005
	X006		Y006
	X007		Y007
起动按钮 SB1	X010	传送带 1	Y010
停止按钮 SB2	X011	传送带 2	Y011
检测传感器	X012		

2）根据工艺要求画出状态转移图，如图 5-31 所示。

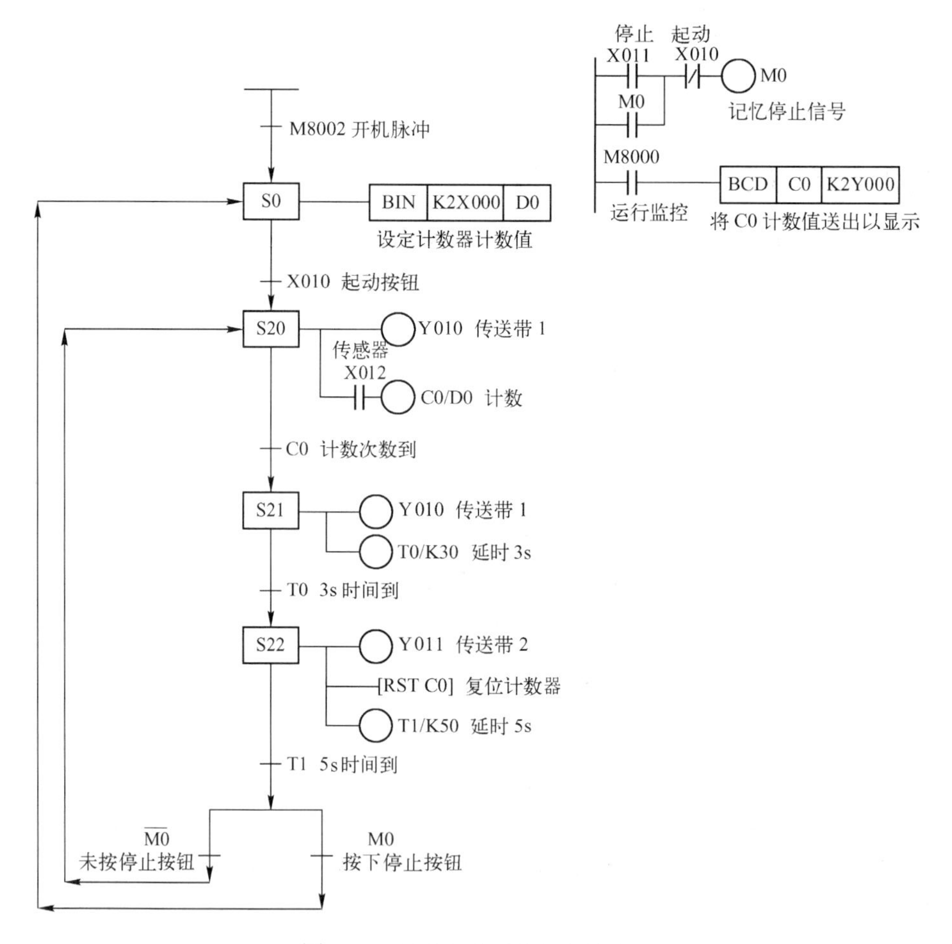

图 5-31 计件包装系统状态转移图

3）根据状态转移图画出梯形图及指令语句表，如图 5-32 所示。

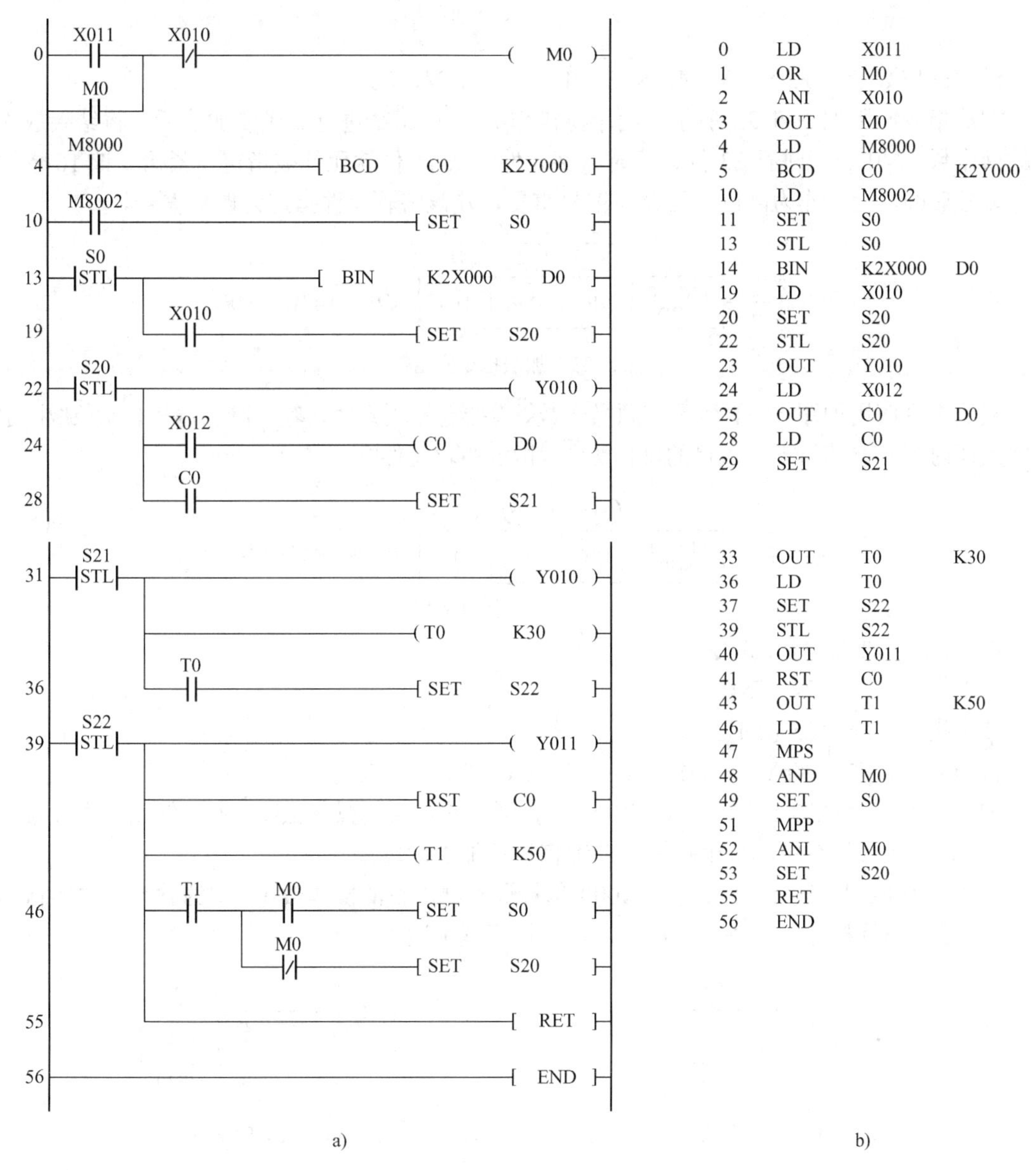

图 5-32　计件包装系统梯形图与指令语句表（续）
a）梯形图　b）指令语句表

5.4　算术运算指令及其应用

5.4.1　基础知识：算术运算指令

1．加减运算指令

加法：FNC 20　ADD。

减法：FNC 21　SUB。

源操作数[S1]、[S2]：K、H、KnX、KnY、KnM、KnS、T、C、D、V、Z。

目的操作数[D]：KnY、KnM、KnS、T、C、D、V、Z。

加法指令应用如图 5-33 所示，两个源操作数S1*、S2*进行二进制加法后，将结果放入目的操作数D*中。当进行 33 位运算时，字元件的低 16 位软元件被指定，紧接着该 16 位软元件编号后的软元件作为高位，为避免编号重复，建议将软元件指定为偶数编号。

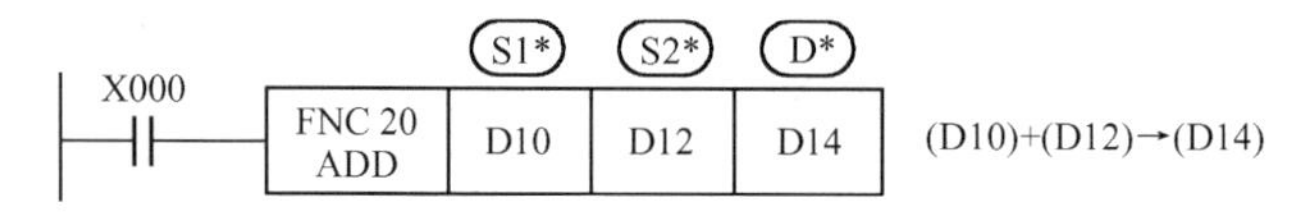

图 5-33　加法指令应用

减法指令应用如图 5-34 所示，源操作数S1*指定的软元件内容，减去源操作数S2*指定的软元件内容，将其结果存入目的操作数D*指定的软元件中。

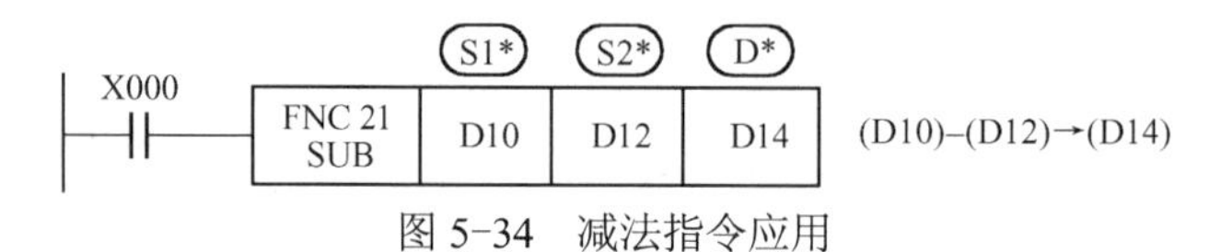

图 5-34　减法指令应用

2. 二进制加 1、减 1 指令

加 1 指令：FNC 24　INC。

减 1 指令：FNC 25　DEC。

目的操作数[D]：KnY、KnM、KnS、T、C、 D、V、Z。

加 1 指令应用如图 5-35 所示，X000 每接通一次，目的操作数D*中的软元件内容自动加 1。在连续执行指令中，每个扫描周期都将执行加 1 运算。

减 1 指令应用如图 5-36 所示，X000 每接通一次，目的操作数D*中的软元件内容自动减 1。在连续执行指令中，每个扫描周期都将执行减 1 运算。

图 5-35　加 1 指令应用

图 5-36　减 1 指令应用

3. 乘法与除法指令

乘法指令：FNC22　MUL。

除法指令：FNC23　DIV。

源操作数[S1]、[S2]： KnX、KnY、KnM、KnS、T、C、D、V、Z、K、H。

目的操作数[D]：KnY、KnM、KnS、T、C、D、V、Z。

乘法指令应用如图 5-37 所示，源操作数S1*指定的软元件内容与源操作数S2*指定的软元件内容相乘，将其结果存入目的操作数D*作为起始指定的软元件中。

除法指令应用如图 5-38 所示，源操作数S1*指定的软元件内容除以源操作数S2*指定的软元件内容，将其结果存入目的操作数D*作为起始指定的软元件中。

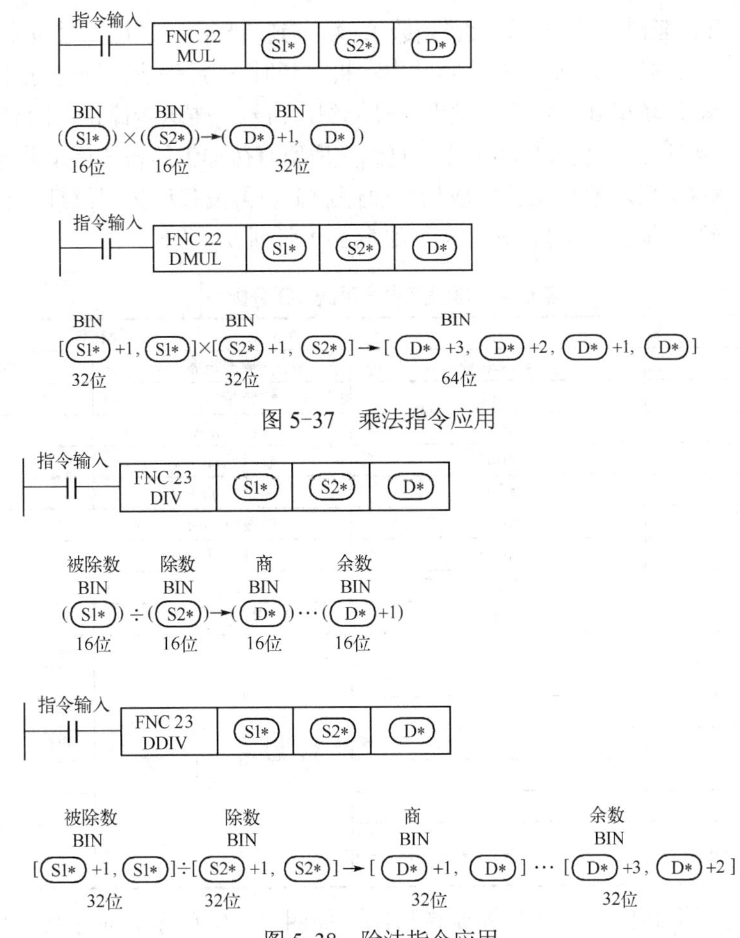

图 5-37　乘法指令应用

图 5-38　除法指令应用

5.4.2　应用实例：循环次数可设定的喷漆流水线

某喷漆流水线系统的工作过程示意图如图 5-39 所示。其控制要求如下：

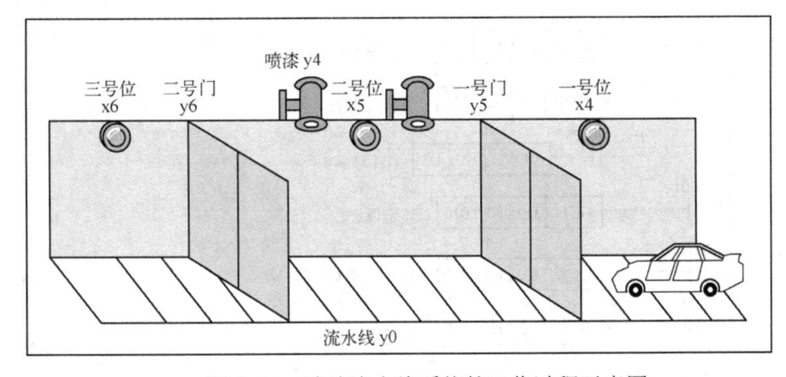

图 5-39　喷漆流水线系统的工作过程示意图

码 5-6　循环次数可设定的喷漆流水线

在设备停止时，待加工的轿车台数可根据需要用两个按钮设定（0～99），并通过另一个按钮用以切换显示设定数、已加工数和待加工数。

按起动按钮 S01 使传送带传动，轿车到一号位，发出一号位到位信号，传送带停止；延时 1s，一号门打开；延时 2s，传送带继续传动；轿车到二号位，发出二号位到位信号，传送带停止且一号门关闭；延时 2s 后，打开喷漆电动机，延时 6s 后停止，同时打开二号门且延时 2s，传送带继续传动；轿车到三号位，发出三号位到位信号，传送带停止，同时二号门关闭，且计数一次，延时 4s 后，再继续循环工作，直到完成所有待加工的轿车后工艺全部停止。

按暂停按钮 X007 后，整个工艺完成后会暂停加工，再按起动按钮继续运行。

解：1）确定输入/输出（I/O）分配表，如表 5-4 所列。

表 5-4　喷漆流水线系统 I/O 分配表

输　入		输出	
输入设备	输入编号	输出设备	输出编号
起动按钮	X000	传送带	Y000
设定增加	X001	显示设定数	Y001
设定减少	X002	显示已加工数	Y002
显示选择	X003	显示待加工数	Y003
一号限位开关	X004	喷漆电动机	Y004
二号限位开关	X005	一号门开启	Y005
三号限位开关	X006	二号门开启	Y006
暂停按钮	X007	传送带	Y007
		数码管显示加工台数	Y010
			Y011
			Y012
			Y013
			Y014
			Y015
			Y016
			Y017

2）根据工艺要求画出显示部分控制梯形图，如图 5-40 所示。画出控制状态转移图，如图 5-41 所示。根据显示部分梯形图和状态转移图，读者可自行写出指令语句表。

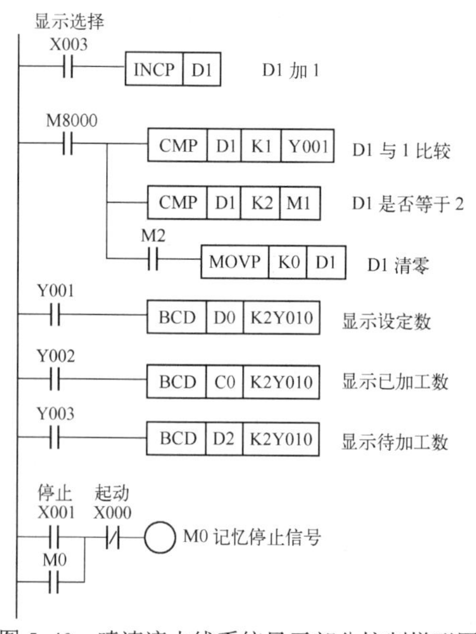

图 5-40　喷漆流水线系统显示部分控制梯形图

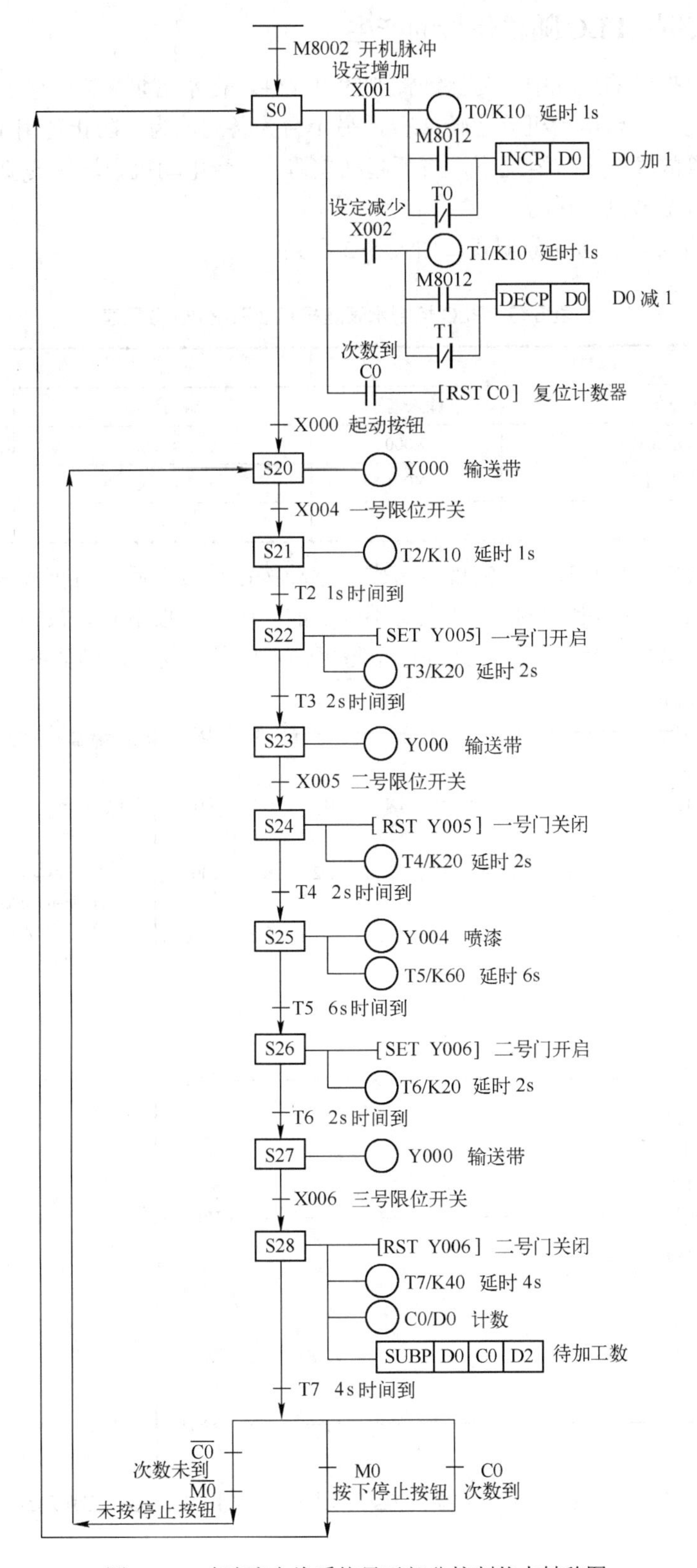

图 5-41 喷漆流水线系统显示部分控制状态转移图

5.4.3 应用实例：PLC 随机信号的产生

通常在水泵控制的过程中，为保证控制的可靠性，在水塔泵房内安装有 3 台交流异步电动机，正常情况下 3 台电动机只运转 2 台，另 1 台为备用。为了防止备用电动机组因长期闲置而出现锈蚀等故障，正常情况下，按下起动按钮，3 台电动机中运转的 2 台电动机和备用的另 1 台电动机是随机选择的。

解：确定输入/输出 I/O 分配表，如表 5–5 所列。

表 5–5 PLC 控制水泵随机起动系统 I/O 分配表

输　入		输出	
输入设备	输入编号	输出设备	输出编号
起动按钮 SB1	X000	1#水泵	Y000
停止按钮 SB2	X001	2#水泵	Y001
		3#水泵	Y002

该控制系统中，随机输入的实现可考虑是起动按钮被按下后，对扫描周期进行计数，因为同一个人按同一个按钮的扫描周期也是不确定的。因此可按下起动按钮对扫描周期进行计数，然后采用“除 3 取余”的方法处理这个随机输入信号。其梯形图如图 5–42 所示。

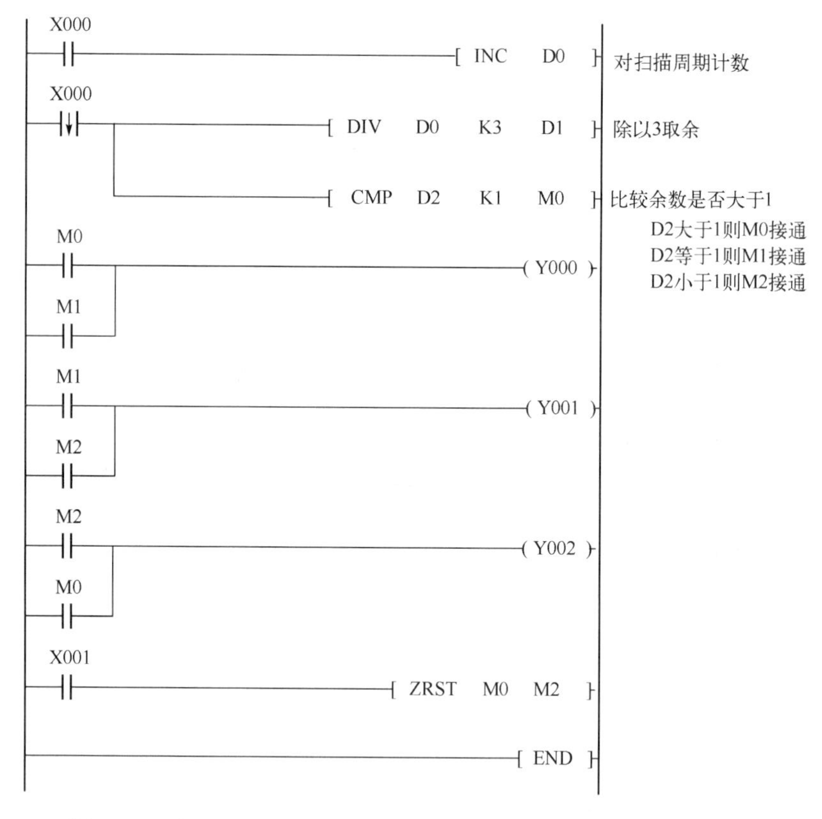

图 5–42 采用“除 3 取余”方式实现的随机式电动机起动控制梯形图

5.5 移位指令与数据处理指令及其应用

5.5.1 基础知识：移位指令

1．循环移位指令

循环右移位指令：FNC 30　ROR。

循环左移位指令：FNC 31　ROL。

目的操作数[D]：KnY、KnM、KnS、T、C、D、V、Z。

其他操作数 n：K。

循环移位指令可分为连续执行型和脉冲执行型。因为连续执行型指令在每一个扫描周期都进行移位动作，因此通常采用脉冲执行型指令。在位组合元件情况下，只有 K4（16 位指令）和 K8（32 位指令）是有效的。

图 5-43 所示为循环右移位指令执行情况，每次 X000 接通瞬间，右移 n 位，其最末位被存入进位标志位的 M8022 特殊辅助继电器中。

图 5-44 所示为循环左移位指令执行情况，每次 X000 接通瞬间，左移 n 位，其最末位被存入进位标志位的 M8022 特殊辅助继电器中。

2．带进位循环移位指令

带进位循环右移位指令：FNC 32　RCR。

带进位循环左移位指令：FNC 33　RCL。

目的操作数[D]：KnY、KnM、KnS、T、C、D、V、Z。

其他操作数 n：K。

由于循环移位回路中有进位标志位，所以执行指令前应先驱动 M8022，可以将其送入目的地址中。因为连续执行型指令每一个扫描周期都进行移位动作，因此通常采用脉冲执行型指令。在位组合元件情况下，只有 K4（16 位指令）和 K8（32 位指令）是有效的。

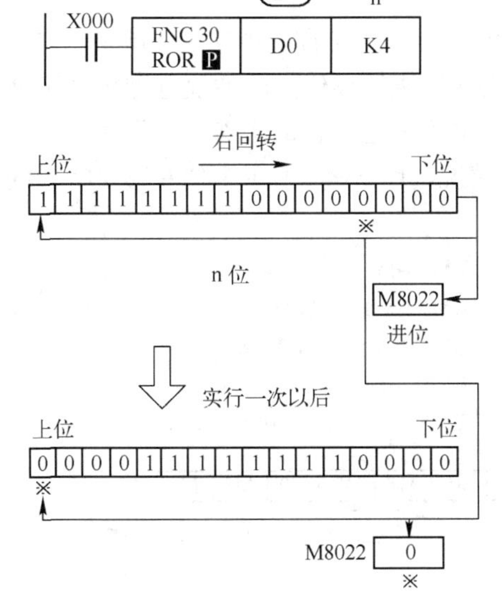

图 5-43　循环右移位指令执行情况

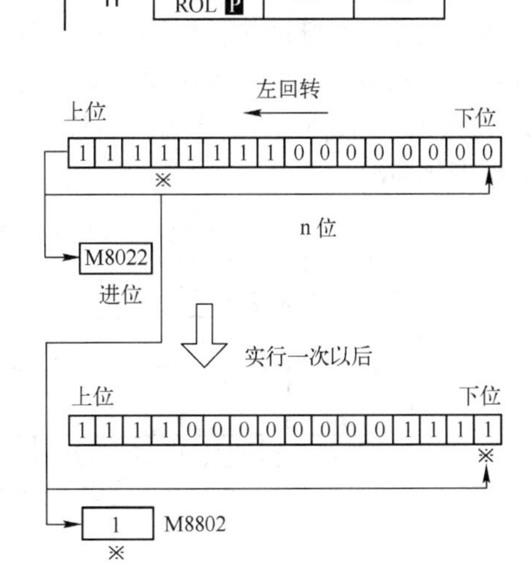

图 5-44　循环左移位指令执行情况

图 5-45 所示为带进位循环右移位指令执行情况，每次 X000 接通瞬间，右移 n 位。图 5-46 所示为带进位循环左移位指令执行情况，每次 X000 接通瞬间，左移 n 位。

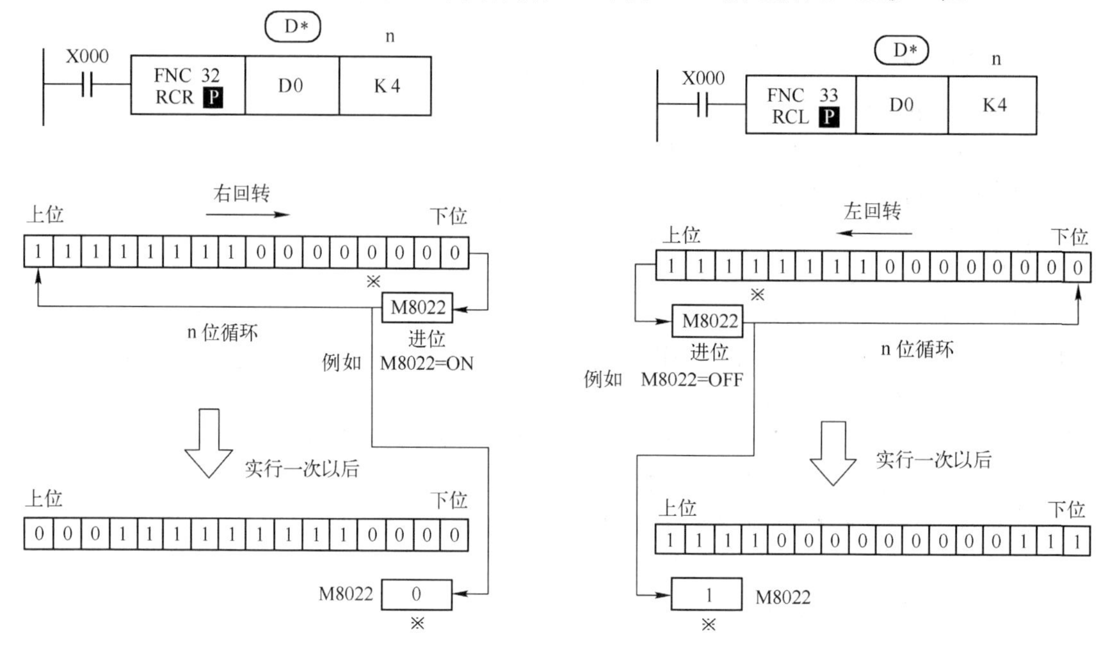

图 5-45　带进位循环右移位指令执行情况　　图 5-46　带进位循环左移位指令执行情况

3. 位移位指令

位右移位指令：FNC 34　SFTR。

位左移位指令：FNC 35　SFTL。

源操作数[S]：X、Y、M、S。

目的操作数[D]：Y、M、S。

其他操作数 n1、n2：K、H。

该指令是对于 n1 位（移动寄存器的长度）的位元件进行 n2 位的右移或左移指令，它分为连续执行型和脉冲执行型连续执行型指令每个扫描周期都执行移位，脉冲执行型指令可使输入信号在每一次断开到接通瞬间的变化时，执行 n2 位的移位。若每次移动一位时，可将 n2 设为 K1。图 5-47 所示为位右移执行时的数据变化情况，图 5-48 所示为位左移执行时的数据变化情况。

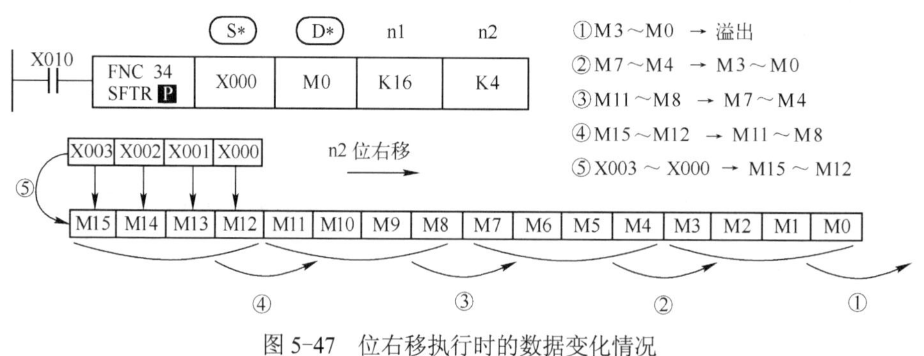

图 5-47　位右移执行时的数据变化情况

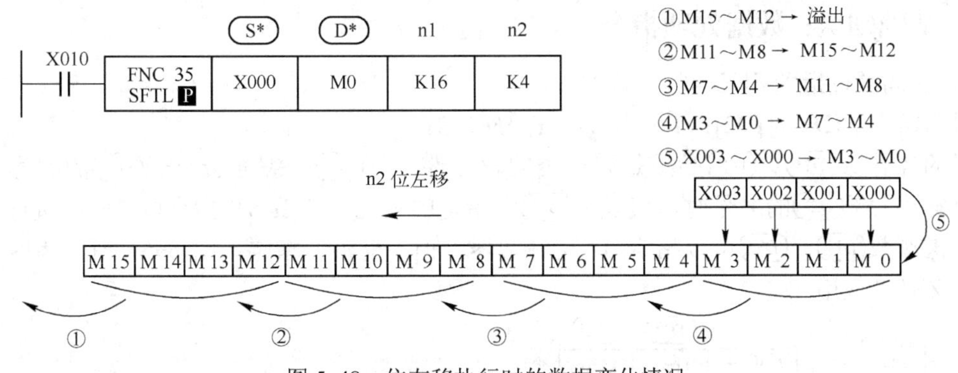

图 5-48　位左移执行时的数据变化情况

4．字移位指令

字右移位指令：FNC 36　WFTR。

字左移位指令：FNC 37　WFTL。

源操作数[S]：KnX、KnY、KnM、KnS、T、C、D。

目的操作数[D]：KnY、KnM、KnS、T、C、D。

其他操作数 n1、n2：K、H。

该指令是以字为单位，对 n1 个字的字元件进行 n2 个字的右移或左移的指令（n2≤n1≤512）。它分为连续执行型和脉冲执行型，连续执行型指令每个扫描周期都执行字移位，脉冲执行型指令可使输入信号在每一次断开到接通瞬间的变化时，执行 n2 个字的移位。图 5-49 所示为字右移执行时的数据变化情况，图 5-50 所示为字左移执行时的数据变化情况。

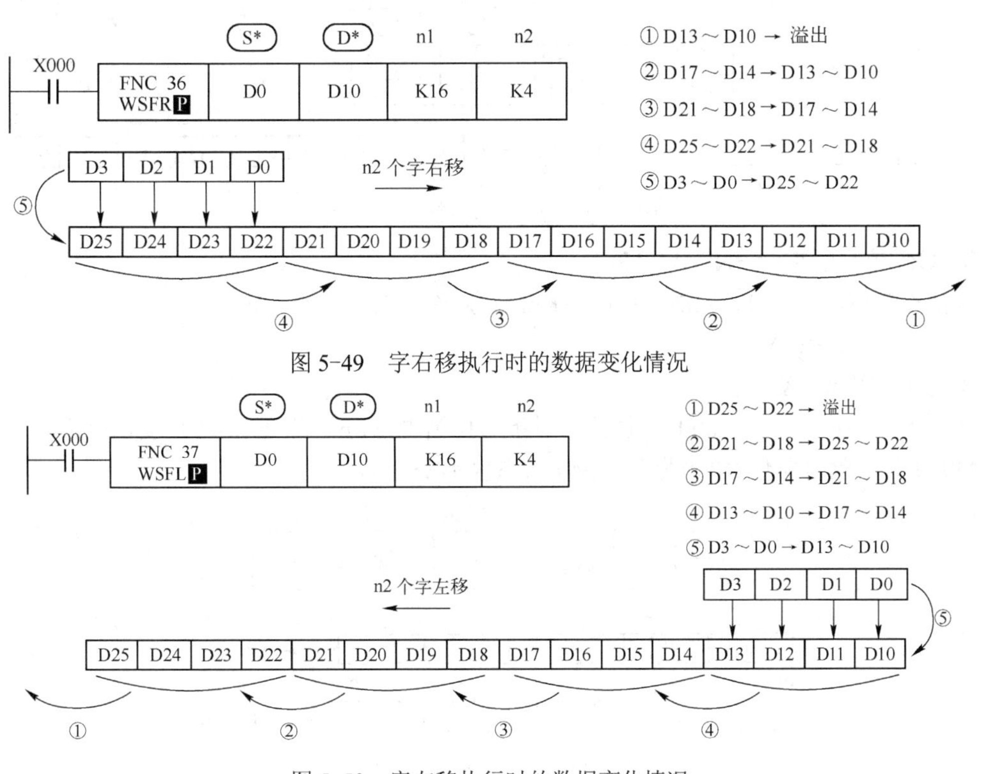

图 5-49　字右移执行时的数据变化情况

图 5-50　字左移执行时的数据变化情况

5.5.2 基础知识：数据处理指令

1．区间复位指令 FNC 40　ZRST

目的操作数[D1]、[D2]：T、C、D、Y、M、S。

目的操作数(D1*)、(D2*)必须是同一类的软元件，且(D1*)的编号应小于(D2*)的编号。当(D1*)的编号大于(D2*)的编号时，仅复位(D1*)中指定的软元件。ZRST 指令以 16 位执行，但是目的操作数(D1*)、(D2*)可以指定 32 位计数器，但不能混合指定。图 5-51 所示为区间复位指令 ZRST 应用。

图 5-51　区间复位指令 ZRST 应用

2．求 ON 位总数指令 FNC 43　SUM

源操作数[S]：K、H、KnX、KnY、KnM、KnS、T、C、D、V、Z。

目的操作数[D]：KnY、KnM、KnS、T、C、D、V、Z。

如图 5-52 所示，当 X000 接通时，将 D0 中 1 的个数存入 D2 中，当 D0 中无 1 时，零位标志 M8020 特殊辅助继电器会动作。

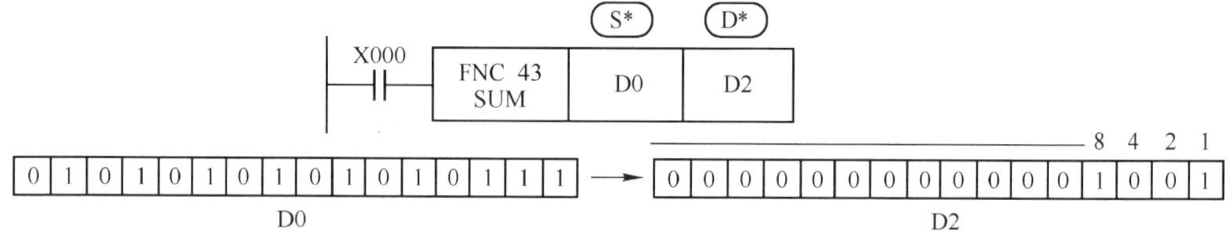

图 5-52　求 ON 位总数指令应用

3．ON 位判断指令 FNC 44　BON

源操作数[S]：K、H、KnX、KnY、KnM、KnS、T、C、D、V、Z。

目的操作数[D]：Y、M、S。

其他操作数 n：K、H。

如图 5-53 所示，当 X000 接通时，判断 D10 中的第 n（此处 n=15）位是否为 1，若为 1 则 M0 接通。此时即使 X000 断开，M0 状态也不变化。

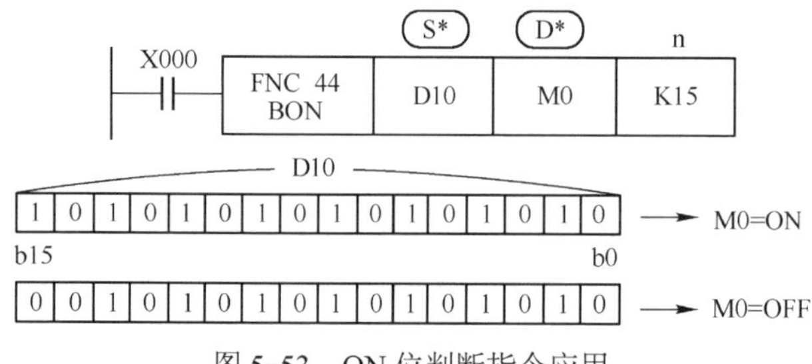

图 5-53　ON 位判断指令应用

4．求平均值指令 FNC 45　MEAN

源操作数[S]：K、H、KnX、KnY、KnM、KnS、T、C、D。

目的操作数[D]：KnY、KnM、KnS、T、C、D、V、Z。

其他操作数 n：K、H。

该指令是将 n 点的源操作数的平均值存入目的操作数。将余数舍去，超过软元件编号时，则在可能的范围内取 n 的最小值。n 的取值在 1～64 以外时，会发生错误。其使用如图 5-54 所示。

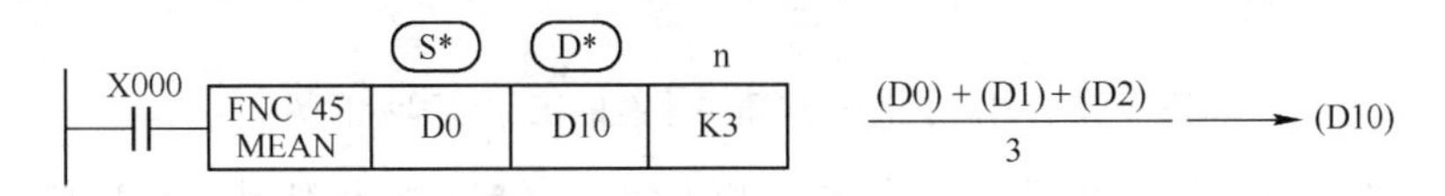

图 5-54　求平均值指令应用

5．报警器置位/复位指令

报警器置位指令：FNC 46　ANS。

源操作数[S]：T。

目的操作数[D]：S。

其他操作数 m：1～32767。

该指令是用于设置报警器报警的指令。如图 5-55 所示，如果 X000 和 X001 同时接通 1s 以上，则 S900 接通，以后即便 X000 或 X001 断开，定时器复位，S900 仍保持。

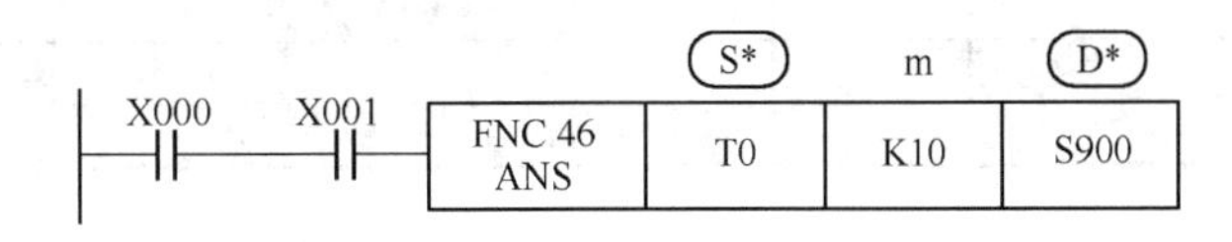

图 5-55　报警器置位指令应用

报警器复位指令：FNC 47　ANR　　无操作数。

如图 5-56 所示，如果 X003 接通，则 S900～S999 中正在动作的报警器被复位。如果同时有多个报警元件动作，则复位最新的一个报警元件。若将 X003 再次接通，则下一编号的状态被复位。若采用连续执行型指令，则在各扫描周期中按顺序复位。

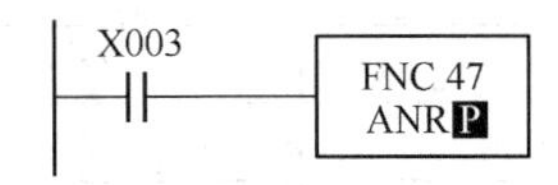

图 5-56　报警器复位指令应用

5.5.3　应用实例：PLC 控制花式喷泉

某 PLC 控制花式喷泉系统的工作过程示意图如图 5-57 所示。其控制要求如下：

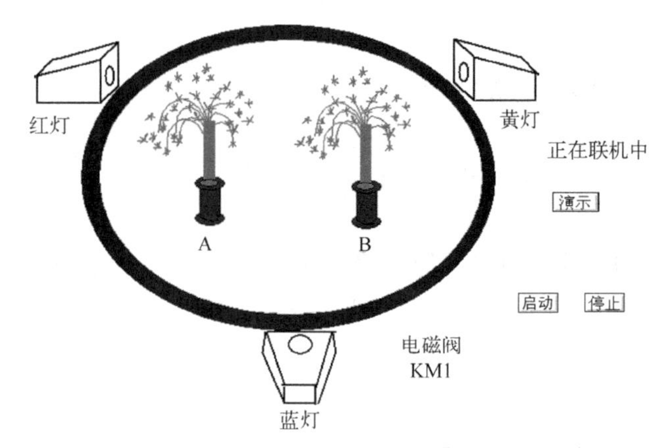

图 5-57　PLC 控制花式喷泉系统的工作过程示意图

喷水池有红、黄、蓝三色灯，两个喷水龙头和一个带动龙头移动的电磁阀，按启动按钮 S01 开始动作，喷水池的动作以 45s 为一个循环，每 5s 为一个节拍，如此不断循环直到按下停止按钮 S02 后停止。

灯、喷水龙头和电磁阀的动作状态如表 5-6 所列，状态表中在该设备有输出时显示灰色，无输出时为空白。

表 5-6　花式喷泉工作状态表

设备	1	2	3	4	5	6	7	8	9
红灯		■					■		
黄灯				■	■			■	
蓝灯		■	■	■	■				
喷水龙头 A					■	■		■	■
喷水龙头 B		■	■			■	■	■	
电磁阀		■	■	■	■	■	■	■	

解：1）确定输入/输出（I/O）分配表，如表 5-7 所列。

表 5-7　PLC 控制花式喷泉系统 I/O 分配表

输　入		输　出	
输入设备	输入编号	输出设备	输出编号
启动按钮 S01	X000	红灯	Y000
停止按钮 S02	X001	黄灯	Y001
		蓝灯	Y002
		喷水龙头 A	Y003
		喷水龙头 B	Y004
		电磁阀	Y005

2）根据工艺要求画出控制梯形图，如图 5-58 所示。PLC 控制花式喷泉系统指令语句表，如图 5-59 所示。

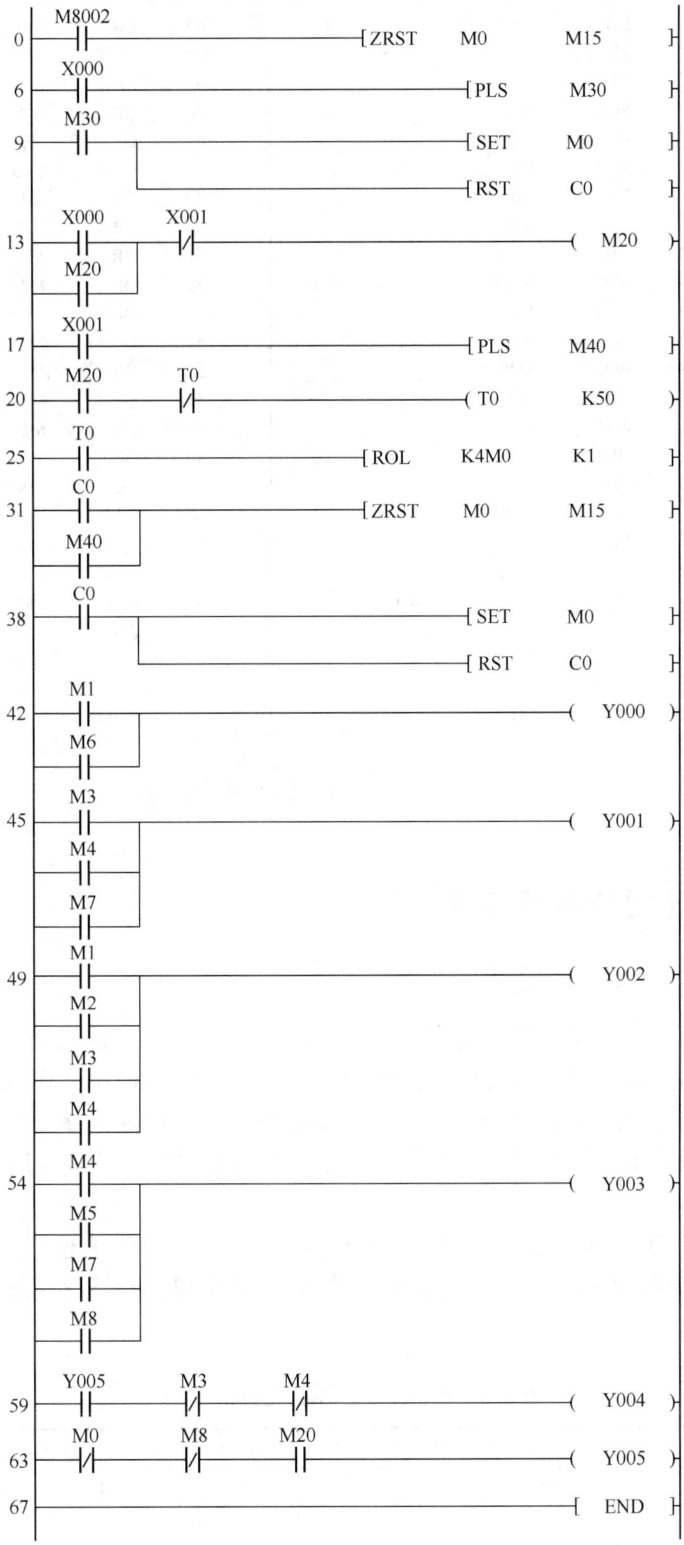

0 M8002 —[ZRST M0 M15]

6 X000 —[PLS M30]

9 M30 —[SET M0]
—[RST C0]

13 X000 X001 —(M20)
M20

17 X001 —[PLS M40]

20 M20 T0 —(T0 K50)

25 T0 —[ROL K4M0 K1]

31 C0 —[ZRST M0 M15]
M40

38 C0 —[SET M0]
—[RST C0]

42 M1 —(Y000)
M6

45 M3 —(Y001)
M4
M7

49 M1 —(Y002)
M2
M3
M4

54 M4 —(Y003)
M5
M7
M8

59 Y005 M3 M4 —(Y004)

63 M0 M8 M20 —(Y005)

67 —[END]

图 5-58 PLC 控制花式喷泉系统梯形图

```
0    LD     M8002
1    ZRST   M0     M15
6    LD     X000
7    PLS    M30
9    LD     M30
10   SET    M0
11   RST    C0
13   LD     X000
14   OR     M20
15   ANI    X001
16   OUT    M20
17   LD     X001
18   PLS    M40
20   LD     M20
21   ANI    T0
22   OUT    T0     K50
25   LD     T0
26   ROL    K4M0   K1
31   LD     C0
32   OR     M40
33   ZRST   M0     M15
38   LD     C0
39   SET    M0
40   RST    C0
42   LD     M1
43   OR     M6
44   OUT    Y000
45   LD     M3
46   OR     M4
47   OR     M7
48   OUT    Y001
49   LD     M1
50   OR     M2
51   OR     M3
52   OR     M4
53   OUT    Y002
54   LD     M4
55   OR     M5
56   OR     M7
57   OR     M8
58   OUT    Y003
59   LD     Y005
60   ANI    M3
61   ANI    M4
62   OUT    Y004
63   LDI    M0
64   ANI    M8
65   AND    M20
66   OUT    Y005
67   END
```

图 5-59　PLC 控制花式喷泉系统指令语句表

5.6　高速处理指令及其应用

5.6.1　基础知识：PLC 的高速计数器

高速计数器采用独立于扫描周期的中断方式工作。三菱 FX_{2N} 系列 PLC 提供了 21 个高速计数器，元件编号为 C235～C255。这 21 个高速计数器在 PLC 中共享 X0～X5 这 6 个高速计数器的输入端。当高速计数器的一个输入端被某个高速计数器使用时，则不能同时再被另一个高速计数器使用，也不能再作为其他信号输入端使用，即最多只能同时使用 6 个高速计数器。

高速计数器分为 1 相无启动/复位型高速计数器、1 相带启动/复位型高速计数器、2 相双向型高速计数器和 2 相 A-B 相型高速计数器 4 种类型。各高速计数器的输入分配关系，如表 5-8 所列。

表 5-8　高速计数器的输入分配关系表

输　入　端		X0	X1	X2	X3	X4	X5	X6	X7
1 相无启动/复位型	C235	U/D							
	C236		U/D						
	C237			U/D					

（续）

输 入 端		X0	X1	X2	X3	X4	X5	X6	X7
1 相无启动/复位型	C238				U/D				
	C239					U/D			
	C240						U/D		
1 相带启动/复位型	C241	U/D	R						
	C242			U/D	R				
	C243					U/D	R		
	C244	U/D	R					S	
	C245			U/D	R				S
2 相双向型	C246	U	D						
	C247	U	D	R					
	C248				U	D	R		
	C249	U	D	R				S	
	C250				U	D	R		S
2 相 A-B 相型	C251	A	B						
	C252	A	B	R					
	C253				A	B	R		
	C254	A	B	R				S	
	C255				A	B	R		S

说明：1. U 表示增计数器，D 表示减计数器，R 表示复位输入，S 表示启动输入，A 表示 A 相输入，B 表示 B 相输入。
2. X6 与 X7 也是高速输入端，但只能用于启动或复位，不能用于高速输入信号。

1. 1 相无启动/复位型高速计数器

1 相无启动/复位型高速计数器 C235～C240 共 6 点，均为 32 位高速双向计数器，计数信号输入是做增计数与减计数由特殊辅助继电器 M8235～M8240 设置决定。例如，M8235 为 ON，则设置 C23 为减计数；M8236 为 OFF，则设置 C236 为加计数。做增计数时，当计数器达到设定值时其触点动作并保持；做减计数时，当计数器达到设定值时其触点复位。

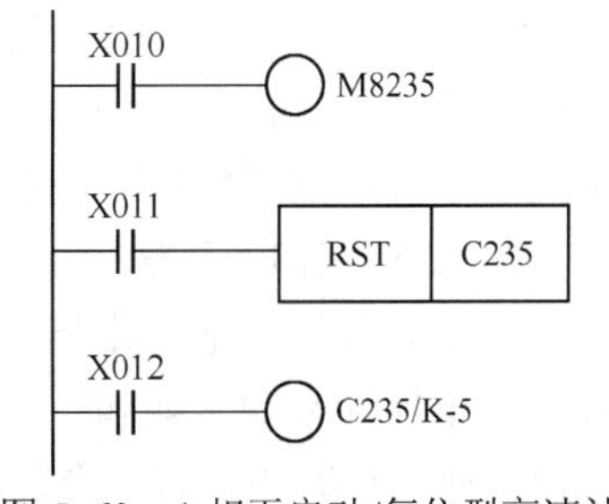

图 5-60 1 相无启动/复位型高速计数器应用

如图 5-60 所示，当 X010 为 OFF 时，接通 X012，则 C235 的计数输入信号从 X000 送入并做增计数。当 X010 为 ON 时，接通 X012，则 C235 的计数输入信号从 X000 送入并做减计数。当 X011 接通时，C235 复位。C235 的动作如图 5-61 所示，利用计数器输入 X000，通过中断，C235 进行增计数或减计数。当计数器的当前值由-6→-5 增加时，输出触点被置位，由-5→-6 减少时，输出触点被复位。如果复位输入 X011 为 ON，则在执行 RST 指令时，计数器的当前值为 0，输出触点复位。

虽然当前值的增减与输出触点的动作无关，但是，如果由 2147483647 增计数，则变成-2147483648。同理，如果由-2147483648 减计数，则变成 2147483647（这类动作被称为环形计数）。在作为停电保持用的高速计数器中，即使断开电源，计数器的当前值、输出触点动作和复位状态也被停电保持。

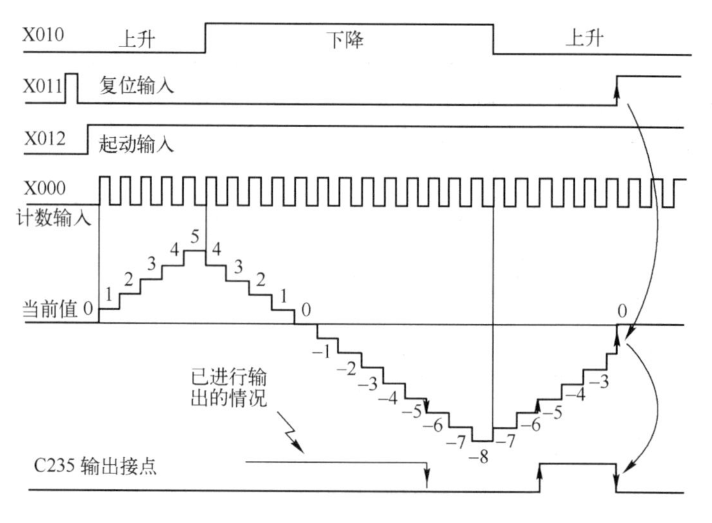

图 5-61　C235 的动作

2．1 相带启动/复位型高速计数器

1 相带启动/复位型高速计数器 C241～C245 共 5 点，均为 32 位高速双向计数器，计数信号输入是做增计数与减计数由特殊辅助继电器 M8241～M8245 设置决定。若 M82××为 ON，则设置 C2××为减计数；M82××为 OFF，则设置 C2××为加计数。每个计数器各有一个计数输入端和一个复位输入端。另外，C244 和 C245 还各有一个启动输入端。做增计数时，当计数器达到设定值时其触点动作并保持；做减计数时，当计数器达到设定值时其触点复位。

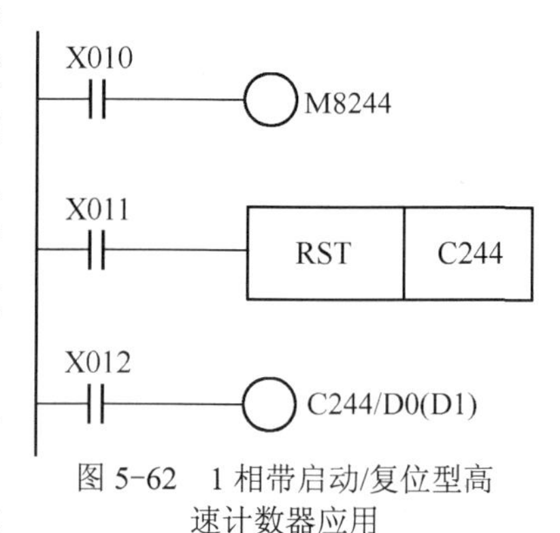

图 5-62　1 相带启动/复位型高速计数器应用

如图 5-62 所示，C244 在 X012 为 ON 时，如果输入 X006 也为 ON，则立即开始计数。计数器输入为 X000，在此例中的设定值采用间接指定的数据寄存器的内容（D1，D0）。可通过程序上的 X011 执行复位。但是，当 X001 闭合时，C244 立即被复位，不需要该程序 X011 执行复位。

3．2 相双向型高速计数器

2 相双向型高速计数器 C246～C250 共 5 点，均为 32 位高速双向计数器，每个计数器各有一个加计数输入端和一个减计数输入端。此外，C247～C250 还各有一个复位输入端，C249 和 C250 还各有一个启动输入端。做增计数时，当计数器达到设定值时其触点动作并保持；做减计数时，当计数器达到设定值时其触点复位。利用特殊辅助继存器 M8246～M8250 的 ON/OFF 动作可监控 C246～C250 的增计数/减计数动作。

如图 5-63a 所示，在 X012 为 ON 时，C246 通过输入 X000 的 OFF→ON 执行增计数，通过输入 X001 的 OFF→ON 执行减计数。可通过顺控程序上的 X011 执行复位。如图 5-63b 所示，C249 在 X012 为 ON 时，如果 X006 也为 ON 就开始计数，增计数的计数输入为 X000，减计数的计数输入为 X001，可通过顺控程序上的 X011 执行复位，但是当 X002 闭合，也可进行复位，不需要该程序 X011 执行复位。

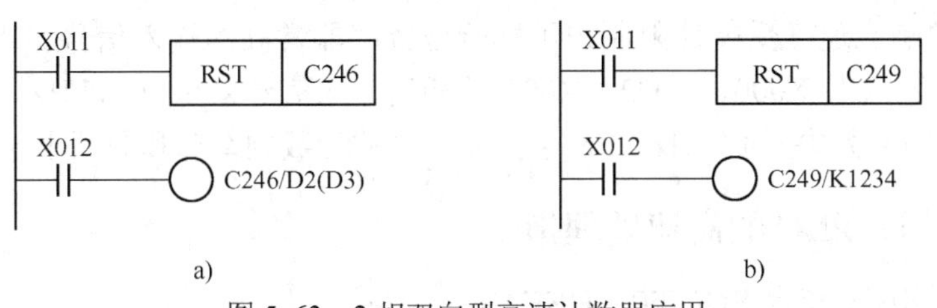

图 5-63　2 相双向型高速计数器应用

a）2 相双向型高速计数器应用一　b）2 相双向型高速计数器应用二

4．2 相 A-B 相型高速计数器

2 相 A-B 相型高速计数器 C251～C255 共 5 点，均为 32 位高速双向计数器，每个计数器各有两个输入端。此外 C252～C255 还各有一个复位输入端，C254 和 C255 还各有一个启动输入端。这种计数器在 A 相输入接通的同时，B 相输入为 OFF→ON 时为增计数，在 ON→OFF 时为减计数。通过 M8251～M8255 的接通/断开，可监控 C251～C255 的增计数/减计数状态。双相式编码器输出的是有 90° 相位差的 A 相和 B 相，高速计数器如图 5-64 所示进行增计数/减计数动作。此类双相计数器作为递增 1 倍的计数器动作。

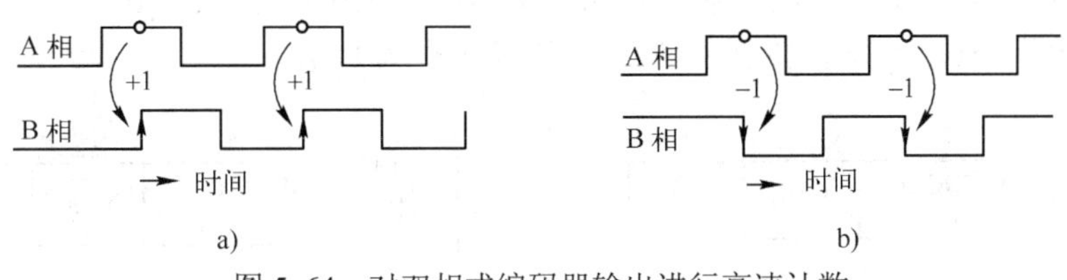

图 5-64　对双相式编码器输出进行高速计数

a）正转时的上行动作　b）反转时的下行动作

如图 5-65 所示，当 X012 为 ON 时，C251 通过中断，对输入 X000（A 相）、X001（B 相）的动作计数。当 X011 为 ON 时，则执行 RST 指令复位。如果当前值超过设定值，则 Y002 为 ON；如果当前值小于设定值，则为 OFF。根据不同的计数方向，Y003 接通增计数，断开减计数。

如图 5-66 所示，当 X012 为 ON 时，如果 X006 也为 ON，C254 就立即开始计数。对输入 X000（A 相）、X001（B 相）的动作计数。当 X011 为 ON 时，则执行 RST 指令复位，但是当 X002 闭合，也可进行复位。如果当前值超过设定值，则 Y004 为 ON；如果当前值小于设定值，则为 OFF。根据不同的计数方向，Y005 接通增计数，断开减计数。

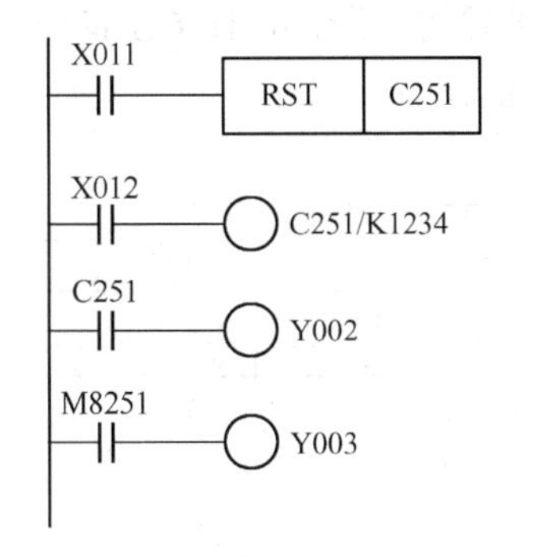

图 5-65　2 相 A-B 相型高速计数器应用一

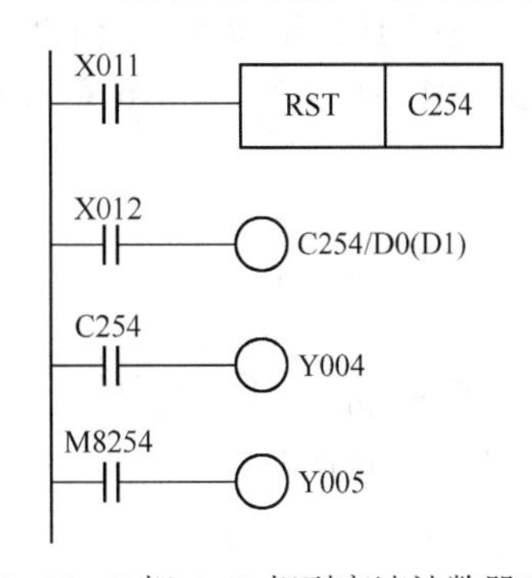

图 5-66　2 相 A-B 相型高速计数器应用二

各输入端的响应速度受硬件限制，不能响应频率非常高的输入信号。当只用其中一个高速计数器时，输入点 X000、X002、X003 的最高输入信号频率为 10kHz，X001、X004、X005 的最高输入信号频率为 7kHz。FX_{2N} 系列 PLC 的计数频率总和必须小于 20kHz。

5.6.2 基础知识：PLC 的高速处理指令

1. 输入/输出刷新指令 FNC 50 REF

操作数 [D]：X、Y。

其他操作数 n：K、H。

可编程序控制器采用输入/输出批次刷新方式，输入端信息在输入采样阶段被存入输入映像区，输出则在 END 指令后进行输出刷新。但是，在运算过程中，需要最新的输入信息以及希望立即输出运算结果时，可使用输入/输出刷新指令。

如图 5-67 所示，在多个输入中，只刷新 X010～X017 的 8 点。如果在该指令执行前约 10 ms（输入滤波应答滞后时间），置 X010～X017 为 ON 时，该指令执行时输入映像区 X010～X017 为 ON。

如图 5-68 所示，在多个输出中，Y000～Y007、Y010～Y017、Y020～Y027 中的任意一点为 ON，该指令执行时输出锁存存储区的该输出也为 ON。

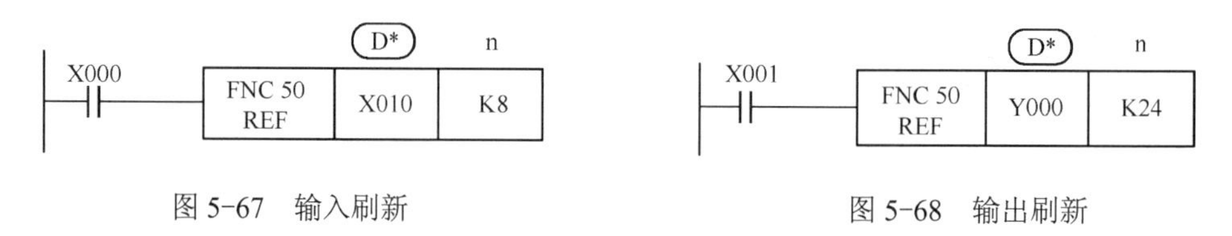

图 5-67 输入刷新　　图 5-68 输出刷新

2. 高速计数器比较置位/复位指令

比较置位：FNC 53 HSCS。

比较复位：FNC 54 HSCR。

源操作数[S1]：K、H、KnX、KnY、KnM、KnS、T、C、D、V、Z。

源操作数[S2]：C235～C255。

其他操作数[D]：Y、M、S。

高速计数器是根据计数输入的 OFF→ON 以中断方式计数。计数器的当前值等于设定值时，计数器的输出触点立即工作。不过，如图 5-69 所示，向外部输出与顺控有关，受扫描周期的影响。使用 HSCS 指令，能中断处理比较和外部输出。所以，HSCS 指令的当前值变为 99→100 或 101→100 时，Y010 立即置位，如图 5-70 所示。

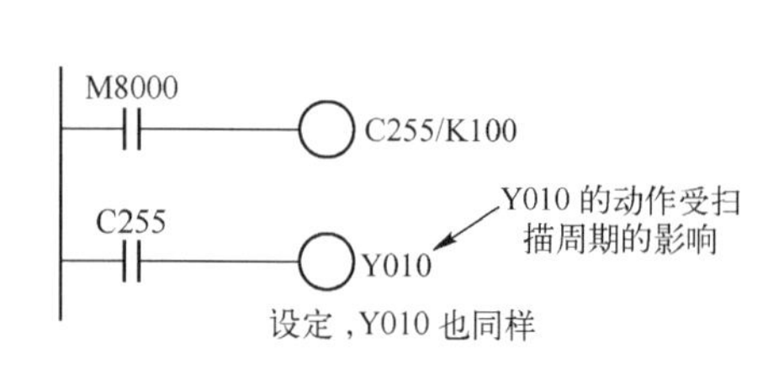

图 5-69 受扫描周期影响的高速计数

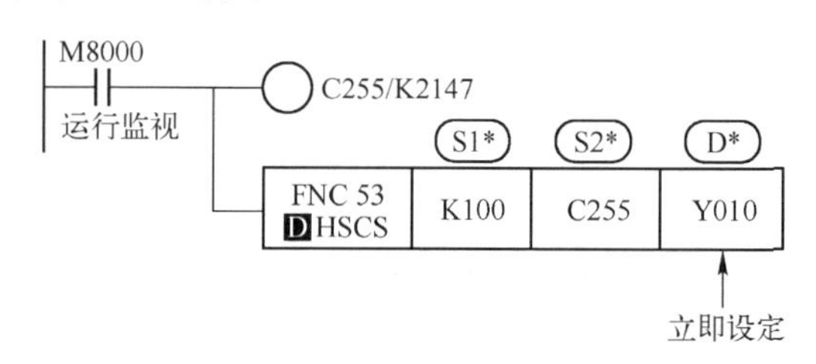

图 5-70 立即输出的高速计数方式

希望立即向外部输出高速计数器的当前值比较结果时使用 HSCS。但是若(D*)指定的软元件向外部输出若依靠程序，就与最初的情况一样，受扫描周期的影响，因此要在 END 处理后驱动输出。该指令是 32 位专用指令，必须作为 HSCS 指令输入。

这些指令在脉冲输入时比较结果并进行动作。因此，即使用 DMOV 等指令改写作为比较对象的字软元件的内容，或将计数器的当前值在程序上复位，或使作为比较结果的输出内置 ON（或 OFF），但只要不是脉冲输入情况下，单纯驱动指令不能改变比较结果。

HSCS、HSCR、HSZ（区间比较指令）与普通指令一样可以多次使用，但这些指令同时驱动的总数限制在 6 个指令以下。

多次驱动 HSCS 指令或与 HSCR、HSZ 指令同时驱动，输出对象 Y 的高 2 位作为同一序号的软元件。例如，使用 Y000 时为 Y000～Y007，Y010 时为 Y010～Y017 等。

如图 5-71 所示，使用 HSCR 指令，由于比较和外部输出一起采用中断处理，C255 的当前值变为 199→200 或 201→200 时，不受扫描周期影响，Y010 立即复位。

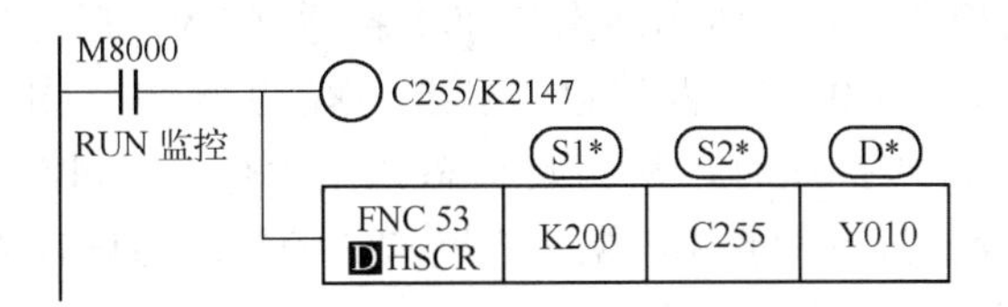

图 5-71　比较复位指令的应用

3. 高速计数器区间比较指令 FNC 55　HSZ

操作数：[S1]、[S2]：K、H、KnX、KnY、KnM、KnS、T、C、D、V、Z。

源操作数[S]：C235～C255。

目的操作数[D]：Y、M、S。

如图 5-72 所示，使用区间比较指令 HSZ，比较与外部输出一起进行中断处理。K1000>C251 当前值时，Y000 为 ON。此外，C255 当前值变为 999→1000 或 1999→2000 时，输出 Y001 或 Y002 立即为 ON。这些输出不受扫描周期的影响。

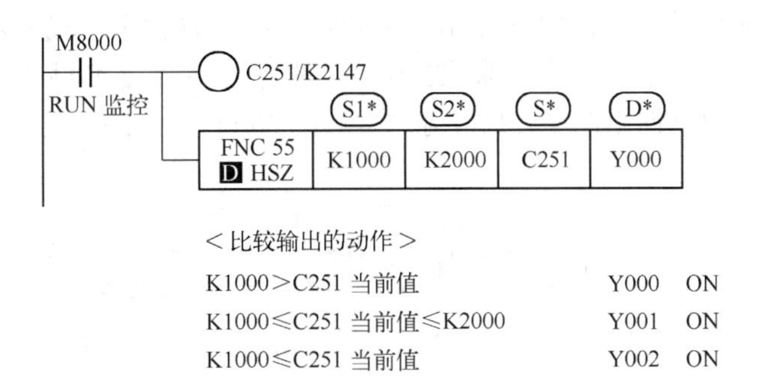

图 5-72　区间比较指令 HSZ 的应用

该指令为 32 位专用指令，必须作为 ZHSC 指令输入。该指令在脉冲输入时输出比较结束。因此，作为比较结果的输出应存在 ON 的状态，但是若只单纯给予 ON 的指令，比较输出也不执行 ON。

4．脉冲输出指令 FNC 57　PLSY

码 5-7　PLSY 指令的使用

源操作数[S1] 、[S2]：K、H、KnX、KnY、KnM、KnS、T、C、D、V、Z。

目的操作数[D]：Y。

源操作数(S1*)用于指定输出脉冲的频率，对于 FX_{2N} 系列 PLC，其取值在 2～20000Hz，在指令执行过程中，改变(S1*)指定的字元件的内容，输出脉冲的频率也随之发生改变。

源操作数(S2*)用于指定输出脉冲的数量，当使用 16 位指令格式时，允许设定范围为 1～32767；当使用 32 位指令格式时，允许设定范围为 1～2147483647。当源操作数(S2*)的值指定为 0 时，则对产生的脉冲数不进行限制。在指令执行过程中，改变源操作数(S2*)指定的字元件的内容后，将从下一个指令驱动开始执行变更后的内容。

目的操作数(D*)输出脉冲 Y 的编号，仅限于 Y000 或 Y001 有效。

PLSY 指令的应用如图 5-73 所示。当 X000 接通（ON）后，Y000 开始输出频率为 1000Hz 的脉冲，其个数由 D0 寄存器的数值确定。X000 断开（OFF）后，输出中断，即 Y000 也断开（OFF）。再次接通时，从初始状态开始动作。脉冲的占空比为 50%ON 和 50%OFF。输出控制不受扫描周期影响，采用中断方式控制。当设定脉冲发送完成后，执行结束标志的 M8029 特殊辅助继电器动作。

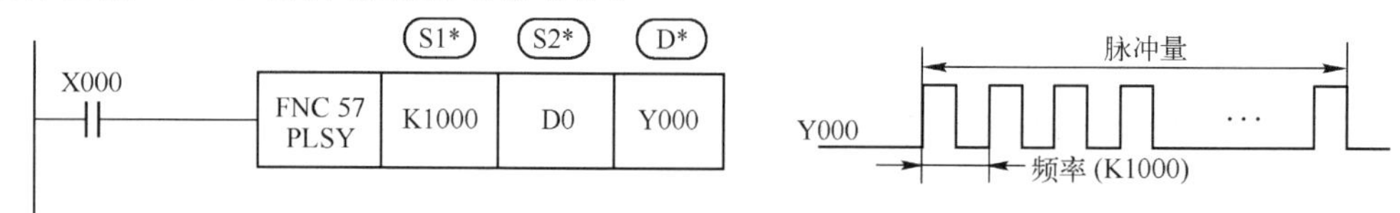

图 5-73　PLSY 指令应用

从 Y000 输出的脉冲数保存于 D8141（高位）和 D8140（低位）寄存器中，从 Y001 输出的脉冲数保存于 D8143（高位）和 D8142（低位）寄存器中，Y000 与 Y001 输出的脉冲总数保存于 D8137（高位）和 D8136（低位）寄存器中。各寄存器内容可以采用“DMOV K0 D81××”进行清零。

使用脉冲输出指令时，可编程序控制器必须使用晶体管输出方式。可编程序控制器执行高频脉冲输出时，可并联虚拟电阻来保证输出晶体管上是额定负载电流，如图 5-74 所示。在编程过程中可同时使用两个 PLSY 指令，在 Y000 和 Y001 上分别产生各自独立的脉冲输出。

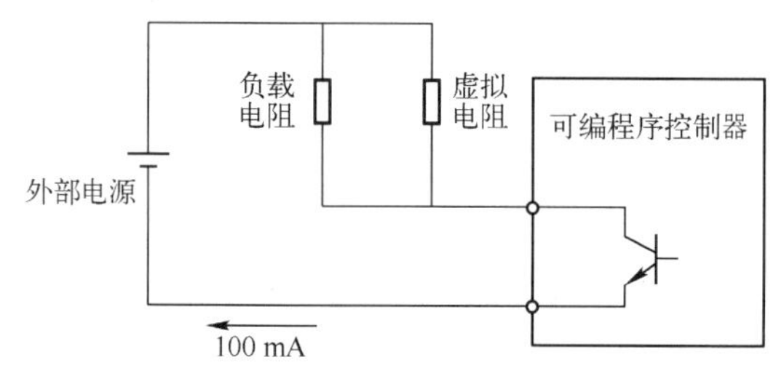

图 5-74　输出并联虚拟电阻

5．带加、减速脉冲输出指令 FNC 59　PLSR

源操作数[S1]、[S2]、[S3]：K、H、KnX、KnY、KnM、KnS、T、C、D、V、Z。

目的操作数[D]：Y。

带加、减速脉冲输出指令 PLSR 可产生带加、减速功能的定尺寸传送的脉冲输出，针对指令的最高频率进行加速，在达到所指定的输出脉冲后进行减速。各操作数的作用如图 5-75 所示。

码 5-8 PLSR 指令的使用

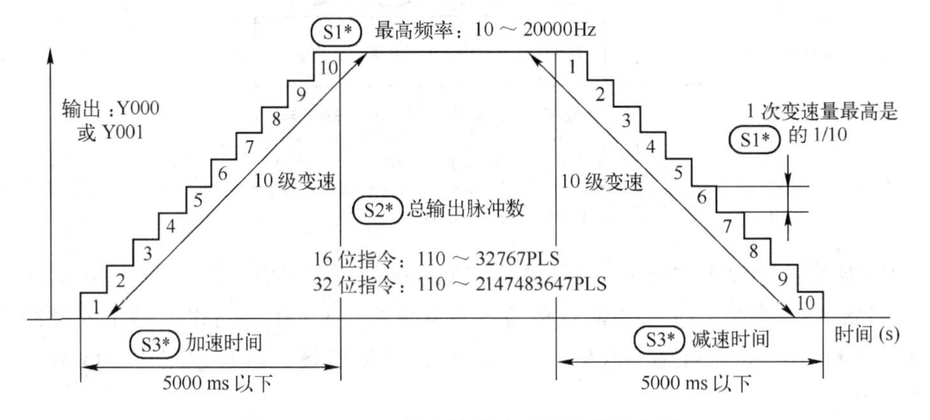

图 5-75 PLSR 指令格式中各操作数的作用

源操作数(S1*)用于指定输出脉冲的最高频率，对于 FX_{2N} 系列 PLC，其取值在 10～20000Hz，频率以 10 的倍数进行指定，最高频率中指定的 1/10 可作为减速时的一次变速量（频率），应设定在步进电动机不失调的范围内。

源操作数(S2*)用于指定输出脉冲的数量，当使用 16 位指令格式时，允许设定范围为 110～32767；当使用 32 位指令格式时，允许设定范围为 110～2147483647。

当源操作数(S2*)的设定值不满 110 时，脉冲不能正常输出。

源操作数(S3*)用于指定加、减速度时间，可设定范围在 5000ms 以下，同时必须满足：

1）加、减速度时间应设置在可编程序控制器的扫描时间最大值（D8012 值以上）的 10 倍以上，若不到 10 倍时，加、减速时序不一定（加减速信号不稳定，时间不均匀）。

2）作为加、减速时间可以设定的最小值计算公式如下：

$$\text{S3*} \geqslant \frac{90000}{\text{S1*}} \times 5$$

设定值小于上述公式计算结果时，加、减速时间的误差增大，此外，设定值不到 90000/(S1*)的值时，对 90000/(S1*)值做四舍五入后运行。

3）作为加、减速时间可以设定的最大值计算公式如下：

$$\text{S3*} \leqslant \frac{\text{S2*}}{\text{S1*}} \times 818$$

4）加、减速时的变速次数（段数）固定在 10 次，若不能按以上这些条件设定时，降低最高频率(S1*)。

(D*)是输出脉冲 Y 的编号，仅限于 Y000 或 Y001 有效。

PLSR 指令的使用如图 5-76 所示。当 X010 接通（ON）后，Y000 开始输出频率为 10～20000Hz 的脉冲，其个数由 D0 寄存器的数值确定。最高速度及加、减速时的变速速度超过此范围时，输出脉冲的最高频率自动在范围值内被调低或进位。当 X010 断开时，中断输出，当 X010 再度接通时，从初始动作开始。输出控制不受扫描周期影响，采用中断方式控制。当设定脉冲发送完后，执行结束标志的 M8029 特殊辅助继电器动作。

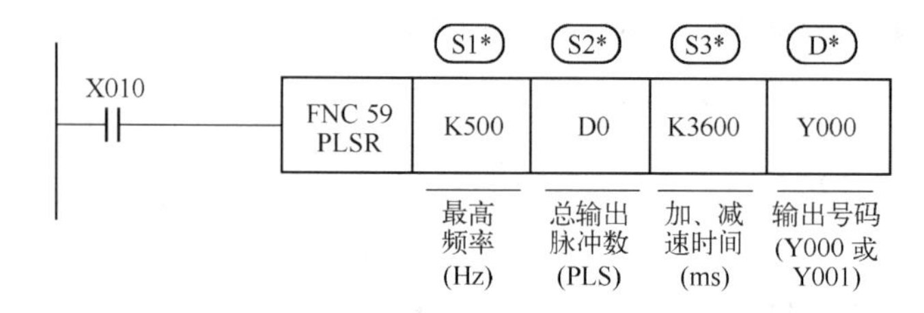

图 5-76 PLSR 指令的使用

从 Y000 输出的脉冲数保存于 D8141（高位）和 D8140（低位）寄存器中，从 Y001 输出的脉冲数保存于 D8143（高位）和 D8142（低位）寄存器中，Y000 与 Y001 输出的脉冲总数保存于 D8137（高位）和 D8136（低位）寄存器中。各寄存器内容可以采用“DMOV K0 D81××”进行清零。

5.6.3 应用实例：PLC 控制步进电动机出料控制系统

某步进电动机出料控制系统的工作过程示意图如图 5-77 所示。其控制要求如下：

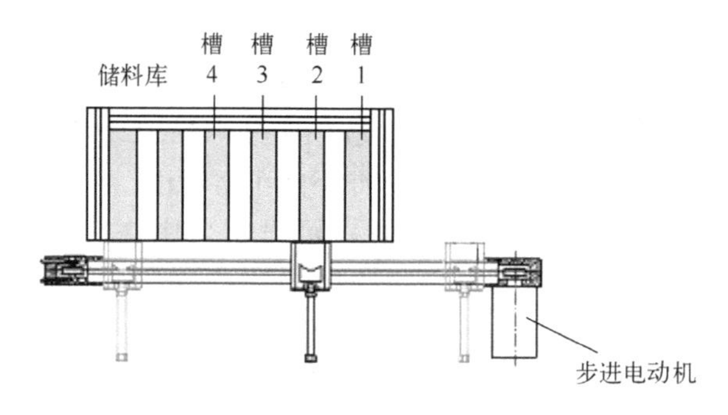

图 5-77 PLC 控制步进电动机出料控制系统的工作过程示意图

当上料检测传感器检测到有物料放入推料槽时，延时 3s 后，步进电动机起动，将物料运送到对应的出料槽槽口，分拣气缸活塞杆伸出，将物料推到相应的出料槽内，然后分拣气缸活塞杆缩回，步进电动机反转，回到原点后停止，等待下一次上料。物料推入推料槽 1～4 中的哪一个是由按钮 SB1～SB4 决定。

解：1）确定输入/输出（I/O）分配表，如表 5-9 所列。

表 5-9 PLC 控制步进电动机出料控制系统 I/O 分配表

输入		输出	
输入设备	输入编号	输出设备	输出编号
上料检测光敏传感器	X000	PUL 步进电动机脉冲输入	Y000
出料槽 1 选择按钮 SB1	X001	DIR 步进电动机方向输入	Y001
出料槽 2 选择按钮 SB2	X002	分拣气缸活塞杆伸出	Y002

（续）

输　　入		输　　出	
输入设备	输入编号	输出设备	输出编号
出料槽 3 选择按钮 SB3	X003	分拣气缸活塞杆缩回	Y003
出料槽 4 选择按钮 SB4	X004		
分拣气缸原位传感器	X005		
分拣气缸伸出传感器	X006		
原点限位开关	X007		

2）根据工艺要求画出控制状态转移图如图 5-78 所示。根据状态转移图，读者可自行画出梯形图及指令语句表。

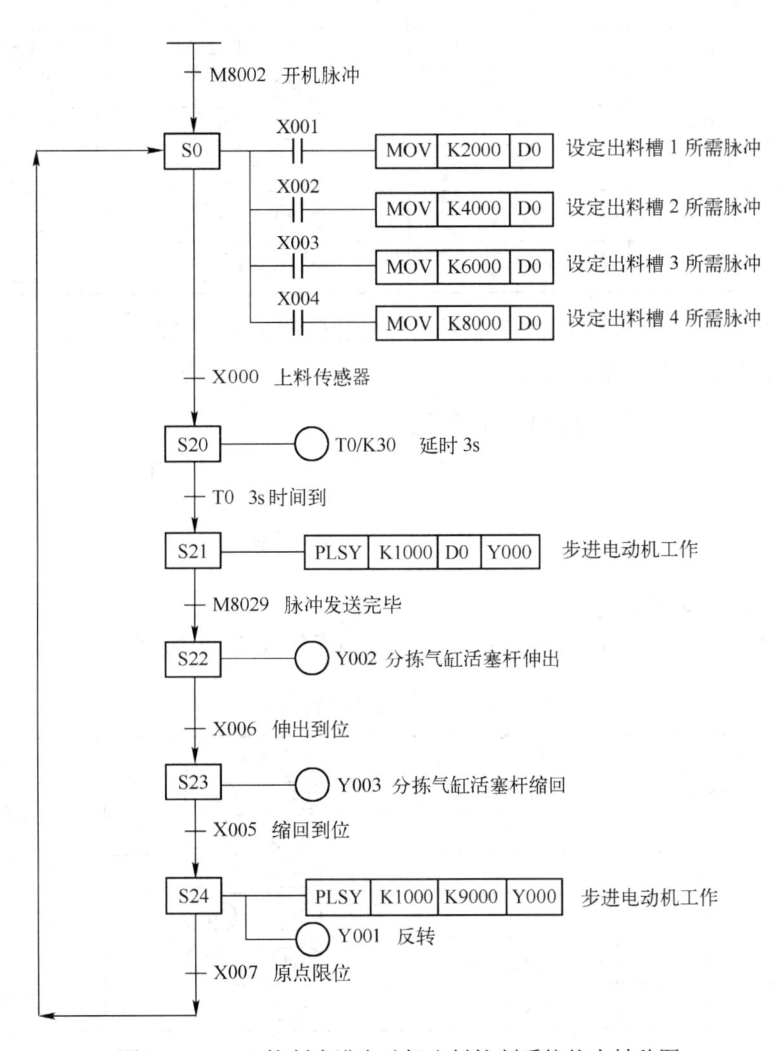

图 5-78　PLC 控制步进电动机出料控制系统状态转移图

5.7 触点比较指令及其应用

5.7.1 基础知识：触点比较指令

触点比较指令分为 LD 触点比较指令、AND 触点比较指令和 OR 触点比较指令 3 类。

源操作数[S]：KnX、KnY、KnM、KnS、T、C、D、V、Z、K、H。

目的操作数[D]：KnX、KnY、KnM、KnS、T、C、D、V、Z、K、H。

1．LD 触点比较指令

LD 触点比较指令的功能号、助记符和控制功能如表 5-10 所列。

表 5-10 LD 触点比较指令

功能号	16 位指令	32 位指令	导通条件	非导通条件
FNC224	LD=	LDD=	(S1*) = (S2*)	(S1*) ≠ (S2*)
FNC225	LD>	LDD>	(S1*) > (S2*)	(S1*) ≤ (S2*)
FNC226	LD<	LDD<	(S1*) < (S2*)	(S1*) ≥ (S2*)
FNC228	LD< >	LDD< >	(S1*) ≠ (S2*)	(S1*) = (S2*)
FNC229	LD ≤	LDD≤	(S1*) ≤ (S2*)	(S1*) > (S2*)
FNC230	LD ≥	LDD≥	(S1*) ≥ (S2*)	(S1*) < (S2*)

LD=触点比较指令的使用如图 5-79 所示，当计数器 C0 的当前值为 20 时驱动 Y010。其他 LD 触点比较指令不具体说明。

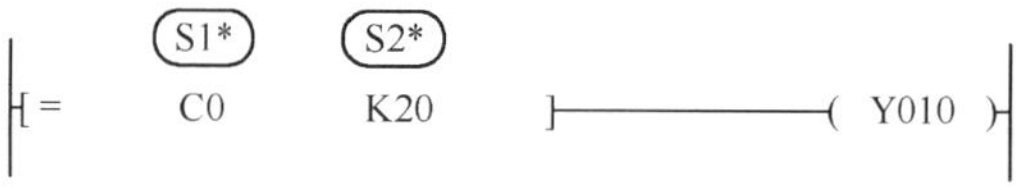

(S1*) (S2*)
[= C0 K20]——(Y010)

图 5-79 LD= 触点比较指令的使用

2．AND 触点比较指令

AND 触点比较指令的功能号、助记符和控制功能如表 5-11 所列。

表 5-11 AND 触点比较指令

功能号	16 位指令	32 位指令	导通条件	非导通条件
FNC232	AND=	ANDD=	(S1*) = (S2*)	(S1*) ≠ (S2*)
FNC233	AND >	ANDD>	(S1*) > (S2*)	(S1*) ≤ (S2*)
FNC234	AND <	ANDD<	(S1*) < (S2*)	(S1*) ≥ (S2*)
FNC236	AND< >	ANDD< >	(S1*) ≠ (S2*)	(S1*) = (S2*)
FNC237	AND ≤	ANDD ≤	(S1*) ≤ (S2*)	(S1*) > (S2*)
FNC238	AND ≥	ANDD ≥	(S1*) ≥ (S2*)	(S1*) < (S2*)

AND=触点比较指令的使用如图 5-80 所示，当 X000 为 ON 且计数器 C0 的当前值为 20 时，驱动 Y010。

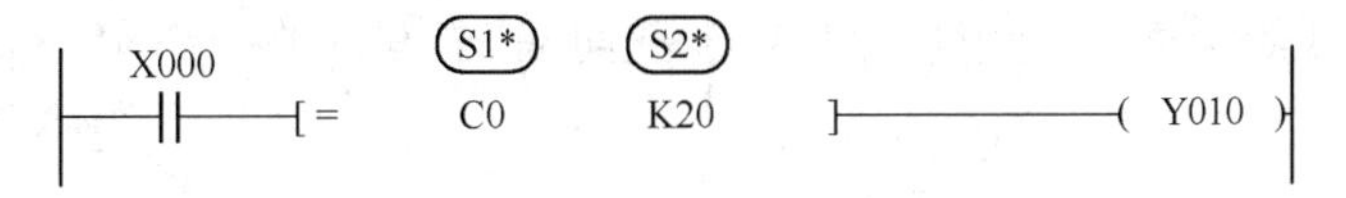

图 5-80　AND=触点比较指令的使用

3．OR 触点比较指令

OR 触点比较指令类指令的助记符、代码和功能条件如表 5-12 所列。

表 5-12　OR 触点比较指令

助记符	16 位指令	32 位指令	导通条件	非导通条件
FNC240	OR=	ORD=	(S1*) = (S2*)	(S1*) ≠ (S2*)
FNC241	OR >	ORD>	(S1*) > (S2*)	(S1*) ≤ (S2*)
FNC242	OR <	ORD<	(S1*) < (S2*)	(S1*) ≥ (S2*)
FNC244	OR< >	ORD < >	(S1*) ≠ (S2*)	(S1*) = (S2*)
FNC245	OR ≤	ORD ≤	(S1*) ≤ (S2*)	(S1*) > (S2*)
FNC246	OR ≥	ORD ≥	(S1*) ≥ (S2*)	(S1*) < (S2*)

OR=触点比较指令的使用如图 5-81 所示，当 X000 处于 ON 或计数器的当前值为 20 时，驱动 Y010。

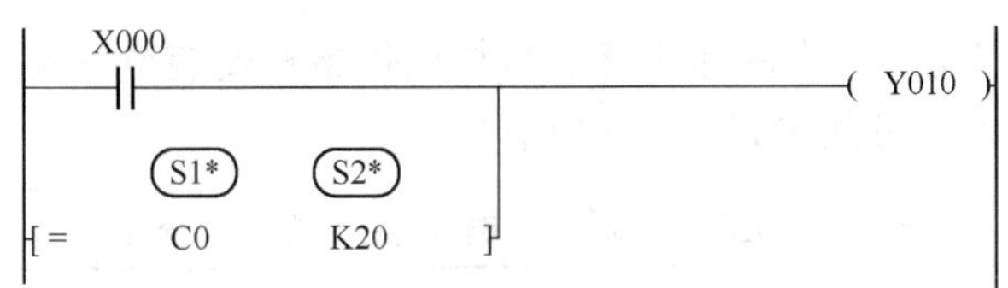

图 5-81　OR=触点比较指令的使用

触点比较指令源操作数可取任意数据格式。16 位运算占 5 个程序步，32 位运算占 9 个程序步。

5.7.2　应用实例：PLC 控制环形传输分拣系统

PLC 控制环形传输分拣单元外观如图 5-82 所示，在整个系统中，它起着向系统中的其他单元提供原料的作用。具体的功能是：按照需要将放置在料仓中待加工工件（原料）自动地推出到物料台上，然后按要求进行分拣后输送，以便输送单元的机械手将其抓取，输送到其他单元上。

PLC 控制环形传输分拣系统的控制要求如下：

运行前应先随机在供料仓中放入大工件，按下起动按钮后，驱动环形输送带的电动机开始正向运行。上料机构送出一个大工件后，按以下情况分拣：若上料机构输出的大工件为金属工件，由推料杆气缸 A 的推拉杆将其剔除后重新等待供料；若上料机构输出的大工件为白色工件，由推料杆气缸 B 的推料杆将其剔除后重新等待供料。

送料台传感器检测到工件送出到位时，使送料升降气缸升降杆提升到位，由搬运机器人将工件搬运至装配单元。待装配单元装配完成后，再由搬运机器人将其搬运至立体仓库的仓储单元，将工件放置到立体仓库检测平台后，搬运机器人返回原点，继续搬运下一个工件。直至按下停止按钮后，搬运机器人完成当前搬运工作后停止。

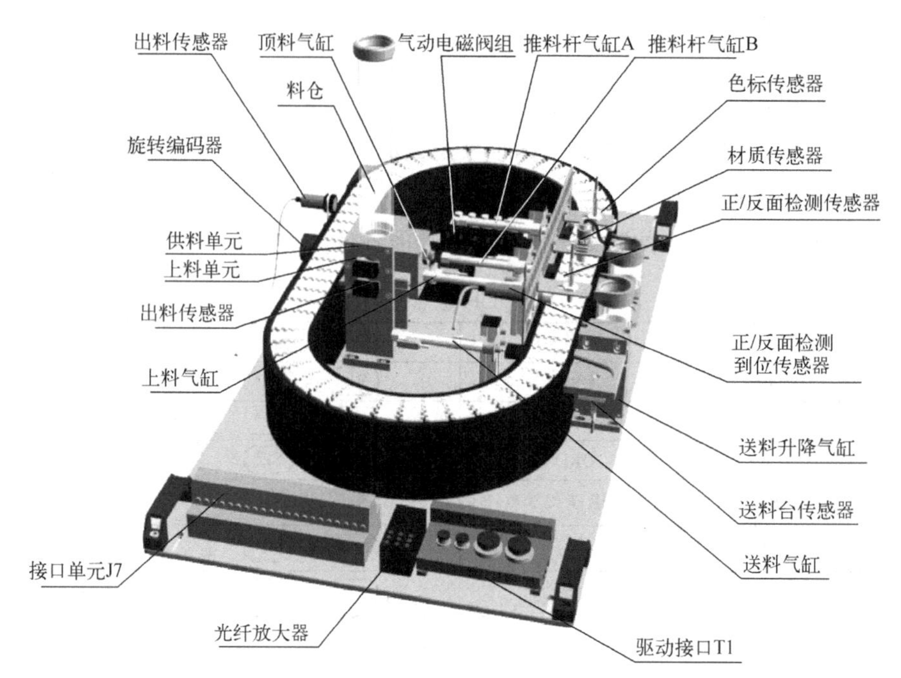

图 5-82　PLC 控制环形传输分拣单元

为实现编程控制方便，可将色标传感器与材质传感器安装位置互换。设定环形传输分拣系统的输入/输出（I/O）分配表如表 5-13 所列。

表 5-13　PLC 控制环形传输分拣系统的 I/O 分配表

输　入		输　出	
输入设备	输入编号	输出设备	输出编号
输送带电动机编码器	X000	输送带电动机	Y000
推料伸出限位	X001	顶料气缸电磁阀	Y001
顶料伸出限位	X002	推料气缸电磁阀	Y002
有料传感器	X003	气缸 A 推料杆电磁阀	Y003
出料台传感器	X004	气缸 B 推料杆电磁阀	Y004
气缸 A 推料杆推出限位	X005	送料气缸电磁阀	Y005
A 位置材质传感器	X006		
气缸 B 推料杆推出限位	X007		
B 位置色标传感器	X010		
送料气缸送料杆伸出限位	X011		
送料升降气缸升降杆上升限位	X012		
起动按钮 SB1	X013		
停止按钮 SB2	X014		

PLC 控制输送分拣系统的控制过程可采用状态转移图的方式进行编程，根据控制工艺编写的状态转移图，其中环形分拣部分控制的状态转移图如图 5-83 所示，其中状态 S25 中的 D0 数据为元件进入 A 位置范围内的脉冲数，D1 数据为元件离开 A 位置范围内的脉冲数，由这两个数据可确保元件在 A 位置范围内。同样状态 S35 中的 D2 数据为元件进入 B 位置范围内的脉冲数，D3 数据为元件离开 B 位置范围内的脉冲数，由这两个数据可确保元件在 B 位置范围内。状态 S45 中的 D4 数据为元件进入出料位置范围内的脉冲数，D5 数据为元件离开

出料位置范围内的脉冲数，由这两个数据可确保元件在出料位置范围内。以上数据需要用户根据实际测试得到。测试得到的数据可通过在状态转移图上方增加 MOV 指令来设定。

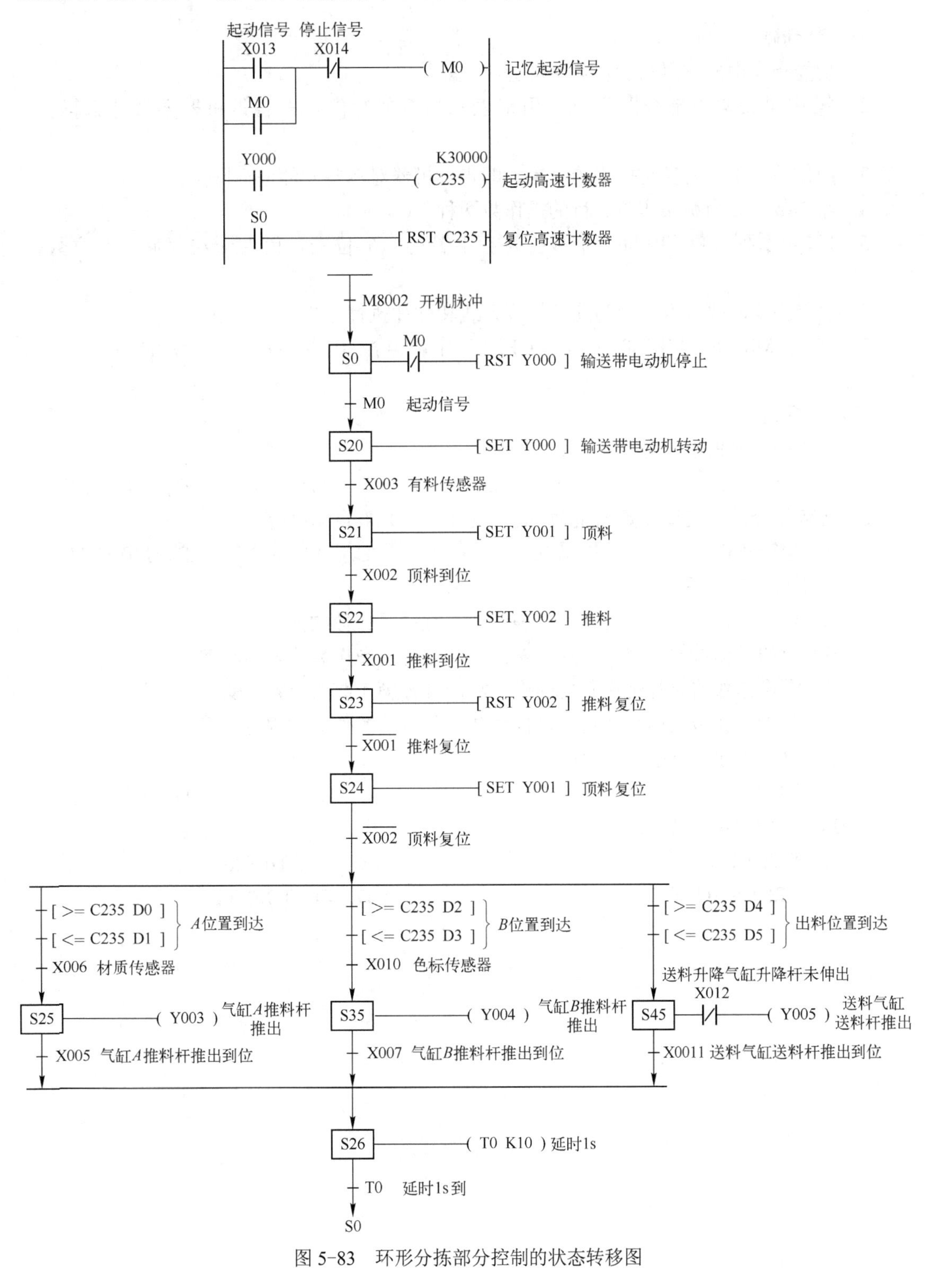

图 5-83 环形分拣部分控制的状态转移图

习 题

一、判断题

1．功能指令由操作码与操作数两部分组成。（ ）

2．操作码又称为指令助记符，用来表示指令的功能，即告诉机器要做什么操作。（ ）

3．操作数用来指明参与操作的对象，即告诉机器对哪些元件进行操作。（ ）

4．操作数又分为源操作数、目的操作数两种。（ ）

5．FX_{2N} 系列 PLC 中每一个数据寄存器都是 16 位的，因此无法存储 32 位数据（ ）。

6．功能指令的执行方式分为连续执行方式和脉冲执行方式。（ ）

7．利用 M8246～M8250 的 ON/OFF 动作可监控 C246～C250 的增/减计数动作。（ ）

二、选择题

1．跳步指针 P 的取值为（ ）。

A．P0～P127　　B．P0～P63　　C．P0～P64　　D．P0～P128

2．比较指令的目的操作数指定为 M0，则（ ）被自动占有。

A．M0～M3　　B．M0　　C．M0～M2　　D．M0 与 M1

3．使用传送指令后（ ）。

A．源操作数的内容传送到目的操作数，且源操作数的内容清零

B．目的操作数的内容传送到源操作数，且目的操作数的内容清零

C．源操作数的内容传送到目的操作数，且源操作数的内容不变

D．目的操作数的内容传送到源操作数，且目的操作数的内容不变

4．循环右移位指令的操作码为（ ）。

A．ROR　　B．ROL　　C．RCR　　D．RCL

5．PLC 的清零程序是（ ）

A．RST S20 S30　　B．RST T0 T20

C．ZRST S20 S30　　D．ZRST X0 X27

*第 6 章　模拟量控制模块及应用

6.1　A-D 转换模块及应用

6.1.1　基础知识：FX_{2N}-2AD 模拟量输入模块

PLC 是作为继电器控制系统的替代产品发展而来的，主要的控制对象是机电产品，其输入和输出信号以开关量居多。但在许多实际生产控制中，控制对象往往既有开关量又有模拟量，因而 PLC 应具有处理模拟量的能力。PLC 有许多功能指令可以处理各种形式的数字量，只需加上硬件的 A-D 和 D-A 接口，实现模-数转换，PLC 就可以方便地处理模拟量了。

1．FX_{2N}-2AD 概述

FX_{2N}-2AD 模拟量输入模块是 FX 系列 PLC 专用的模拟量输入模块之一。FX_{2N}-2AD 模块可将接收的 2 点模拟输入（电压输入和电流输入）转换成 12 位二进制的数字量，并以补码的形式存于 16 位数据寄存器中，数值范围是-2048～2047。该模块有两个输入通道，通过输入端子变换，可以任意选择电压或电流输入状态。电压输入时，输入信号范围为 DC 0～10V、0～5V；电流输入时，输入信号范围为 DC 4～20mA。其性能指标如表 6-1 所列。

表 6-1　FX_{2N}-2AD 性能指标

项　　目	电压输入	电流输入
	电压或电流的输入是基于对输入端子的选择，一次可同时使用两个输入点	
模拟量输入范围	DC 0～10V，DC 0～5V（输入阻抗 200kΩ） 注意：如果输入电压小于-0.5V 或大于 15V 时，单元会被损坏	DC 4～20mA（输入阻抗 250Ω） 注意：如果输入电流小于-2mA 或大于 60mA 时，单元会被损坏
数字量输出	12 位	
分辨率	2.5mV（10V/4000），1.25mV（5V/4000），表示能够识别数为 4000。当输入为 10V 时，10V/4000 为 2.5mV；当输入为 5V 时，5V/4000 为 1.25mV	4 μA
总体精度	±1%（全范围 0～10V）	±1%（全范围 4～20mA）
处理时间	2.5ms/通道	

2．接线

FX_{2N}-2AD 的接线如图 6-1 所示。

接线说明：

1）模拟输入信号采用屏蔽双绞线电缆与 FX_{2N}-2AD 连接，电缆应远离电源线或其他可能产生电气干扰的导线。

2）如果输入有电压波动，或在外部接线中有电气干扰，可以接一个（0.1～0.47）μF（25V）的电容。

3）如果是电流输入，应将端子 VIN 和 IIN 连接。

4）FX_{2N}-2AD 接地端与 PLC 主单元接地端连接，如果存在过多的电气干扰，再将外壳接地端和 FX_{2N}-2AD 接地端连接。

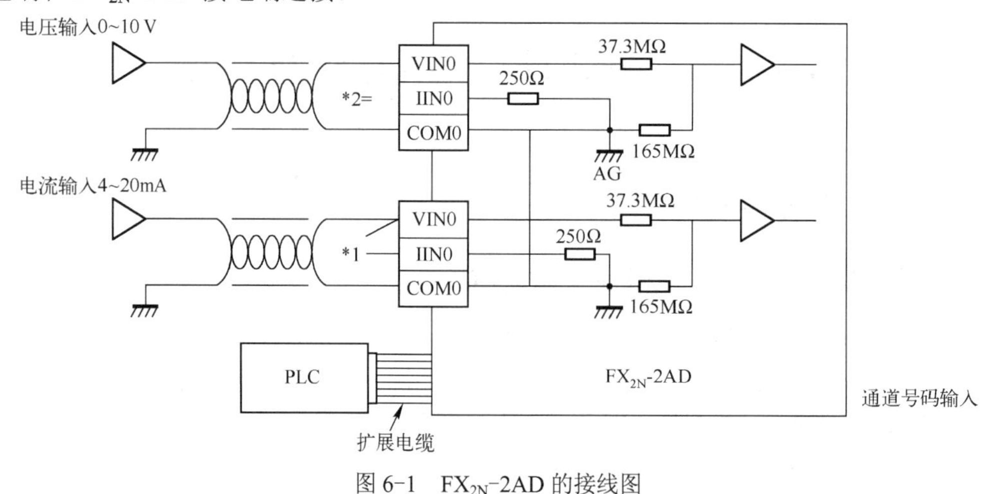

图 6-1　FX_{2N}-2AD 的接线图

3．数据缓冲存储器（BFM）的分配

FX_{2N}-2AD 模拟量模块内部有一个数据缓冲存储器（BFM）区，它由 32 个 16 位的寄存器组成，编号为 BFM #0～#31，其内容与作用如图 6-2 所示。数据缓冲存储器区的内容可以通过 PLC 的 FROM 和 TO 指令来读、写。

BFM编号	b15~b8	b7~b4	b3	b2	b1	b0
#0	保留	输入数据当前值(低8位数据)				
#1	保留		输入数据当前值(高4位数据)			
#2~#16	保留					
#17	保留				模–数转换开始	模–数转换通道
#18或更大	保留					

图 6-2　FX_{2N}-2AD 数据缓冲存储器（BFM）的分配

BFM#0：由 BFM#17（低 8 位数据）所指定通道的输入数据当前值被存储。当前值数据以二进制形式存储。

BFM#1：输入数据当前值（高 4 位数据）被存储。当前值数据以二进制形式存储。

BFM#17：b0 为 0，表示选择模拟输入通道 1；b0 为 1，表示选择模拟输入通道 2；b1 从 0 到 1，启动 A-D 转换。

6.1.2　基础知识：外围设备 BFM 读出/写入指令

1．特殊功能模块的 BFM 读出

FROM 指令用于从数据缓冲存储器（BFM）中读入数据，如图 6-3 所示。

这条语句是将编号为 m1 的特殊单元模块内，从数据缓冲存储器（BFM）号为 m2 开始的 n 个数据读入基本单元，并存放在从(D*)开始的 n 个数据寄存器中。当 X000=ON 时，执行读出操作。X000=OFF 时，不执行传送，传送地点的数据不变化。脉冲指令执行后也是如此。

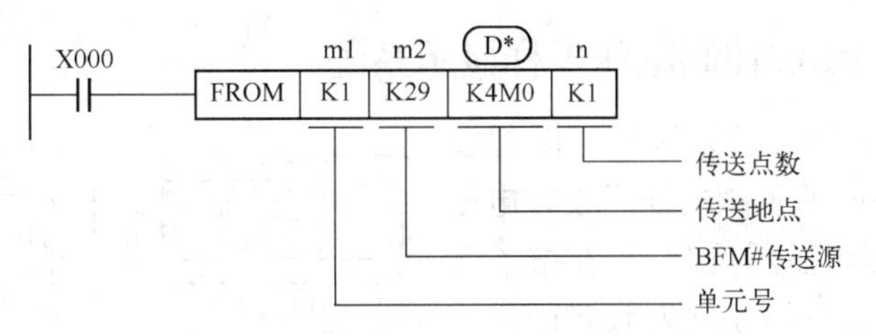

图 6-3 FROM 指令

2. 特殊功能模块的 BFM 写入

TO 指令用于可编程序控制器向数据缓冲存储器（BFM）写入数据，如图 6-4 所示。

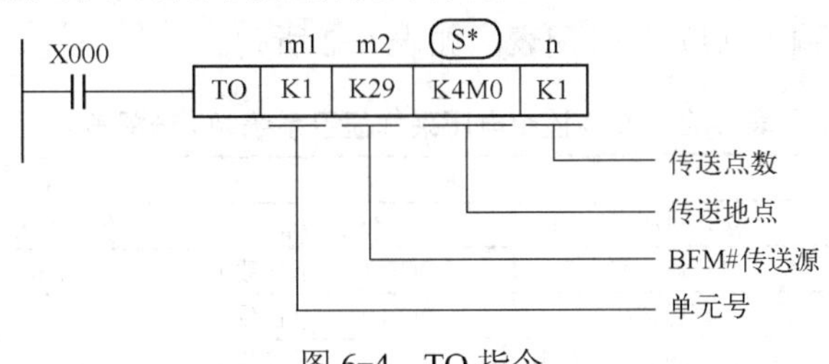

图 6-4 TO 指令

这条语句是将可编程序控制器中从(S*)元件开始的 n 个字的数据，写到特殊功能模块 ml 中从编号为 m2 开始的数据缓冲存储器（BFM）中。当 X000=ON 时，执行写入操作。X000=OFF 时，不执行传送，传送地点的数据不变化。脉冲指令执行后也是如此。位元件的数应指定是 K1～K4（16 位指令）、K1～K8（32 位指令）。

3. FROM、TO 指令的操作数的处理说明

（1）m1：特殊功能模块的模块号码

模块号码从接在 FX_{2N} 基本单元右边扩展总线上的特殊功能模块中最靠近基本单元的那一个开始顺次编为 0～7 号。需要注意的是，输入/输出扩展模块不参与编号，而且它们的位置可以任意放置。模块号通过 FROM/TO 指令指定哪个模块工作。

（2）m2：缓冲存储器（BFM）号码

特殊功能模块中内置 32 点 16 位 RAM 存储器，即缓冲存储器。缓冲存储器号为#0～#32，其内容根据各模块的控制目的而设定。

用 32 位指令对 BFM 处理时，指定的 BFM 为低 16 位，其后续编号的 BFM 为高 16 位。

（3）n：待传送数据的字数

16 位指令的 n=2 和 32 位指令的 n=1 相同含义。

在特殊辅助继电器 M8164（FROM/TO 指令的传送点数可变模式）为 ON，执行 FROM/TO 指令时，特殊数据寄存器 D8164（指定 FROM/TO 指令的传送点数的寄存器）的内容作为传送点数 n 进行处理。

（4）特殊辅助继电器 M8028 的作用

1）M8028=OFF 时，FROM、TO 指令执行时自动进入中断禁止状态，输入中断或定时器中断将不能执行。这期间发生的中断在 FROM、TO 指令完成后立即执行。另外，FROM、TO 指令也可以在中断程序中使用。

2）M8028=ON 时，FROM、TO 指令执行时如发生中断则执行中断程序，但是在中断程序中不可使用 FROM、TO 指令。

6.1.3 应用实例：PLC 控制电压采样显示系统

PLC 控制电压采样显示系统示意图如图 6-5 所示，在 0～10V 的范围内任意设定电压值（电压值可由电压表显示反映），在按了起动按钮 SB1 后，PLC 每隔 10s 对设定的电压值采样一次，同时数码管显示采样值。按了停止按钮 SB2 后，停止采样，并可重新起动（显示电压值单位为 0.1V）。

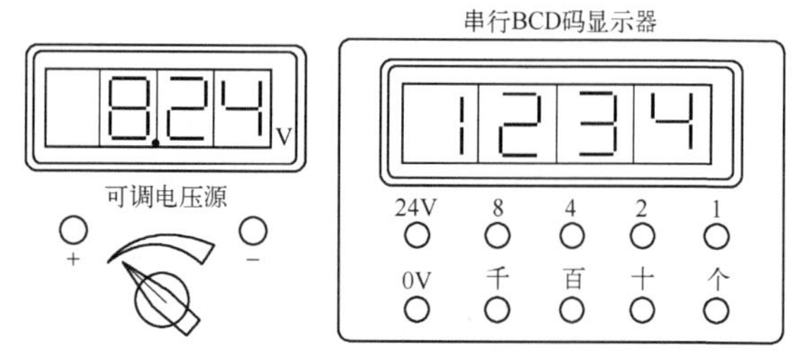

图 6-5 PLC 控制电压采样显示系统示意图

解：1）确定输入/输出（I/O）分配表，如表 6-2 所列。

表 6-2 PLC 控制电压采样显示系统 I/O 分配表

输入			输出		
输入设备	输入编号	输入对应端口	输出设备	输出编号	输出对应端口
起动按钮 SB1	X000	普通按钮	BCD 码显示管数 1	Y020	BCD 码显示器 1
停止按钮 SB2	X001	普通按钮	BCD 码显示管数 2	Y021	BCD 码显示器 2
FX_{2N}-2AD	CH1 通道	可调电压源+、−端口	BCD 码显示管数 4	Y022	BCD 码显示器 4
			BCD 码显示管数 8	Y023	BCD 码显示器 8
			显示数的位数选通（个位）	Y024	BCD 码显示器（个位）
			显示数的位数选通（十位）	Y025	BCD 码显示器（十位）
			显示数的位数选通（百位）	Y026	BCD 码显示器（百位）

2）根据控制要求，绘制控制流程图如图 6-6 所示。

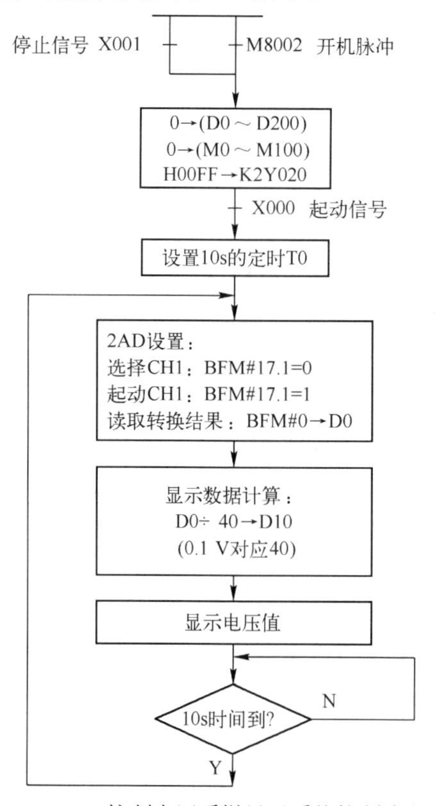

图 6-6 PLC 控制电压采样显示系统控制流程图

3）根据控制流程图绘制梯形图如图 6-7 所示。

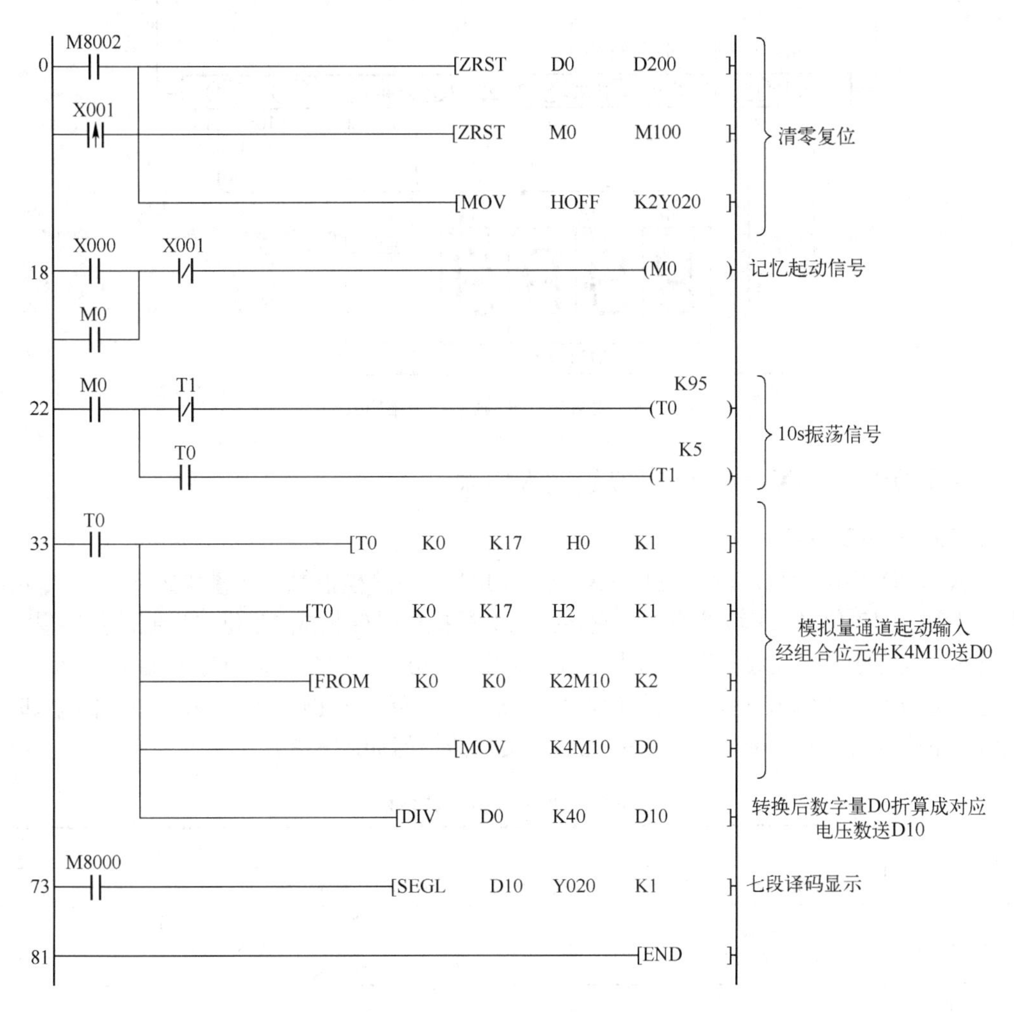

图 6-7　PLC 控制电压采样显示系统控制梯形图

图 6-7 中的七段码分时显示指令 SEGL，其操作数如下：

源操作数[S]：KnX、KnY、KnM、KnS、T、C、D、U□\G□、V、Z、K、H。

目的操作数[D]：Y。

其他操作数[n]：K、H。

七段码分时显示指令 SEGL 如图 6-8 所示，其作用是将(S*)的 4 位数值转换成 BCD 数据，采用分时方式，从(D*)～(D*)+3 依次将每 1 位数输出到对每一位带 BCD 译码器的 7 段数码管中，同时(D*)+4～(D*)+7 也依次以分时方式输出到锁定 4 位数为 1 组的 7 段数码显示。此时，(S*)为 0～9999 范围内 BIN 数据时有效。特别指出：当该指令执行结束时，M8029 接通一个扫描周期。

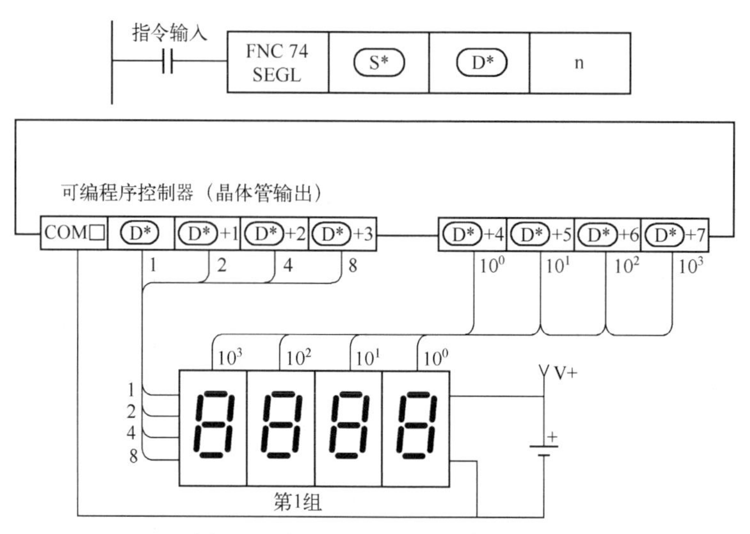

图 6-8　七段码分时显示指令 SEGL

6.1.4　基础知识：FX_{2N}-4AD 模拟量输入模块

1．FX_{2N}-4AD 概述

FX_{2N}-4AD 模拟量输入模块也是 FX 系列 PLC 专用的模拟量输入模块之一。FX_{2N}-4AD 模块为 4 通道 12 位 A-D 转换模块。它将接收的模拟信号转换成 12 位二进制的数字量，并以补码的形式存于 16 位数据寄存器中，数值范围是-2048～2047。通过输入端子变换，可以任意选择电压或电流输入状态。电压输入时，输入信号范围为 DC -10～10V；电流输入时，输入信号范围为 DC 4～20mA、-20～20mA。其性能指标如表 6-3 所列。

表 6-3　FX_{2N}-4AD 性能指标

项　　目	电压输入	电流输入
	电压或电流的输入是基于对输入端子的选择，一次可同时使用 4 个输入点	
模拟量输入范围	DC -10～10V（输入阻抗 200kΩ） 注意：如果输入电压超过±15V 时，单元会被损坏	DC -20～20mA（输入阻抗 250Ω） 注意：如果输入电流超过±32mA 时，单元会被损坏
数字量输出	12 位	
分辨率	5mV（10V 默认范围：1/2000）	20 μA（20mA 默认范围：1/1000）
总体精度	±1%（对于-10～10V 的范围）	±1%（对于-20～20mA 的范围）
处理时间	15ms/通道（常速），6ms/通道（高速）	

2．接线

FX_{2N}-4AD 的接线图如图 6-9 所示。

接线说明：

1）模拟输入信号采用屏蔽双绞线电缆与 FX_{2N}-4AD 连接，电缆应远离电源线或其他可能产生电气干扰的导线。

2）如果输入有电压波动，或在外部接线中有电气干扰，可以接一个（0.1～0.47）μF（25V）的电容。

3）如果是电流输入，应将端子 V+和 I+连接。

4）如果存在过多的电气干扰，需将电缆屏蔽层与 FG 端连接，并连接到 FX_{2N}-4AD 的接地端。

5）FX_{2N}-4AD 接地端与 PLC 主单元接地端连接，若可行，则在主单元使用 3 级接地。

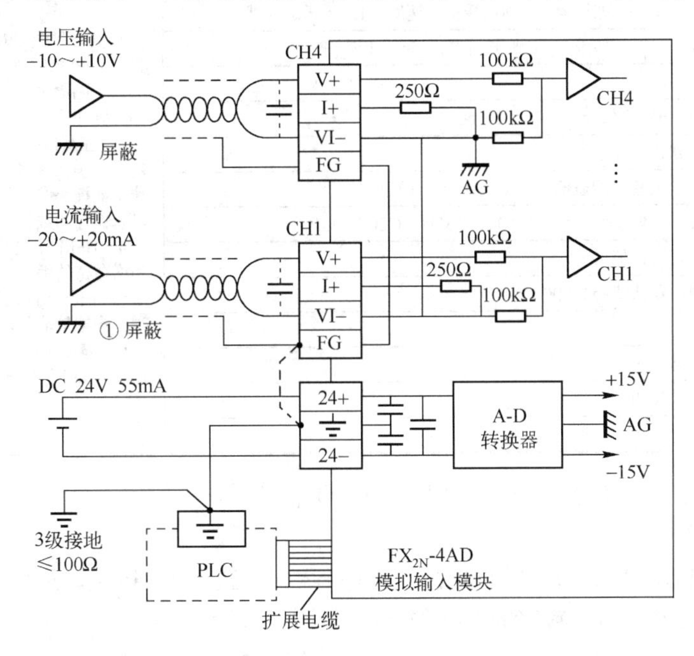

图 6-9　FX_{2N}-4AD 的接线图

3. 数据缓冲存储器（BFM）分配

FX_{2N}-4AD 共有 32 个数据缓冲存储器（BFM），每个 BFM 均为 16 位，BFM 的分配如表 6-4 所列。

表 6-4　BFM 分配表

BFM	内　容		说　明
*#0	通道初始化，默认值=H0000		1. 带*号的 BFM 可以使用 TO 指令，从 PLC 写入 2. 不带*号的 BFM 可以使用 FROM 指令从 PLC 读出 3. 在从模拟特殊功能模块读出数据之前，确保这些设置已经送入模拟特殊功能模块中，否则将使用模块里面以前保存的数值 4. BFM 提供了利用软件调整偏移和增益值的手段 5. 偏移（截距）：当数字输出为 0 时的模拟量输入值 6. 增益（斜率）：当数字输出为 1000 时的模拟量输入值
*#1	通道 1	包含采样数（1～4096），用于得到平均结果 默认值设为 8，表示正常速度 高速操作可选择 1	
*#2	通道 2		
*#3	通道 3		
*#4	通道 4		
#5	通道 1	这些缓冲区包含采样数的平均输入值；这些采样数是分别输入在#1～#4 缓冲区中的通道数据	
#6	通道 2		
#7	通道 3		
#8	通道 4		
#9	通道 1	这些缓冲区包含每个输入通道读入的当前值	
#10	通道 2		
#11	通道 3		
#12	通道 4		

（续）

<table>
<tr><th>BFM</th><th colspan="2">内　　容</th><th>说　　明</th></tr>
<tr><td>#13、#14</td><td colspan="2">保留</td><td rowspan="14">1．带*号的 BFM 可以使用 TO 指令，从 PLC 写入
2．不带*号的 BFM 可以使用 FROM 指令从 PLC 读出
3．在从模拟特殊功能模块读出数据之前，确保这些设置已经送入模拟特殊功能模块中，否则将使用模块里面以前保存的数值
4．BFM 提供了利用软件调整偏移和增益值的手段
5．偏移（截距）：当数字输出为 0 时的模拟量输入值
6．增益（斜率）：当数字输出为 1000 时的模拟量输入值</td></tr>
<tr><td rowspan="2">#15</td><td rowspan="2">选择 A-D 转化速度</td><td>如设为 0，则选择正常速度，15ms/通道（默认）</td></tr>
<tr><td>如设为 1，则选择高速 6ms/通道</td></tr>
<tr><td>#16～#19</td><td colspan="2">保留</td></tr>
<tr><td>BFM</td><td colspan="2">b7、b6、b5、b4、b3、b2、b1、b0</td></tr>
<tr><td>*#20</td><td colspan="2">复位到默认值和预设，默认值=0</td></tr>
<tr><td>*#21</td><td colspan="2">禁止调整偏移、增益值，默认值=（0、1）允许</td></tr>
<tr><td>*#22</td><td colspan="2">调整偏移、增益值　　G4O4、G3O3、G2O2、G1O1</td></tr>
<tr><td>*#23</td><td colspan="2">偏移值，默认值=0</td></tr>
<tr><td>*#24</td><td colspan="2">增益值，默认值=5、000</td></tr>
<tr><td>#25～#28</td><td colspan="2">保留</td></tr>
<tr><td>#29</td><td colspan="2">错误状态</td></tr>
<tr><td>#30</td><td colspan="2">识别码 K2010</td></tr>
<tr><td>#31</td><td colspan="2">禁用</td></tr>
</table>

数据缓冲存储器（BFM）分配包括如下几个方面。

（1）通道选择

通道的初始化由 BFM#0 中的 4 位十六进制数 H□□□□控制，最低位数字控制通道 1，最高位数字控制通道 4，数字的含义如下：

□=0：预设范围（-10～10V）；　　□=2：预设范围（-20～20mA）；

□=1：预设范围（4～20mA）；　　□=3：通道关闭（OFF）。

例：H3210 中，CH1 表示预设范围（-10～10V）；CH2 表示预设范围（4～20mA）；CH3 表示预设范围（-20～20mA）；CH4 表示通道关闭（OFF）。

（2）模-数转换速度的改变

在 FX_{2N}-4AD 的 BFM#15 中写入 0 或 1，可以改变 A-D 转换的速度，但要注意下列几点：

1）为保持高速转换率，尽可能少使用 FROM/TO 指令。

2）当改变转换速度后，应 BFM#1～#4 将立即设置到默认值，这一操作将不考虑它们原有的数值。如果速度改变作为正常程序执行的一部分时，请注意此点。

（3）调整增益和偏移值

1）通过将 BFM#20 设为 K1，将其激活后，包括模拟特殊功能模块在内的所有设置将复位成默认值，对于消除不希望发生的增益/偏移调整，这是一种快速的方法。

2）如果 BFM#21 的（b1，b0）设为（1，0），增益/偏移的调整将被禁止，以防止操作者不正确的改动。若需要改变增益/偏移，（b1，b0）必须设为（0，1），默认值是（0，1）。

3）BFM#23 和 BFM#24 的增益/偏移量被传送进指定输入通道增益/偏移的稳定寄存器，待调整的输入通道可以由 BFM#22 中适当的 G-O（增益-偏移）位来指定。

例：如果 G1 和 O1 设为 1，当用 TO 指令写入 BFM#22 后，将调整输入通道 1。

4）对于具有相同增益/偏移量的通道，可以单独或一起调整。

5）BFM#23 和 BFM#24 中增益/偏移量的单位是 mV 或 μA，由于单元分辨率的限制，实际的响应将以 5mV 或 20 μA 为最小刻度。

（4）状态信息

BFM#29 为 FX_{2N}-4AD 运行正常与否的信息。BFM#29 的状态信息如表 6-5 所列。

表 6-5　BFM#29 状态信息

BFM#29 的位设备	ON	OFF
b0：错误	b1～b4 中任何一个为 ON 如果 b2～b4 中任何一个为 ON，所有通道的 A/D 转换停止	无错误
b1：偏移/增益值错误	在 EEPROM 中的偏移/增益值不正常或者调整错误	偏移/增益正常
b2：电源故障	DC 24V 电源故障	电源正常
b3：硬件错误	A-D 转换器或其他硬件故障	硬件正常
b10：数字范围错误	数字输出值小于-2048 或大于 2047	数字输出值正常
b11：平均采样错误	平均值采样值不小于 4097，或者不大于 0（使用默认值 8）	平均正常（在 1～4097 之间）
b12：禁止偏移/增益值调整	禁止 BFM#21 的（b1，b0）设为（1，0）	允许 BFM#21 的（b1，b0）设为（1，0）

注：b4～b7、b9、b13～b15 没有定义。

（5）BFM#30 识别码

FX_{2N}-4AD 的识别码为 K2010。在传输/接收数据之前，可以使用 FROM 指令读出特殊功能模块的识别码（或 ID），以确认正在对此特殊功能模块进行操作。

（6）注意事项

1）BFM#0、BFM#23 和 BFM#24 的值将复制到 FX_{2N}-4AD 的 EEPROM 中。只有数据写入增益/偏移命令到缓冲 BFM#22 中时才复制 BFM#21 和 BFM#22。同样，BFM#20 也可以写入 EEPROM 中。EEPROM 的使用寿命大约是 10000 次（改变），因此不要使用程序频繁地修改这些 BFM。

2）写入 EEPROM 需要 30ms 左右的延时，因此，在第二次写入 EEPROM 之前，需要使用延时器。

4．增益和偏移

增益说明如图 6-10 所示，偏移说明如图 6-11 所示。

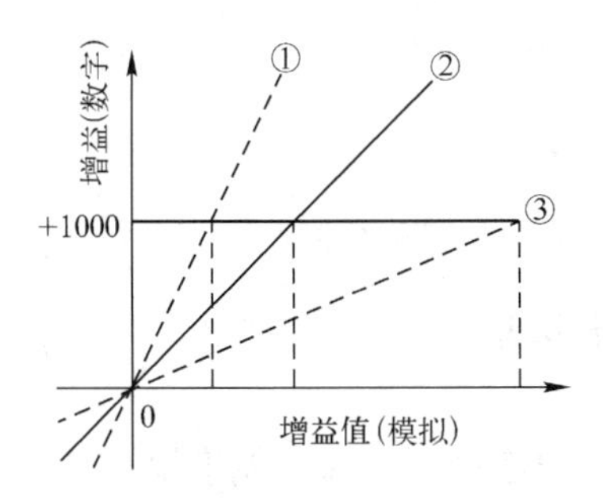

图 6-10　增益示意图

①小增益—读取数字值间隔大　②零增益—默认为 5V 或 20mA

③大增益—读取数字值间隔小

注：增益决定了校正线的角度或者斜率，由数字值 1000 标识。

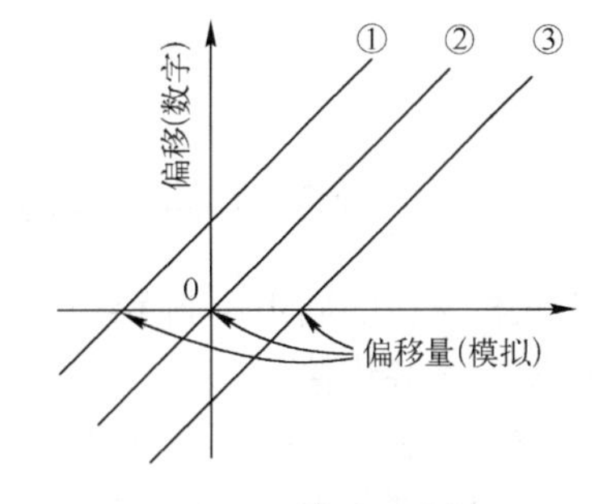

图 6-11　偏移示意图

①负偏移—数字值为 0 时模拟值为负

②零偏移—数字值等于 0 时模拟值等于 0

③正偏移—数字值为 0 时模拟值为正

注：偏移是校正线的“位置”，由数字值 0 标识。

偏移和增益值可以独立或一起设置。合理的偏移值范围是-5～5V 或-20～20mA。而合理的增益值是 1～15V 或 4～32mA。增益和偏移值都可以用 PLC 的程序调整。

调整增益/偏移值时，应该将增益/偏移值 BFM#21 的位（b1，b0）设置为（0，1），以允许调整。一旦调整完毕，这些位元件应该设为（1，0），以防止进一步的变化。

6.1.5 应用实例：PLC 控制液压折板机系统

现在有一个液压折板机，需要执行压板的同步控制，其系统原理如图 6-12 所示。液压缸 A 为主动缸，液压缸 B 为从动缸，由电磁换向阀控制 A 缸的运动方向，单向节流阀调节其运动速度。位置传感器（滑杆电阻）1、2 用以检测液压缸 A 和液压缸 B 的位置，其输出范围是-10～10V。当两液压缸的位置存在差别时，伺服放大器输出相应的电流，驱动电液伺服阀，使液压缸 B 产生相应的运动，从而达到同步控制的目的。本实例要求伺服放大器的功能由 PLC、特殊功能模块 FX_{2N}-4AD 组成的系统来实现，试设计 PLC 程序。

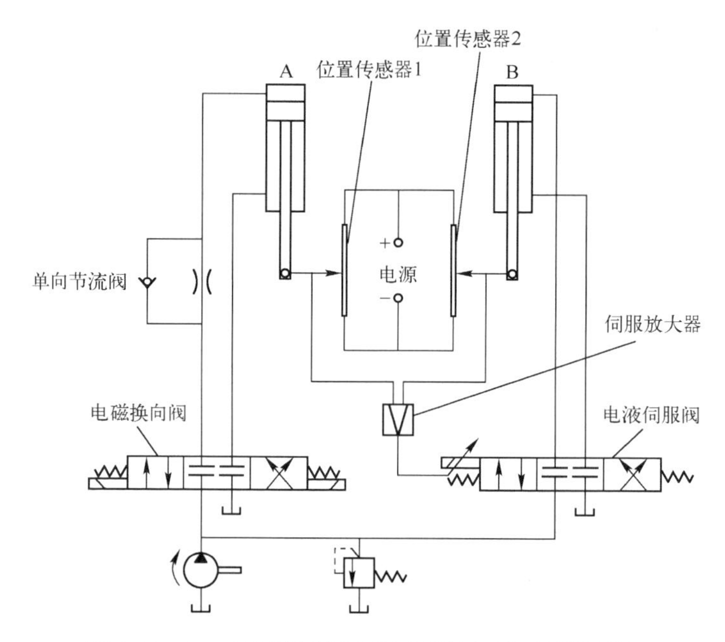

图 6-12 PLC 控制液压折板机压板的同步控制系统原理

液压折板机压板的同步控制系统的 PLC 程序设计步骤如下。

（1）模块的安装连接

两个位置传感器 1 和 2 的输入信号分别用双绞线连接到特殊功能模块 FX_{2N}-4AD 的 CH1、CH2 相应的端子上。

（2）初始参数的设定

1）通道选择。由于本实例中 CH1、CH2 的输入全部在-10～10V 范围内，CH3、CH4 暂不使用，所以根据表 6-4，BFM#0 单元的设置应该是 H3300。

2）A-D 转换速度的选择。可以通过对 BFM #15 写入 0 或 1 来进行选择，输入 0 选择低速；输入 1 选择高速。本实例中输入 1，即选择高速。

3）调整增益和偏移值。本实例不需要调整偏移值，增益值设定为 K2500（2.5V）。

（3）梯形图

此程序的梯形图由三部分组成。

1）初始化程序，如图 6-13 所示。

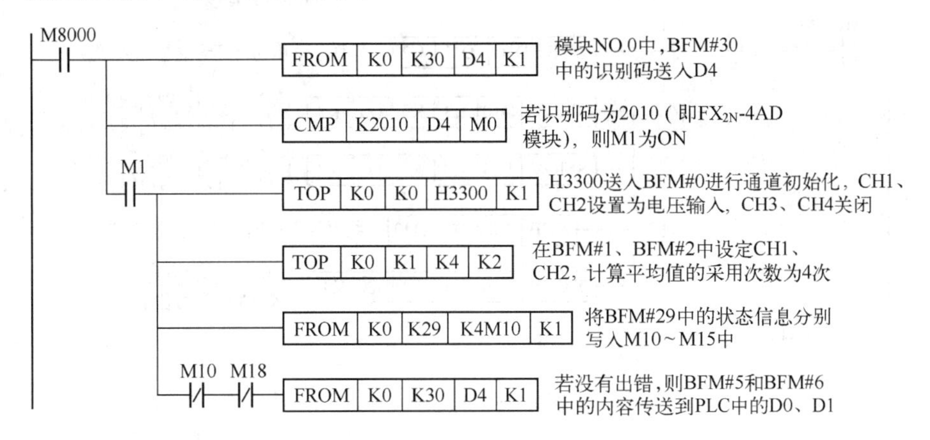

图 6-13　初始化程序

2）调整程序，如图 6-14 所示。

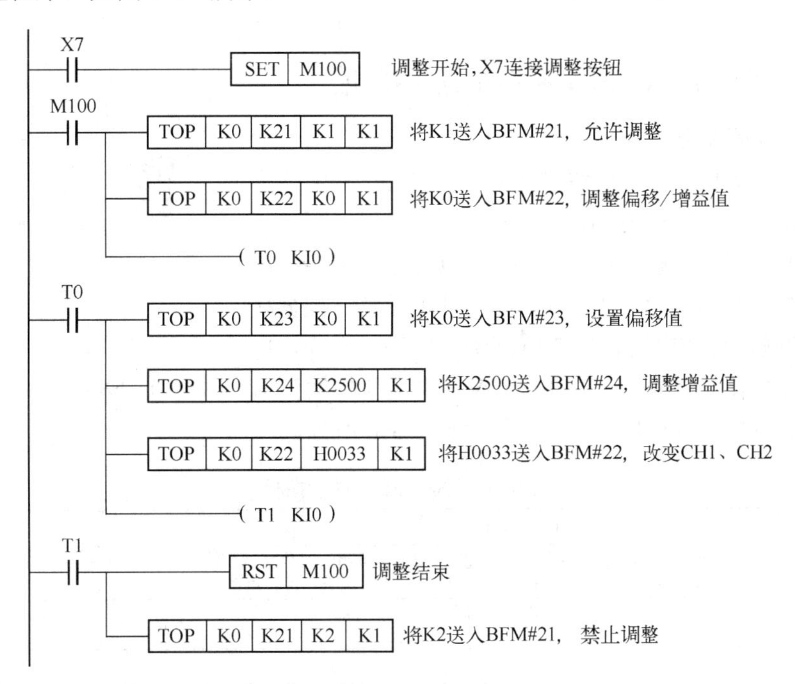

图 6-14　调整程序

3）控制程序，如图 6-15 所示。

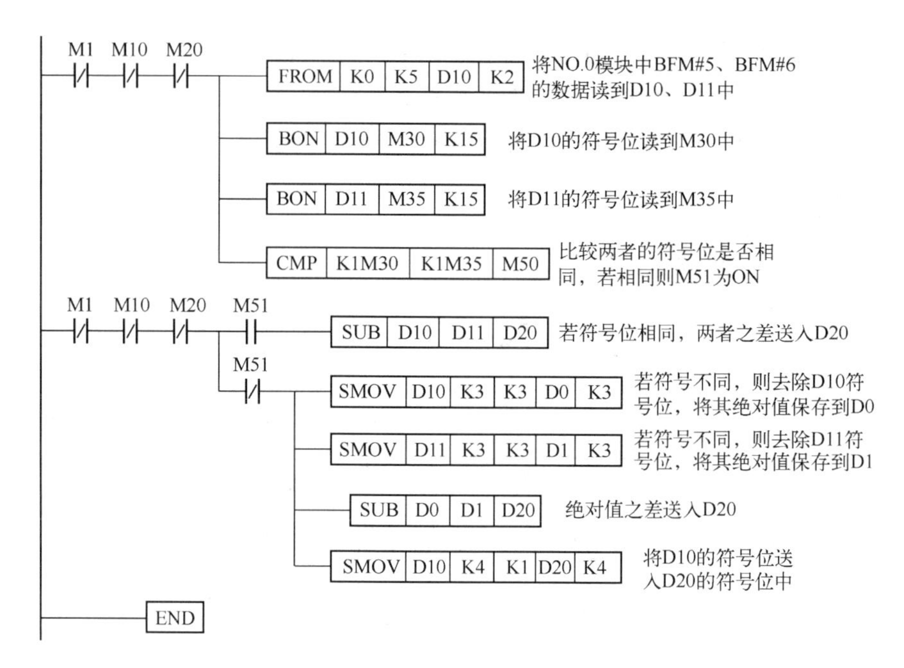

图 6-15 控制程序

6.2 D-A 转换模块应用

6.2.1 基础知识：FX_{2N}-2DA 模拟量输出模块

1. FX_{2N}-2DA 概述

FX_{2N}-2DA 模拟量输出模块是 FX 系列 PLC 专用的模拟量输出模块之一，其外形如图 6-16 所示。

图 6-16 FX_{2N}-2DA 模拟量输出模块

FX_{2N}-2DA 模拟量输出模块用于将 2 点的数字量转换成电压或电流模拟量输出，使用模拟量控制外围设备。根据接线方法，模拟输出可在电压输出或电流输出中进行选择。电压输出时，输入信号范围为 DC 0～10V；电流输出时，输入信号范围为 DC 4～20mA。其性能指标如表 6-6 所列。

表 6-6 FX_{2N}-2DA 性能指标

项 目	电压输出	电流输出
模拟量输出范围	在应用时，对于 DC 0～10V 的模拟电压输出，此单元调整的数字范围为 0～4000。当通过电流输出或 DC 0～5V 输出时，就必须通过偏置和增益调节器进行再调节	
	DC 0～10V，DC0～5V（外部负载阻抗为 2kΩ～1MΩ）	DC 4～20mA（外部负载阻抗不大于 500Ω）
数字量输入	12 位	
分辨率	2.5mV（10V/4000），1.25mV（5V/4000）	4 μA
总体精度	±1%（全范围 0～10V）	±1%（全范围 4～20mA）
处理时间	4ms/通道	

2. 接线

FX_{2N}-2DA 的接线图如图 6-17 所示。

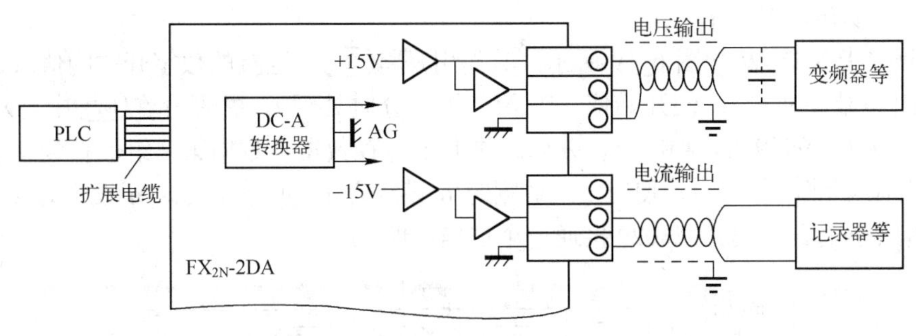

图 6-17　FX_{2N}-2DA 的接线图

接线说明：

1）模拟输出信号采用屏蔽双绞线电缆与 FX_{2N}-2DA 连接，电缆应远离电源线或其他可能产生电气干扰的导线。

2）如果输入有电压波动，或在外部接线中有电气干扰，可以接一个 0.1～0.47 μF（25V）的电容。

3）如果是电压输出，应将 OUT1 端子与 COM 端子短接。

4）FX_{2N}-2DA 接地端与 PLC 主单元接地端连接，如果存在过多的电气干扰，再将外壳接地端和 FX_{2N}-2DA 接地端连接。

3. 数据缓冲存储器（BFM）分配

FX_{2N}-2DA 模拟量模块内部有一个数据缓冲存储器（BFM）区，它由 32 个 16 位的寄存器组成，编号为 BMF #0～#31，其内容与作用如图 6-18 所示。数据缓冲寄存器区的内容可以通过 PLC 的 FROM 和 TO 指令来读、写。

BMF编号	b15～b8	b7～b3	b2	b1	b0
#0～#15	保留				
#16	保留	输出数据的当前值（8位数据）			
#17	保留		D-A低8位数据保持	通道1D-A转换开始	通道2D-A转换开始
#18～#31	保留				

图 6-18　FX_{2N}-2AD 缓冲寄存器（BFM）的分配

BFM#16：由 BFM#17（数字值）所指定通道的 D-A 转换数据被写入。D-A 数据以二进制形式，并以低 8 位和高 4 位两部分顺序被写入。

BFM#17：b0 从 1 变为 0 时，通道 2 的 D-A 转换开始；b1 从 1 变为 0 时，通道 1 的 D-A 转换开始；b2 从 1 变为 0 时，D-A 转换的低 8 位数据保持。

6.2.2　基础知识：数字开关指令

数字开关指令：FNC72　DSW。

源操作数[S]：X。

目的操作数[D1]：Y。

目的操作数[D2]：T、C、D、U□\G□、V、Z、K、H。

其他操作数[n]：K、H。

数字开关指令 DSW 如图 6-19 所示，其作用是将S*中连接的数字开关的值通过 100ms 间隔的输出信号，从第 1 位开始依次输入（执行分时处理），并保存在D2*中。对于数据D1*可以读取 0～9999 的 4 位数，并以二进制值保存数据，数据第一组保存到读取的D2*中，第二组保存到D2*+1 中。使用一组数据时 n 设定为 1，两组数据时 n 设定为 2。特别指出：当该指令执行结束时，M8029 接通一个扫描周期。

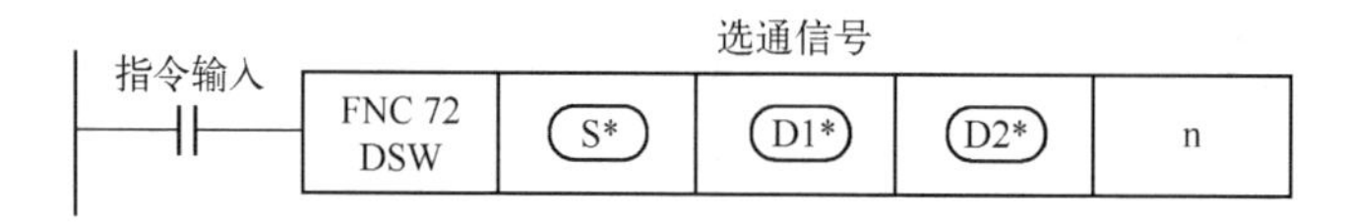

图 6-19　数字开关指令 DSW

实际应用中，三菱 PLC 提供了读取数字开关设定值的 DSW 指令。其采用的硬件接线形式如图 6-20 所示，采用扫描形式输入。此时将所有拨码盘的输入按 8421BCD 的形式分别接在一起，但公共端分别接 Y010～Y013，将 COM3 端与输入的公共端相连，即由 Y010～Y013 来选通不同的拨码盘，这样 16 个输入端口，只需用 4 个输入和 4 个输出（即共 8 个端口取代）实现。

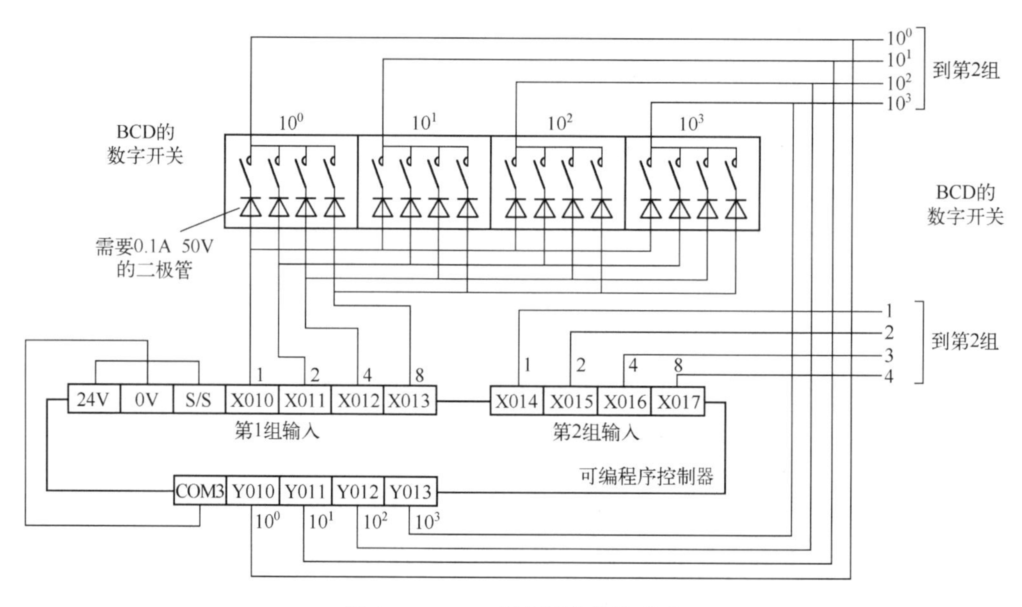

图 6-20　DSW 指令硬件接线形式

DSW 指令控制梯形图形式如图 6-21 所示，此时指令对应的时序图如图 6-22 所示。从时序图可知，当接通 X000 时，置位 M0，M0 接通后 Y010～Y013 彼此间隔 0.1s 顺序接通，分别扫描 4 个拨码盘的输入信号，并对输入信号组合后将其放入数据寄存器 D0。此时 D0 中的数据就是拨码盘设定的数据。

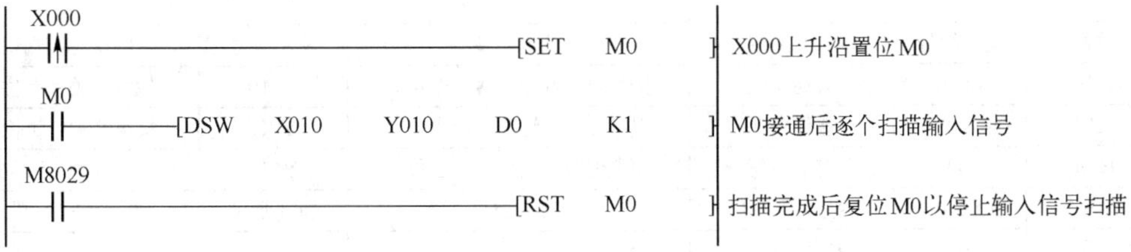

```
X000
─┤↑├──────────────────[SET   M0        ]  X000上升沿置位M0
M0
─┤├───[DSW   X010   Y010   D0   K1     ]  M0接通后逐个扫描输入信号
M8029
─┤├───────────────────[RST   M0        ]  扫描完成后复位M0以停止输入信号扫描
```

图 6-21　DSW 指令扫描输入的控制梯形图

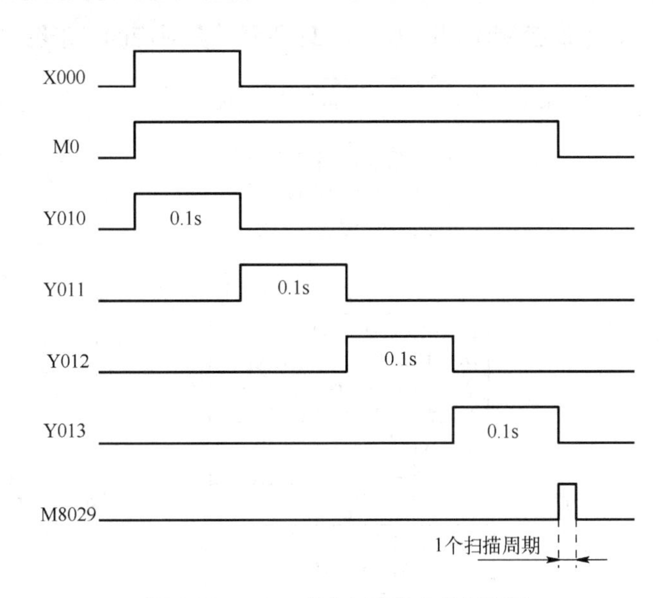

图 6-22　DSW 指令扫描输入的时序图

6.2.3　应用实例：PLC 控制模拟量电压输出设置系统

模拟量电压输出设置系统示意图如图 6-23 所示，其工艺流程和控制要求为：通过数码拨盘、数据输入按钮 SB1 输入任意个数的电压值（输入范围 0～10V，单位为 0.1V），由模拟量输出模块 FX_{2N}-2DA 将其输出到电压表上，反映拨盘输入的数值。当按下显示按钮 SB2 后，由模拟量输出模块输出的是所有输入电压值的平均值，只有按了复位按钮 SB3 后，方可重新操作。复位后电压表的读数应为零。

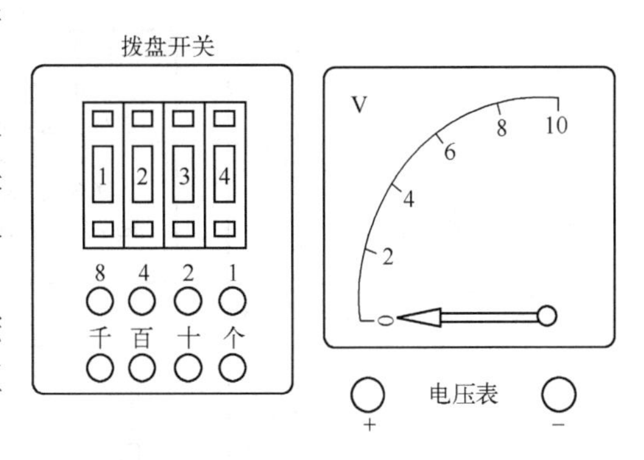

图 6-23　PLC 控制模拟量电压输出设置系统

解：1）确定输入/输出（I/O）分配表，如表 6-7 所列。

表 6-7　PLC 控制模拟量电压输出设置系统 I/O 分配表

输　入			输　出		
输入设备	输入编号	输入对应端口	输出设备	输出编号	输出对应端口
数据输入按钮	X000	普通按钮	拨盘位数选通信号（个位）	Y010	拨盘开关（个位）
显示按钮	X001	普通按钮	拨盘位数选通信号（十位）	Y011	拨盘开关（十位）
复位按钮	X002	普通按钮	拨盘位数选通信号（百位）	Y012	拨盘开关（百位）
拨盘数码 1	X010	拨盘开关 1	FX_{2N}-2DA	CH1 通道	电压表+、-端口
拨盘数码 2	X011	拨盘开关 2			
拨盘数码 4	X012	拨盘开关 4			
拨盘数码 8	X013	拨盘开关 8			

2）根据控制要求，绘制控制流程图如图 6-24 所示，其对应的梯形图如图 6-25 所示。

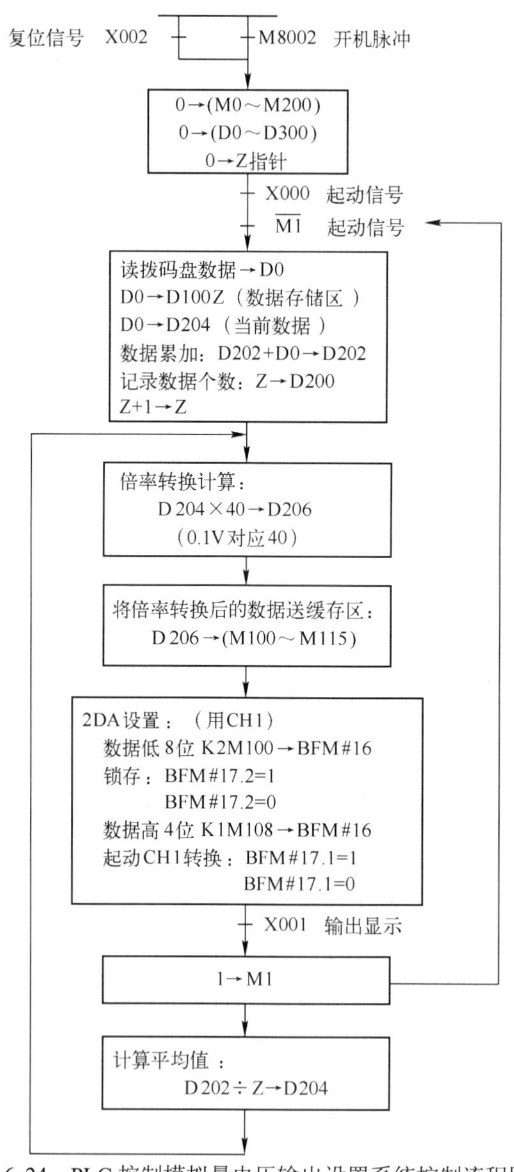

图 6-24　PLC 控制模拟量电压输出设置系统控制流程图

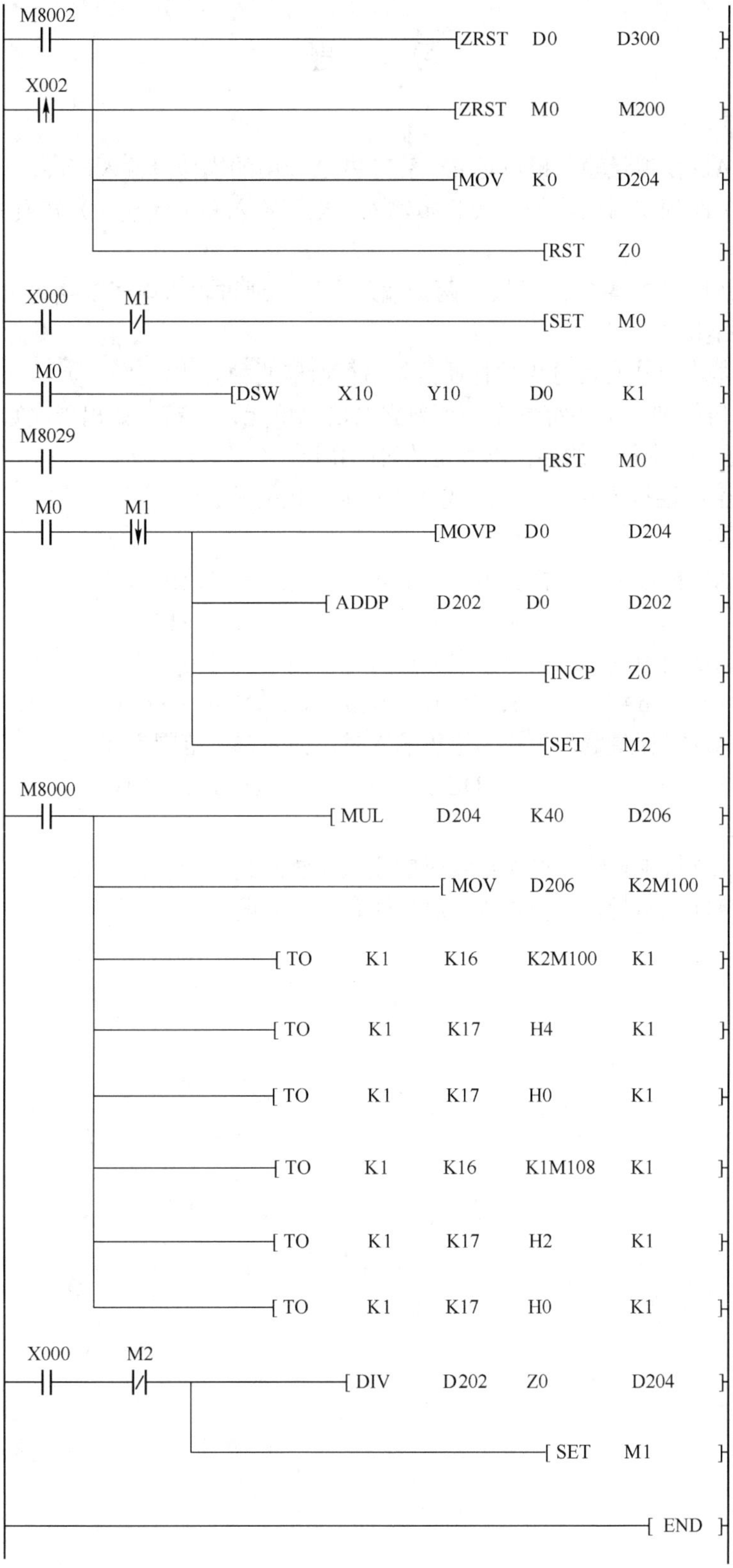

```
M8002
─┤├─┬──────────────[ZRST  D0    D300 ]
X002│
─┤↑├┼──────────────[ZRST  M0    M200 ]
    │
    ├──────────────[MOV   K0    D204 ]
    │
    └──────────────[RST   Z0 ]

X000   M1
─┤├───┤/├──────────[SET   M0 ]

M0
─┤├────[DSW   X10   Y10   D0   K1 ]
M8029
─┤├────────────────[RST   M0 ]

M0     M1
─┤├───┤↓├─┬────────[MOVP  D0    D204 ]
          ├────────[ADDP  D202  D0    D202 ]
          ├────────[INCP  Z0 ]
          └────────[SET   M2 ]

M8000
─┤├─┬──────[MUL   D204  K40   D206 ]
    ├──────[MOV   D206  K2M100 ]
    ├──────[TO    K1    K16   K2M100  K1 ]
    ├──────[TO    K1    K17   H4      K1 ]
    ├──────[TO    K1    K17   H0      K1 ]
    ├──────[TO    K1    K16   K1M108  K1 ]
    ├──────[TO    K1    K17   H2      K1 ]
    └──────[TO    K1    K17   H0      K1 ]

X000   M2
─┤├───┤/├─┬────────[DIV   D202  Z0    D204 ]
          └────────[SET   M1 ]

───────────────────[END ]
```

图 6-25　PLC 控制模拟量电压输出设置系统控制梯形图

习　题

一、判断题

1．FX_{2N}-2AD 模拟量输入模块是 FX 系列 PLC 专用的模拟量输入模块之一。（　　）

2．FX_{2N}-2AD 模块将接收的 4 点模拟输入（电压输入和电流输入）转换成 12 位二进制的数字量。（　　）

3．FX_{2N}-2AD 模拟量输入模块有两个输入通道，通过输入端子变换，可以任意选择电压或电流输入状态。（　　）

4．通信的基本方式有可分为并行通信与串行通信两种方式。（　　）

5．异步通信是把一个字符看作一个独立的信息单元，字符开始出现在数据流的相对时间是任意的，每一个字符中的各位以固定的时间传送。（　　）

6．串行通信的连接方式有单工方式、全双工方式两种。（　　）

二、选择题

1．FX_{2N}-2AD 模拟量输入模块为电压输入时，输入信号范围为（　　）。

A．DC 0～24V　　B．DC 0～5V　　C．DC 0～12V　　D．AC 0～10V

2．FX_{2N}-2AD 模拟量输入模块为电流输入时，输入信号范围为（　　）。

A．DC 4～20mA　　B．DC 0～20mA　　C．DC 4～10mA　　D．AC 0～20mA

3．FX_{2N}-4AD 模拟量输入模块为电压输入时，输入信号范围为（　　）。

A．DC 0～24V　　B．DC 0～5V　　C．DC -10～10V　　D．DC -10～0V

三、简答题

1．FX_{2N}-2AD 模拟量输入模块接线时应注意哪些问题？

2．FX_{2N}-4AD 模拟量输入模块接线时应注意哪些问题？

*第 7 章　联网通信及应用

7.1　FX_{2N} 并联连接联网通信

7.1.1　基础知识：串行通信及接口标准

1．串行通信的基本知识

通信的基本方式可分为并行通信与串行通信。并行通信是指数据的各个位同时进行传输的一种通信方式。串行通信是指数据一位一位地传输的通信方式。

串行通信主要有两种类型：异步通信和同步通信。

异步通信是把一个字符看作一个独立的信息单元，字符开始出现在数据流的相对时间是任意的，每一个字符中的各位以固定的时间传送。

串行通信的连接方式有单工方式、半双工方式、全双工方式三种。单工方式只允许数据按照一个固定方向传送，通信两点中的一点为接收端，另一点为发送端，而且是不可更改的。半双工方式下数据可在两个方向上传输，但在某特定时刻接收和发送是确定的。全双工方式则同时可作双向通信，两端可同时作发送端、接收端。

2．RS-232C 串行接口标准

RS-232C 是 1969 年由美国电子工业协会（Electronic Industrial Association，EIA）公布的串行通信接口标准。RS-232C 既是一种协议标准，又是一种电气标准，它规定了终端和通信设备之间信息交换的方式和功能。PLC 与计算机间的通信就是通过 RS-232C 标准接口来实现的。它采用按位串行通信的方式，传递的调制速率即波特率规定为 19200Bd、9600Bd、4800Bd、2400Bd、1200Bd、600Bd、300Bd 等。PC 及其兼容机通常均配有 RS-232C 接口。在通信距离较短、波特率要求不高的场合可以直接采用，既简单又方便。但是，由于 RS-232C 接口采用单端发送、单端接收，因此，在使用中有数据通信速率低、通信距离短和抗共模干扰能力差等缺点。

目前，RS-232 是 PC 与通信工程中应用最广泛的一种串行接口。RS-232 被定义为一种在低速率串行通信中的单端标准，以非平衡数据传输的界面方式工作，这种方式以一根信号线相对于接地信号线的电压来表示一个逻辑状态 Mark 或 Space。图 7-1 所示为一个典型的连接方式。RS-232 是全双工传输模式，可以独立发送数据（TXD）和接收数据（RXD）。

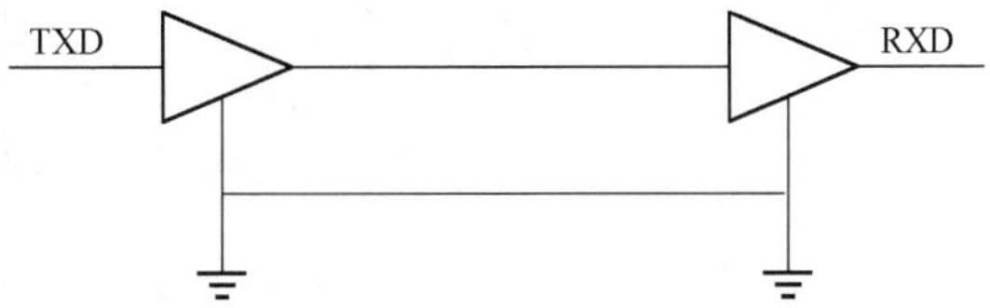

TXD
RXD

图 7-1　RS-232 典型的连接方式

RS-232 连接线的长度不可超过 50ft（1ft=0.3048m）或电容值不可超过 2500pF。如果以电容值为标准，一般连接线典型电容值为 17pF/ft，则容许的连接线长约 44m。如果是有屏蔽的连接线，则它的容许长度会更长。在有干扰的环境下，连接线的容许长度会减少。

RS-232 接口标准的不足之处如下：

1）接口的信号电平值较高，易损坏接口电路的芯片。

2）传输速率较低，在异步传输时，传输速率为 20kbit/s。

3）接口使用一根信号线和一根信号返回线构成共地的传输形式，这种共地传输容易产生共模干扰，所以抗噪声干扰能力差，随传输速率的增高其抗干扰的能力会成倍下降。

4）传输距离有限。

3．RS-422A 串行接口标准

RS-422A 采用平衡驱动、差分接收电路，如图 7-2 所示，从根本上取消了信号地线。平衡驱动器相当于两个单端驱动器，其输入信号相同，两个输出信号互为反相信号，图中的小圆圈表示反相。因为接收器是差分输入，所以共模信号可以互相抵消。而外部输入的干扰信号是以共模方式出现的，两根传输线上的共模干扰信号相同，因此，只要接收器有足够的抗共模干扰能力，就能从干扰信号中识别出驱动器输出的有用信号，从而克服外部干扰的影响。RS-422A 在最大传输速率（10Mbit/s）时，允许的最大通信距离为 12m。传输速率为 100kbit/s 时，最大通信距离为 1200m。一台驱动器可以连接 10 台接收器。

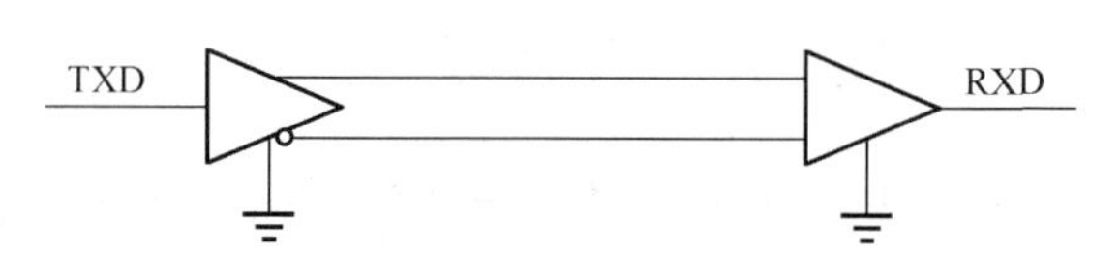

图 7-2　平衡驱动、差分接收电路

4．RS-485 串行接口标准

由于 RS-485 是从 RS-422 基础上发展而来的，所以 RS-485 的许多电气规定与 RS-422 相仿，如都采用平衡传输方式，都需要在传输线上接终端电阻。RS-485 可以采用二线与四线方式。二线制可实现真正的多点双向通信，其中的使能信号控制数据的发送或接收，如图 7-3 所示。

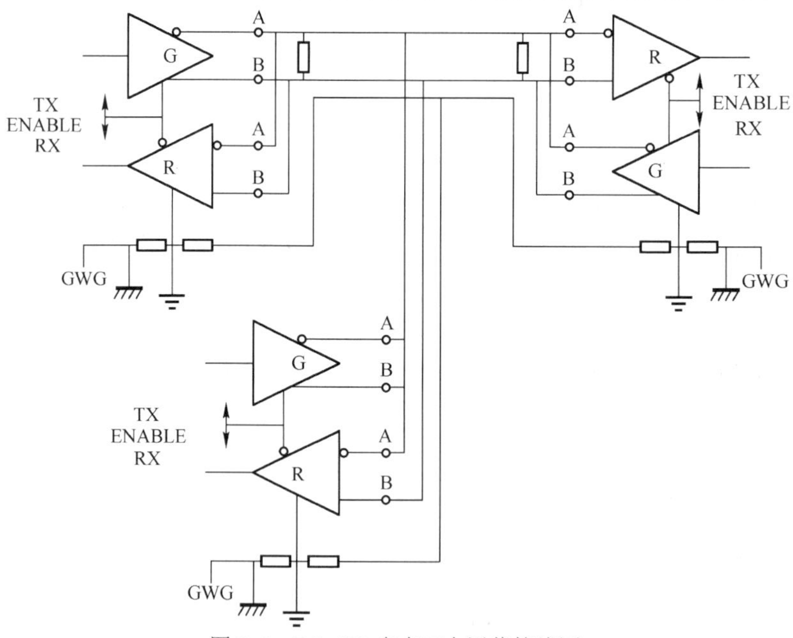

图 7-3　RS-485 多点双向通信接线图

注：G 为发送驱动器，R 为接收器，⊥为信号接地，⊥为保护接地或机箱接地，GWG 为电源地，TX 为发射端，ENABLE 为使能端，RX 为接收端。

RS-485 的电气特性是，逻辑“1”表示两线间的电压差为 2～6V，逻辑“0”表示两线间的电压差为-2～-6V；RS-485 的数据最高传输速率为 10Mbit/s；RS-485 接口采用平衡驱动器和差分接收器的组合，抗共模干扰能力强，即抗噪声干扰性好；它的最大传输距离标准值为 4000ft（1219.2m），实际上可达 3000m。另外，RS-232 接口在总线上只允许连接 1 个收发器，只具有单站能力，而 RS-485 接口在总线上允许连接多达 128 个收发器，即具有多站能力，用户可以利用单一的 RS-485 接口建立起设备网络。RS-485 接口因具有良好的抗噪声干扰性、长传输距离和多站能力等优点而成为首选的串行接口。因为 RS-485 接口组成的半双工网络一般只需两根连线，所以 RS-485 接口均采用屏蔽双绞线传输。

RS-485（两线）多点双向通信接线的引脚说明，如表 7-1 所示。

表 7-1　RS-485（两线）引脚说明

引　脚　号	引　脚　名	说　　明
1	RX	数据接收或发送信号线 A
2	RX+	数据接收或发送信号线 B
3	GND	接地信号线

5．RS-422A 和 RS-485 的应用

在许多应用环境中，都要求用尽可能少的信号线完成通信任务。在 PLC 局域网络中得到广泛应用的 RS-485 串行接口总线正是在此背景下诞生的。RS-485 实际上是 RS-422A 的变形；它与 RS-422A 的不同点在于 RS-422A 为全双工通信方式，RS-485 为半双工通信方式；RS-422A 采用两对平衡差分信号线，而 RS-485 只需其中一对平衡差分信号线。RS-485 对于多站互联的应用是十分方便的，这是它的明显优点。在点对点远程通信时，其电气连线如 图 7-4 所示，这个电路可以构成 RS-422A 串行接口（按图 7-4 中虚线连接），也可以构成 RS-485 接口（按图 7-4 中实线连接）。

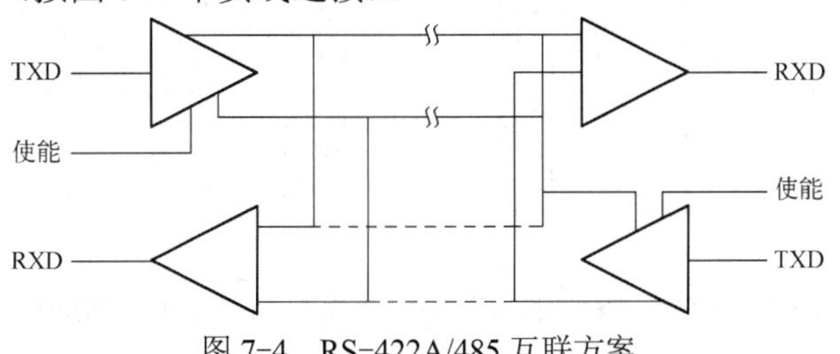

图 7-4　RS-422A/485 互联方案

需要注意的是，由于 RS-485 互联网络采用半双工通信方式，某一时刻两个站中只有一个站可以发送数据，而另一个站只能接收数据，因此发送电路必须有使能信号加以控制。

RS-485 串行接口用于多站互联非常方便，不但可以节省昂贵的信号线，而且可以高速远距离传送数据，因此将其用于联网构成分布式控制系统非常方便。

6．计算机、PLC、变频器及触摸屏间的通信口及通信线

1）计算机目前采用 RS-232 通信口。

2）三菱 FX 系列 PLC 目前采用 RS-422 通信口。

3）三菱 FR 变频器采用 RS-422 通信口。

4）F940GOT 触摸屏有两个通信口，一个采用 RS-232，另一个采用 RS-422/485。

计算机与三菱 FX 系列 PLC 之间通信必须采用带有 RS-232/422 转换的 SC-09 专用通信电缆；而 PLC 与变频器之间的通信，由于通信口不同，所以需要在 PLC 上配置 FX_{2N}-485-

BD 特殊模块。详细连线图如图 7-5 所示。

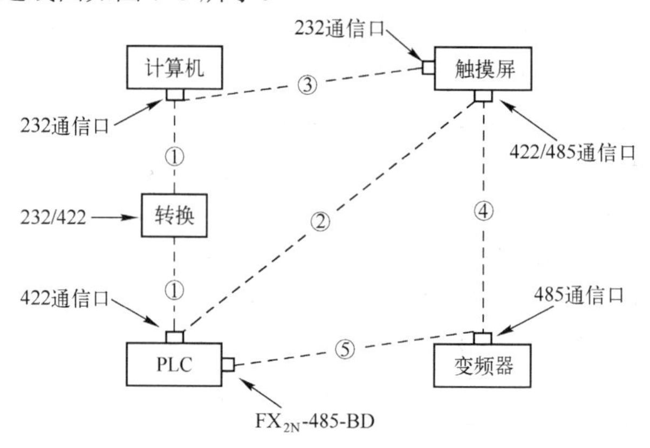

图 7-5　计算机、PLC、变频器及触摸屏间的通信口及通信连线

①—SC-09　②—FX-50DU-CAB　③—FX-232CAB-1　④—RS-422/485　⑤—RS-485

7.1.2　基础知识：并联连接功能网络设置

三菱 FX_{2N} 系列 PLC 支持并联连接功能网络，建立在 RS485 传输标准上，网络中允许两台 PLC 做并联连接通信。使用这种网络，通过 100 个辅助继电器和 10 个数据寄存器可完成信息交换。图 7-6 所示设定并联连接功能网络的硬件配置。FX_{2N}-485-BD 和 FX_{2N}-485ADP 内置了终端电阻，应将终端电阻的切换开关切换到相应阻值挡位。

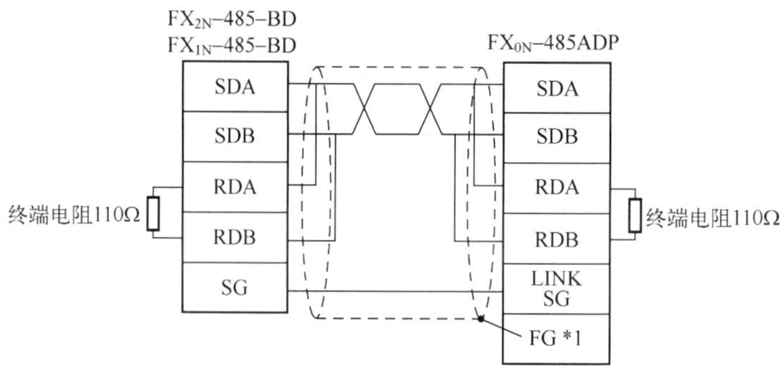

a)

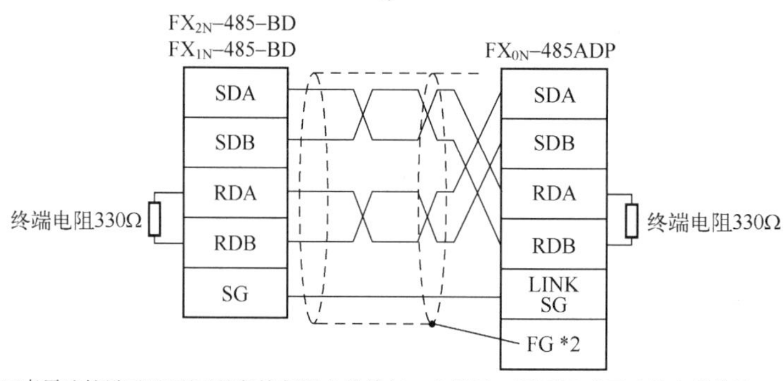

b)

图 7-6　1:1 网络的硬件配置

a) 一对导线连接　b) 两对导线连接

FX_{2N}系列 PLC 并联连接功能通信网络的组建主要是通过对各站点 PLC 用编程方式设置网络参数实现的。FX_{2N} 系列 PLC 规定了与并联连接功能通信网络相关的标志位（特殊辅助继电器）和特殊数据寄存器存储网络参数和网络状态，如表 7-2 所列。

表 7-2 特殊辅助继电器

设　备	操 作 功 能
M8070	驱动 M8070 成为并联连接的主站
M8071	驱动 M8071 成为并联连接的从站
M8072	当 PLC 处在并联连接操作中时为 ON
M8073	当 M8070/M8071 在并联连接操作中被错误设置时为 ON
M8162	高速并联连接模式
D8070	并联连接错误判定时间（默认：500ms）

FX_{2N} 系列 PLC 并联连接的网络，其工作模式有两种，以是否驱动特殊辅助继电器 M8162 来进行区分。特殊辅助继电器 M8162 关闭时为普通模式，此时一台 PLC 为主站，一台 PLC 为从站，如图 7-7 所示。其通信连接的数据范围如表 7-3 所列。

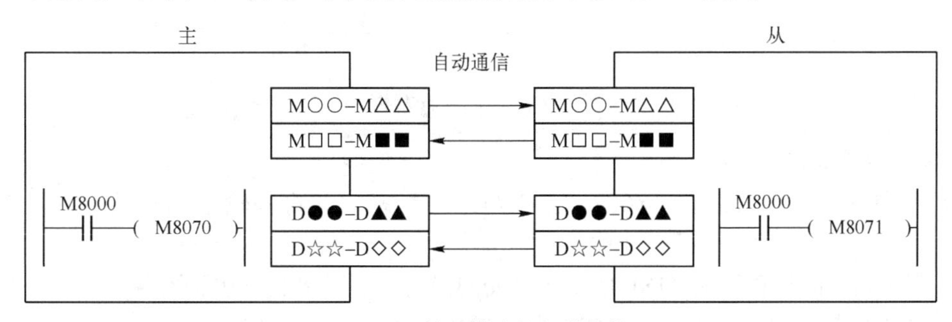

图 7-7 普通模式的并联连接

表 7-3 普通工作模式通信数据范围

机型		FX_{2N}、FX_{2NC}、FX_{1N}、FX、FX_{2C}	FX_{1S}、FX_{0N}
通信元件	主—从	M800～M899（100 点） D490～D499（10 点）	M400～M449（50 点） D230～D239（10 点）
	从—主	M900～M999（100 点） D590～D599（10 点）	M450～M499（50 点） D240～D249（10 点）
通信时间		70（ms）+主扫描时间（ms）+从扫描时间（ms）	

特殊辅助继电器 M8162 接通时为高速模式，此时一台 PLC 为主站，一台 PLC 为从站，如图 7-8 所示。其通信连接的数据范围如表 7-4 所列。

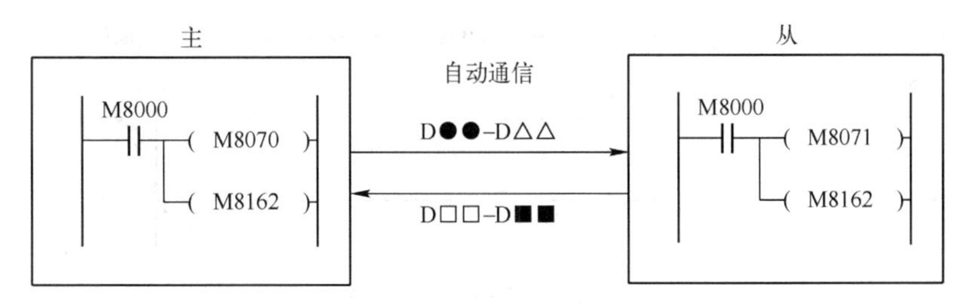

图 7-8 高速模式的并联连接

表 7-4　高速工作模式通信数据范围

机型		FX_{2N}、FX_{2NC}、FX_{1N}、FX、FX_{2C}	FX_{1S}、FX_{0N}
通信元件	主—从	D490、D491（2 点）	D230、D231（2 点）
	从—主	D500、D501（2 点）	D240、D241（2 点）
通信时间		20（ms）+主扫描时间（ms）+从扫描时间（ms）	

7.1.3　应用实例：并联连接功能网络控制应用

两台 FX_{2N} 系列 PLC 并联连接功能网络的硬件结构，如图 7-9 所示。

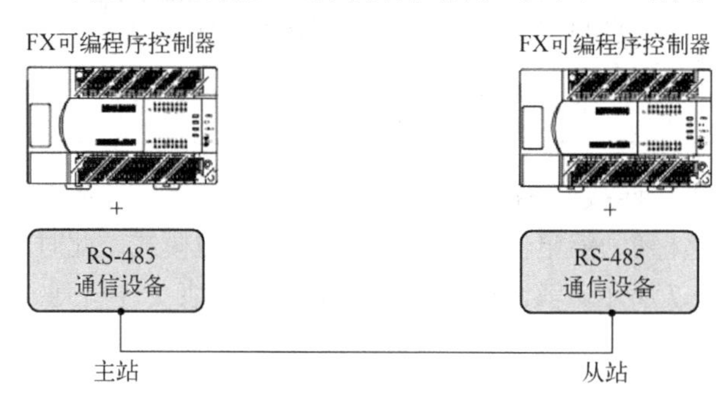

图 7-9　系统硬件结构

控制功能要求如下：

1）对主站点输入 X000～X007 的 ON/OFF 状态，并将其输出到从站点的 Y000～Y007。

2）若主站点的计算结果（D0+D2）是 100 或更小，从站点的 Y010 接通。

3）将从站点的 M0～M7 的 ON/OFF 状态输出到主站点的 Y000～Y007。

4）将从站点的 D10 的值用来设定主站点中的定时器 T0。

根据以上控制功能要求，主站的控制梯形图如图 7-10 所示，从站的控制梯形图如图 7-11 所示。

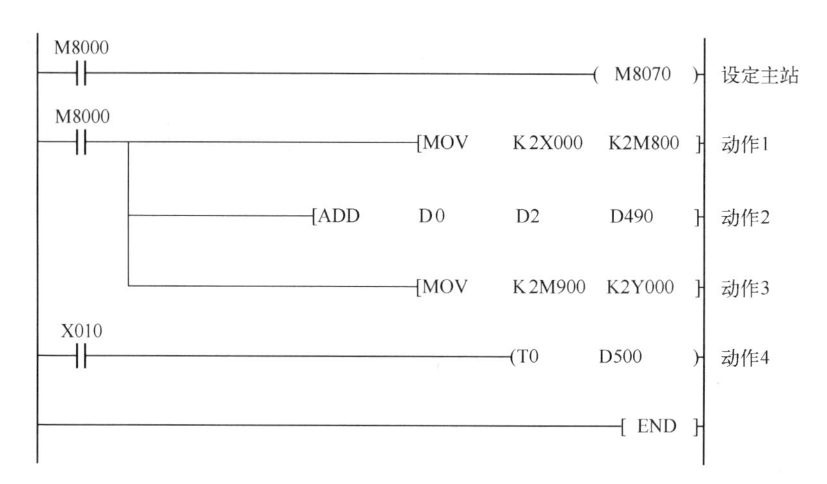

图 7-10　主站控制梯形图

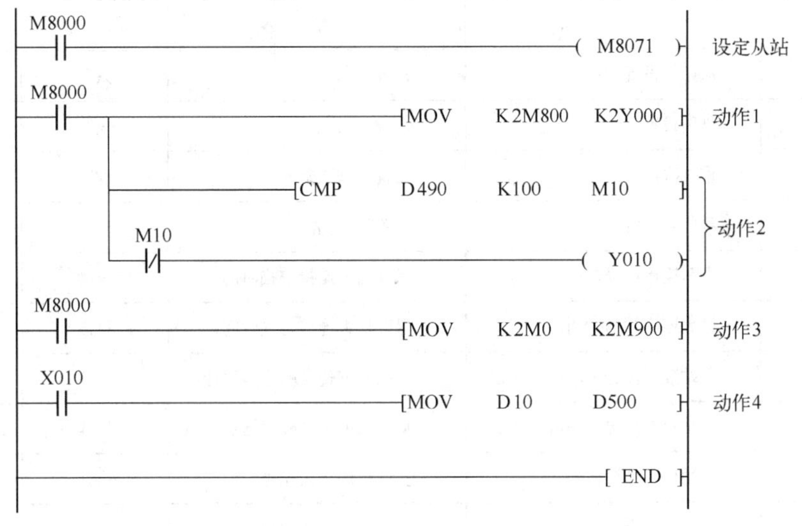

图 7-11　从站控制梯形图

7.2　FX_{2N} 的 N:N 网络通信

7.2.1　基础知识：N:N 网络设置

FX_{2N} 系列 PLC 的 N:N 网络支持以一台 PLC 作为主站进行网络控制，最多可连接 7 个从站，通过 RS-485 通信板进行连接。N:N 网络的辅助继电器均为只读属性，其分配地址与功能如表 7-5 所示。N:N 网络的寄存器分配地址与功能如表 7-6 所列。

表 7-5　N:N 网络的辅助继电器的分配地址与功能

辅助继电器	名　称	内　容	操 作 数
M8038	N:N 网络参数设定	用于设定网络参数	主站、从站
M8183	主站数据通信顺序错误	当主站通信错误时置 1	从站
M8184～M8190	从站数据通信顺序错误	当从站通信错误时置 1	主站、从站
M8191	数据通信	当通信进行时置 1	主站、从站

表 7-6　N:N 网络的寄存器的分配地址与功能

辅助寄存器	名　称	内　容	属　性	操 作 数
D 8173	站号设置状态	保存站号设置状态	只读	主站、从站
D8174	从站设置状态	保存从站设置状态	只读	主站、从站
D8175	刷新设置状态	保存刷新设置状态	只读	主站、从站
D8176	站号设置	设置站号	只写	主站、从站

（续）

辅助寄存器	名　称	内　容	属　性	操 作 数
D 8177	从站号设置	设置从站号	只写	主站
D 8178	刷新设置	设置刷新次数	只写	主站
D 8179	重试次数	设置重试次数	读写	主站
D 8180	看门狗定时	设置看门狗时间	读写	主站
D8201	当前连接扫描时间	保存当前连接扫描时间	只读	主站、从站
D8202	最大连接扫描时间	保存最大连接扫描时间	只读	主站、从站
D8203	主站数据传送顺序错误计数	主站数据传送顺序错误计数	只读	从站
D8204～D8210	从站数据传送顺序错误计数	从站数据传送顺序错误计数	只读	主站、从站
D8211	主站传送错误代号	主站传送错误代号	只读	从站
D8212～D8218	从站传送错误代号	从站传送错误代号	只读	主站、从站

通信错误不包含在 CPU 错误状态、编程错误状态或停止状态内。从站号与寄存器序号保持一致。例如，从站 1 对应 M8184，从站 2 对应 M8187……从站 7 对应 M8190。

当控制器得电时或程序由编程状态转到运行状态时，网络设置才会生效。在特殊寄存器 D8176 中可以设置 0 表示主站，设置 1～7 表示从站号，即从站 1～7。在特殊寄存器 D8177 中可以设置 1～7 表示从站号，即从站 1～7。在特殊寄存器 D8178 中可以设置刷新模式为 0～2，其功能如表 7-7～表 7-10 所列。

表 7-7　刷新设置 D8178

通信寄存器	刷 新 设 置		
	模式 0	模式 1	模式 2
位寄存器（M）	0 点	32 点	64 点
字寄存器（D）	4 点	4 点	8 点

表 7-8　模式 0 时的位寄存器与字寄存器分配

站　号	寄存器序号	
	位寄存器（M）	字寄存器（D）
	0 点	4 点
NO.0	—	D0～D3
NO.1	—	D10～D13
NO.2	—	D20～D23
NO.3	—	D30～D33
NO.4	—	D40～D43

（续）

站　号	寄存器序号	
	位寄存器（M）	字寄存器（D）
	0 点	4 点
NO.5	—	D50～D53
NO.6	—	D60～D63
NO.7	—	D70～D73

表 7-9　模式 1 时的位寄存器与字寄存器分配

站　号	寄存器序号	
	位寄存器（M）	字寄存器（D）
	32 点	4 点
NO.0	M1000～M1031	D0～D3
NO.1	M1064～M1095	D10～D13
NO.2	M1128～M1159	D20～D23
NO.3	M1192～M1223	D30～D33
NO.4	M1256～M1287	D40～D43
NO.5	M1320～M1351	D50～D53
NO.6	M1384～M1415	D60～D63
NO.7	M1448～M1479	D70～D73

表 7-10　模式 2 时的位寄存器与字寄存器分配

站　号	寄存器序号	
	位寄存器（M）	字寄存器（D）
	64 点	8 点
NO.0	M1000～M1063	D0～D7
NO.1	M1064～M1127	D10～D17
NO.2	M1128～M1191	D20～D27
NO.3	M1192～M1255	D30～D37
NO.4	M1256～M1319	D40～D47
NO.5	M1320～M1383	D50～D57
NO.6	M1384～M1447	D60～D67
NO.7	M1448～M1511	D70～D77

在特殊数据寄存器 D8178 中，可以改变设置值（0～10）。对于从站可以不要求设置。

如果主站与从站通信次数达到设置值（或超过设置值），就会出现通信错误。

在特殊数据寄存器 D8179 中，可以改变设置值（5～255）。设置值乘以 10ms 就是实际看门狗定时的时间。看门狗时间是主站与从站之间通信驻留时间。

通过编程进行设置，如图 7-12 所示。

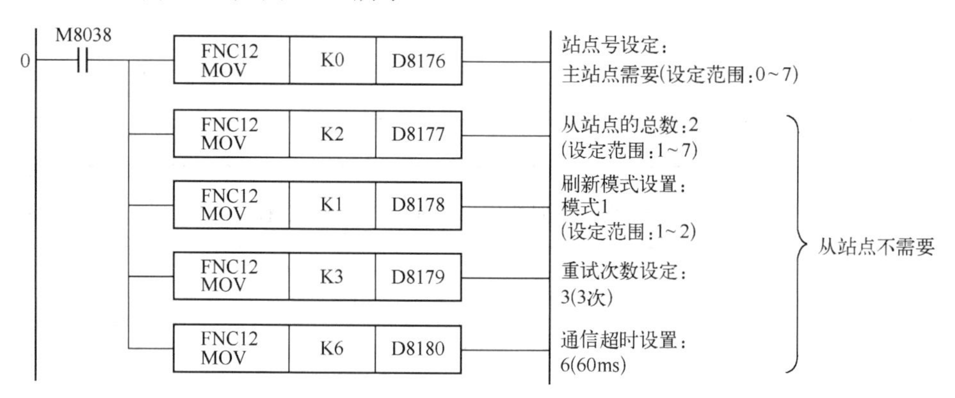

图 7-12　编程进行设置

应确保这些修改的设置值 N:N 网络参数设置的程序从第 0 步开始应用，如果处于其他位置，这些修改将不被执行，在这个位置上时系统就会自动运行。

7.2.2　应用实例：N:N 联网编程实例

3 台 FX_{2N} 系列 PLC 联成 N:N 网络的硬件结构如图 7-13 所示。要求刷新模式设置：32 点的位寄存器和 4 点的字寄存器（模式 1）。重试次数为 3 次，看门狗定时为 50ms。

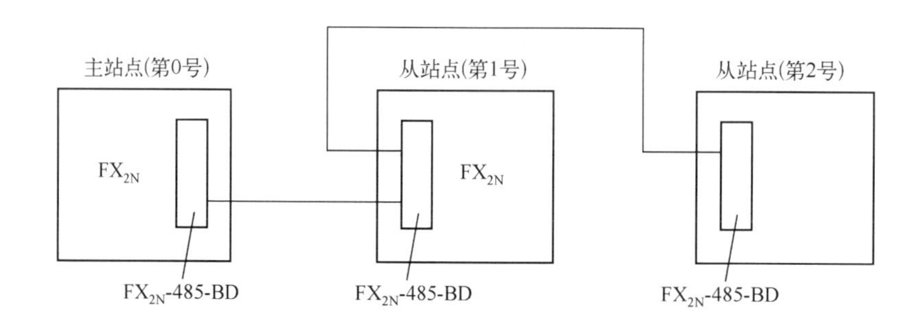

图 7-13　系统硬件结构

控制功能要求如下：

1）主站中输入点 X000～X003（M1000～M1003）可以输出到从站 1 和从站 2 中的 Y010～Y013。

2）从站 1 中输入点 X000～X003（M1064～M1067）可以输出到主站和从站 2 中的 Y014～Y017。

3）从站 2 中输入点 X000～X003（M1128～M1131）可以输出到主站和从站 1 中的 Y020～Y023。

4）主站中的数据寄存器 D1 指定为从站 1 中的计数器 C1 的设置值。计数器 C1 接通时的状态（M1070）控制主站中输出点 Y005 的通断。

5）主站中的数据寄存器 D2 指定为从站 2 中的计数器 C2 的设置值。计数器 C2 接通时的状态（M1140）控制主站中输出点 Y006 的通断。

6）将从站 1 中的数据寄存器 D10 所存储的数值与从站 2 中的数据寄存器 D20 中所存储的数值在主站中相加，然后把结果存储在数据寄存器 D3 中。

7）将主站中的数据寄存器 D0 所存储的数值与从站 2 中的数据寄存器 D20 中所存储的数值在从站 2 中相加，然后把结果存储在数据寄存器 D11 中。

8）将主站中的数据寄存器 D0 所存储的数值与从站 1 中的数据寄存器 D20 中所存储的数值在从站 1 中相加，然后把结果存储在数据寄存器 D21 中。

根据以上控制功能要求，对于主站、从站 1 和从站 2 的设置，其控制梯形图如图 7-14 所示。对于每个站来说，它不能检查自身的错误，因此必须编写错误检验程序，如图 7-15 所示。

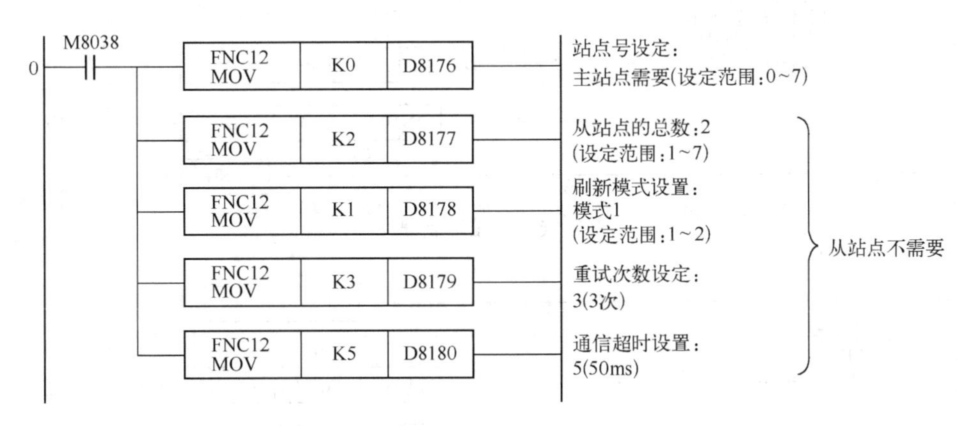

图 7-14　控制梯形图

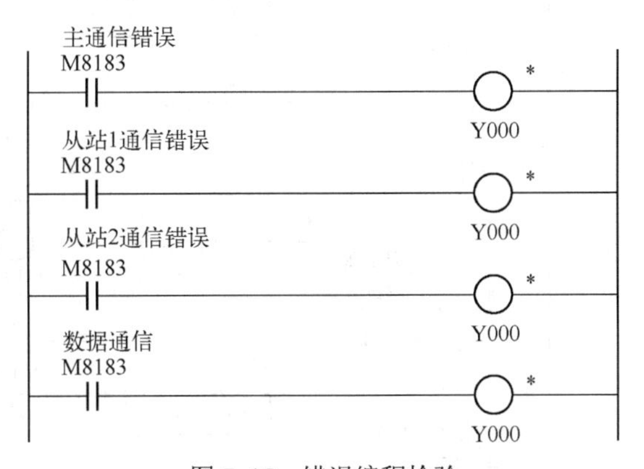

图 7-15　错误编程检验

为实现控制要求的主站控制程序如图 7-16 所示，从站 1 控制程序如图 7-17 所示，从站 2 控制程序如图 7-18 所示。

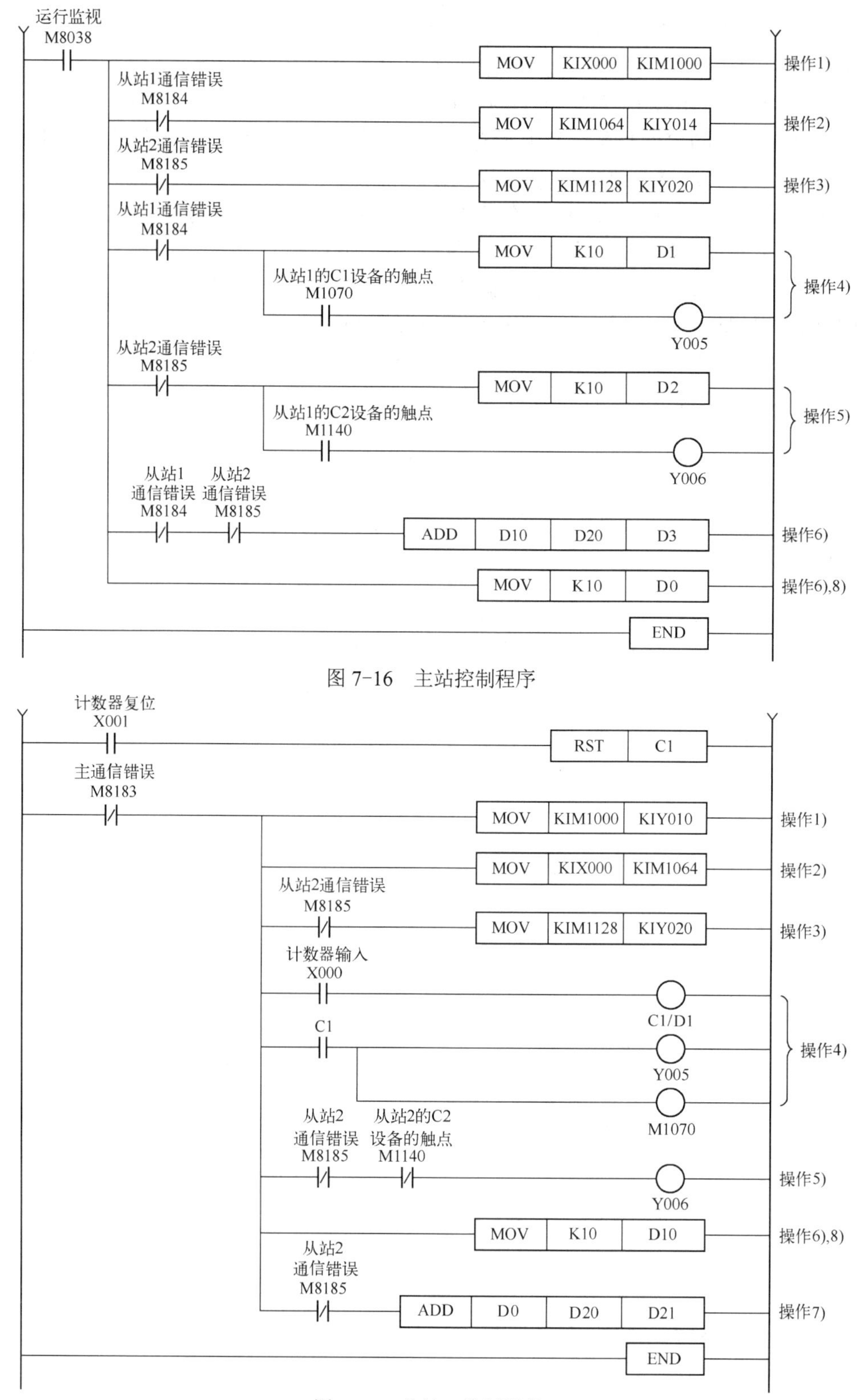

图 7-16　主站控制程序

图 7-17　从站 1 控制程序

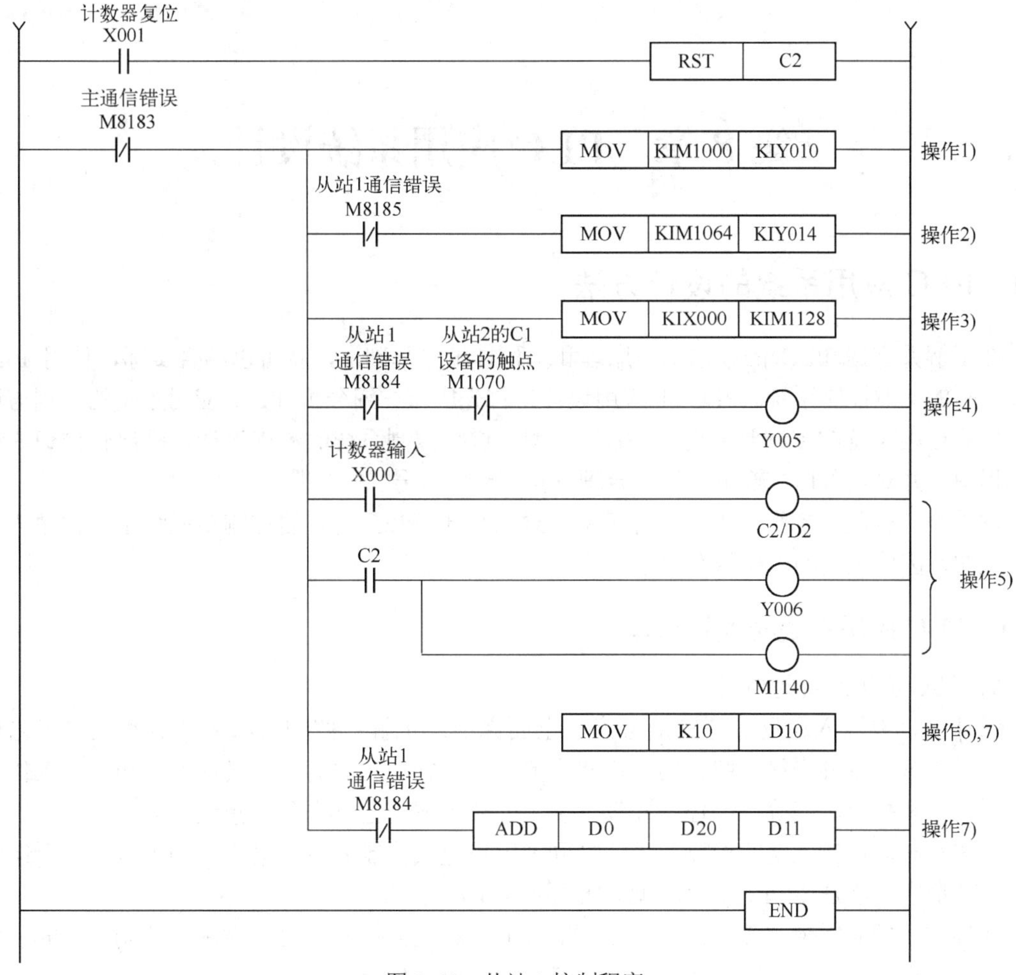

图 7-18　从站 2 控制程序

习　　题

一、判断题

1．通信的基本方式可分为并行通信与串行通信两种方式。（　　）

2．异步通信是把一个字符看作一个独立的信息单元，字符开始出现在数据流的相对时间是任意的，每一个字符中的各位以固定的时间传送。（　　）

3．串行通信的连接方式有单工方式、全双工方式两种。（　　）

二、简答题

1．RS-232 接口标准的不足之处是什么？

2．串行通信有哪几种类型？请简述每种类型的工作方式。

3．FX_{2N} 系列 PLC 并联连接的网络有哪几种工作模式？

4．在 N:N 网络中，特殊辅助寄存器 D8176、D8177、D8078 的功能分别是什么？

*第 8 章　PLC 应用系统设计

8.1　PLC 应用系统的设计方法

在了解并掌握 PLC 的基本工作原理和编程技术的基础上，就可以结合实际，使用 PLC 构成实际的工业控制系统。PLC 的应用设计，首先应该详细分析 PLC 应用系统的规划与设计，然后根据系统的控制要求选择 PLC 机型，进行控制系统的流程设计，画出较详细的程序流程图，并对输入口、输出口进行合理安排，给定编号。

软件设计也就是梯形图设计，即编制程序。由于 PLC 所有的控制功能都是以程序的形式体现的，因此大量的工作用在程序设计上。

8.1.1　PLC 应用系统的规划与设计

1．PLC 应用系统的规划

设计前，要深入现场进行实地考察，全面详细地了解被控制对象的特点和生产工艺过程。同时要搜集各种资料，归纳出工作状态流程图，并与有关的机械设计人员和实际操作人员进行交流和探讨，明确控制任务和设计要求。要了解工艺过程和机械运动与电气执行组件之间的关系和对控制系统的控制要求，共同拟定出电气控制方案，最后归纳出电气执行组件的动作节拍表。这是要 PLC 正确实现的根本任务。

在确定了控制对象和控制范围之后，需要制定相应的控制方案。在满足控制要求的前提下，力争使设计出来的控制系统简单、可靠、经济以及使用和维修方便。根据生产工艺和机械运动的控制要求，确定电气控制系统的工作方式，即是采用单机控制方式就可以满足要求，还是需要多机联网通信。最后，综合考虑所有的要求，确定所要选用的 PLC 机型，以及其他各种硬件设备。

在考虑完所有的控制细节和应用要求后，还必须要注意控制系统的安全性和可靠性。大多数工业控制现场，充满了各种各样的干扰和潜在的突发状态。因此，在设计的最初阶段就要考虑到这方面的各种因素，到现场去观察和搜集数据。

在设计 PLC 控制系统的时候，应考虑到日后生产的发展和工艺的改进，从而适当地留有一些余量，方便日后的升级。

2．PLC 控制系统的设计流程

PLC 控制系统的设计流程图，如图 8-1 所示，具体步骤如下：

1）分析被控对象，明确控制要求。根据生产和工艺过程分析控制要求，确定控制对象及控制范围，确定控制系统的工作方式，例如全自动、半自动、手动、单机运行、多机联合运行等。还要确定系统应有的其他功能，例如故障检测、诊断与显示报警、紧急情况的处理、管理功能和联网通信功能等。在分析被控对象的基础上，根据 PLC 的技术特点，与继电器控制系统、集散控制（DCS）系统及微机控制系统进行比较，优选控制方案。

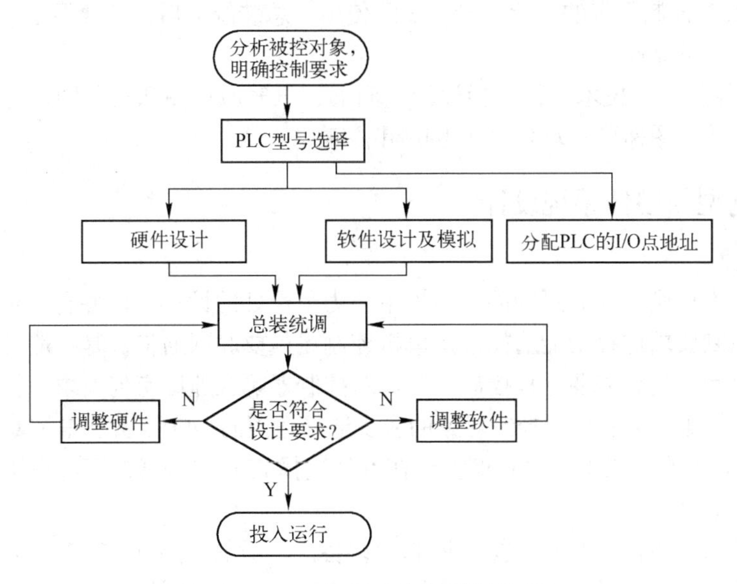

图 8-1　PLC 控制系统的设计流程图

2）确定所需要的 PLC 机型，以及用户 I/O 设备，据此确定 PLC 的 I/O 点数。选择 PLC 机型时应考虑生产厂家、性能结构、I/O 点数、存储容量和特殊功能等方面。选择过程中应注意：CPU 功能要强，结构要合理，I/O 控制规模要适当，I/O 功能及负载能力要匹配，以及对通信、系统响应速度的要求。此外，还要考虑电源的匹配等问题。如果是单机自动化或机电一体化产品，可选用小型机；如果控制系统较大，I/O 点数较多，控制要求比较复杂，则可选用中型或大型机。

根据系统的控制要求，确定系统的 I/O 设备的数量及种类，如按钮、开关、接触器、电磁阀和信号灯等；明确这些设备对控制信号的要求，如电压和电流的大小，直流还是交流，开关量还是模拟量和信号幅度等。据此确定 PLC 的 I/O 设备的类型、性质及数量。以上统计的数据是一台 PLC 完成系统功能所必须满足的，但在具体确定 I/O 点数时，则要按实际 I/O 点数再加上 20%～30%的备用量。

3）分配 PLC 中 I/O 点地址，设计 I/O 连接图。根据已确定的 I/O 设备和选定的可编程序控制器，列出 I/O 设备与 PLC 中 I/O 点的地址分配表，以便编制控制程序、设计接线图及硬件安装。

4）可同时进行 PLC 的硬件设计和软件设计。硬件设计指电气线路设计，包括主电路、PLC 外部控制电路、PLC 中 I/O 接线图、设备供电系统图、电气控制柜结构及电器设备安装图等。软件设计包括逻辑状态表、状态转移图、梯形图和指令表等。控制程序设计是 PLC 系统应用中最关键的问题，也是整个控制系统设计的核心。

5）进行总装统调。一般先要进行模拟调试，即不带输出设备情况下，根据 I/O 模块的指示灯显示进行调试。若发现问题要及时修改，直到完全符合设计要求。此后就可进行联机调试，先连接电气柜但不带负载，待各输出设备调试正常后，再接上负载运行调试，直到完全满足设计要求为止。

6）修改或调整软、硬件设计，使之符合设计的要求。

7）完成 PLC 控制系统的设计，投入实际使用。总装统调后，还要经过一段时间的试运行，以检验系统的可靠性。

8）技术文件整理。技术文件包括设计说明书、电气原理图和安装图、器件明细表、逻辑状态表、状态转移图梯形图及软件使用说明书等。

8.1.2 PLC 选型与硬件系统设计

1. PLC 选型

机型选择基本原则：在满足功能的前提下，力争最好的性价比，并有一定的可升级性。首先，按实际控制要求进行功能选择，是单机控制还是要联网通信；是一般开关量控制，还是要增加特殊单元；是否需要远程控制；现场对控制器响应速度有何要求；控制系统与现场是分开还是在一起等。然后根据控制对象的多少选择适当的 I/O 点数和信道数；根据 I/O 信号选择 I/O 模块，选择适当的程序存储量。在具体选择 PLC 的型号时可考虑以下几个方面。

（1）功能的选择

对于以开关量为主，带少量模拟量控制的设备，一般的小型 PLC 都可以满足要求。对于模拟量控制的系统，由于具有很多闭环控制系统，可根据控制规模的大小和复杂程度，选用中档或高档机。对于需要联网通信的控制系统，要注意机型统一，以便其模块可相互换用，便于备件采购和管理。功能和编程方法的统一，有利于产品的开发和升级，有利于技术水平的提高和积累。对有特殊控制要求的系统，可选用有相同或相似功能的 PLC。选用有特殊功能的 PLC，不必添加特殊功能模块。配了上位机后，可方便地控制各独立的 PLC 连成一个多级分布的控制系统，相互通信，集中管理。

（2）基本单元的选择

包括响应速度、结构形式和扩展能力。对于以开关量控制为主的系统，一般 PLC 的响应速度足以满足控制的需要。但是对于模拟量控制的系统，则必须考虑 PLC 的响应速度。在小型 PLC 中，整体式比模块式的价格便宜，体积也较小，只是硬件配置不如模块式的灵活。在排除故障所需的时间上，模块式相对来说比较短。应该多加关注扩展单元的数量、种类以及扩展所占用的信道数和扩展口等。

（3）编程方式

PLC 的编程方式有在线编程和离线编程。

1）在线编程 PLC：有两个独立的 CPU，分别在主机和编程器上。主机 CPU 主要完成控制现场的任务，编程器 CPU 处理键盘编程命令。在扫描周期末尾，两个 CPU 会互相通信，编程器 CPU 会把改好的程序传送给主机，主机将在下一扫描周期的时候，按照新的程序进行控制，完成在线编程的操作。可在线编程的 PLC 由于增加了软、硬件，因此，价格较高，但应用范围比较广。

2）离线编程 PLC：主机和编程器共享一个 CPU。在同一时刻，CPU 要么处于编程状态，要么处于运行状态，可通过编程器上的“运行/编程”开关进行选择。由于减少了软、硬件开销，所以价格比较便宜，中、小型的 PLC 多采用离线编程的方式。

2. PLC 硬件系统设计

PLC 硬件设计的内容包括：完成系统流程图的设计，详细说明各个输入信息流之间的关系，具体安排输入和输出的配置，以及对输入和输出进行地址分配。

在进行输入配置和地址分配时，可将所有的按钮和限位开关分别集中配置，相同类型的输入点尽量分在一个组。对每一种类型的设备号，按顺序定义输入点的地址。如果有多余的输入点，可将每一个输入模块的输入点都分配给一台设备。将那些噪声高的输入模块尽量插到远离 CPU 模块的插槽内，以避免交叉干扰，因此这类输入点的地址较大。

在进行输出配置和地址分配时，也要尽量将同类型设备的输出点集中在一起。按照不同类型的设备，顺序地定义输出点地址。如果有多余的输出点，可将每一个输出模块的输出点都分配给一台设备。另外，对有关联的输出器件，如电动机的正转和反转等，其输出地址应连续分配。

在进行上述工作时，也要结合软件设计以及系统调试等方面进行综合考虑。合理地安排配置与地址分配的工作，会给日后的软、硬件设计，以及系统调试等带来很多方便。

8.1.3　PLC 软件设计与程序调试

1．PLC 软件设计

PLC 软件设计的内容包括：完成参数表的定义，程序框图的绘制，程序的编制和程序说明书的编写。

参数表为编写程序作准备，对系统各个接口参数进行规范化的定义，不仅有利于程序的编写，也有利于程序的调试。参数表的定义包括输入信号表、输出信号表、中间标志表和存储表的定义。参数表的定义和格式因人而异，但总的原则是便于使用。

程序框图描述了系统控制流程走向和对系统功能的说明。它是全部应用程序中各功能单元的结构形式，据此可以了解所有控制功能在整个程序中的位置。一个详细合理的程序框图有利于程序的编写和调试。

软件设计的主要过程是编写用户程序，它是控制功能的具体实现过程。

程序说明书是对整个程序内容的注释性综合说明。它包括程序设计依据、程序基本结构、各功能单元详细分析、所用公式原理、各参数来源以及程序测试情况等。

2．PLC 程序调试

用装在 PLC 上的模拟开关模拟输入信号的状态，用输出点的指示灯模拟被控对象，检查程序无误后便把 PLC 接到系统中进行调试。

首先仔细检查 PLC 外部接线，外部接线一定要准确、无误。如果用户程序还没有送到机器里，可用自行编写的试验程序对外部接线作扫描检查，查找接线故障。为了安全可靠，常常将主电路断开进行预调，确认接线无误后再接主电路，将模拟调试好的程序送入用户存储器进行调试，直到各部分的功能正常，并能协调一致地工作为止。

8.2　节省输入/输出点数的方法

在设计 PLC 控制系统或对老设备进行改造时，往往会遇到输入点数不够或输出点数不够而需要扩展的问题，一般可以通过增加 I/O 扩展单元或 I/O 模块来解决，但 PLC 的每个 I/O 点平均价格高达几十元甚至上百元，节省所需 I/O 点数是降低系统硬件费用的主要措施。

8.2.1 节省输入点的方法

1．组合输入法

对于不会同时接通的输入信号，可采用组合编码的方式输入。其硬件接线图如图 8-2 所示，3 个输入信号 SB0～SB2 只占用两个输入点，其内部可采用辅助继电器配合使用，其对应的梯形图如图 8-3 所示。

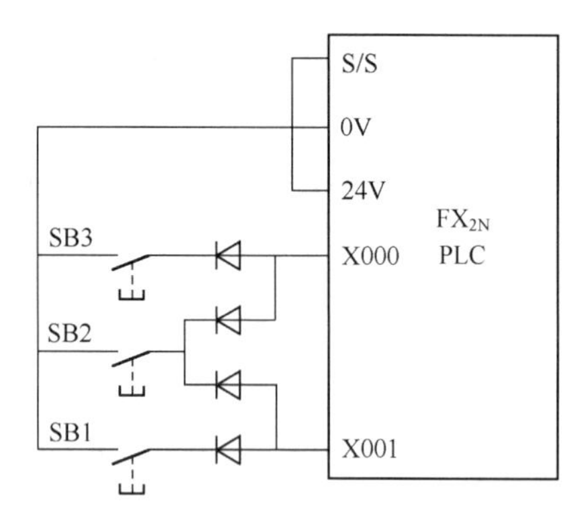

图 8-2 组合编码方式的输入硬件接线图

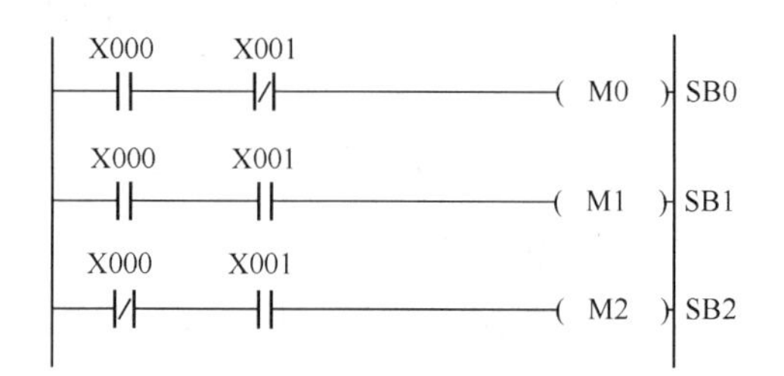

图 8-3 组合编码方式的输入梯形图

2．分组输入法

一般控制系统都存在多种工作方式，但各种工作方式又不可能同时运行，所以可将这几种工作分别使用的输入信号分成若干组，PLC 运行时只会用到其中的一组信号。一般常用于有多种输入操作方式的场合。

如图 8-4 所示，系统有“手动”和“自动”两种工作方式。用 X0 来识别使用的是“自动”还是“手动”操作信号，“手动”时输入信号为 SB0～SB3，如果按正常的设计思路，那么需要 X000～X007 一共 8 个输入点，若按图 8-4 所示的方法实际上只需要 X001～X004 一共 4 个输入点。图中的各开关串联了二极管后，切断了寄生回路，避免了错误的产生。

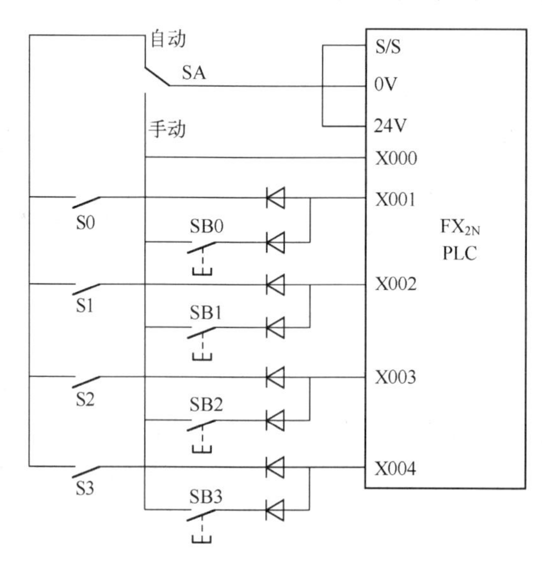

图 8-4 分组输入法的硬件接线图

3．矩阵输入法

图 8-5 所示为 4×4 矩阵输入电路，它使用 PLC 的 4 个输入点 X000～X003 来实现 16 个输入点的功能，特别适合 PLC 输出点多而输入点不够的场合。将 Y000 的常开点与 X000～X003 串联，当 Y000 导通时，X000～X003 接受的是 Q1～Q4 送来的输入信号；将 Y001 的常开点与 X000～X003 串联，当 Y001 导通时，X000～X003 接受的是 Q5～Q8 送来的输入信号；将 Y002 的常开点与 X000～X003 串联，当 Y002 导通时，X000～X003 接受的是 Q9～Q12 送来的输入信号；将 Y003 的常开点与 X000～X003 串联，当 Y003 导通时，X000～X003 接受的是 Q13～Q16 送来的输入信号。

使用时应注意的是除按照图 8-5 所示进行接线外，还需要对应的软件来配合，以实现 Y000～Y003 的轮流导通；同时还要保证输入信号的宽度应大于 Y000～Y003 的轮流导通一遍的时间，否则可能丢失输入信号。缺点是使输入信号的采样频率降低为原来的 1/3，而且输出点 Y000～Y003 不能再使用。

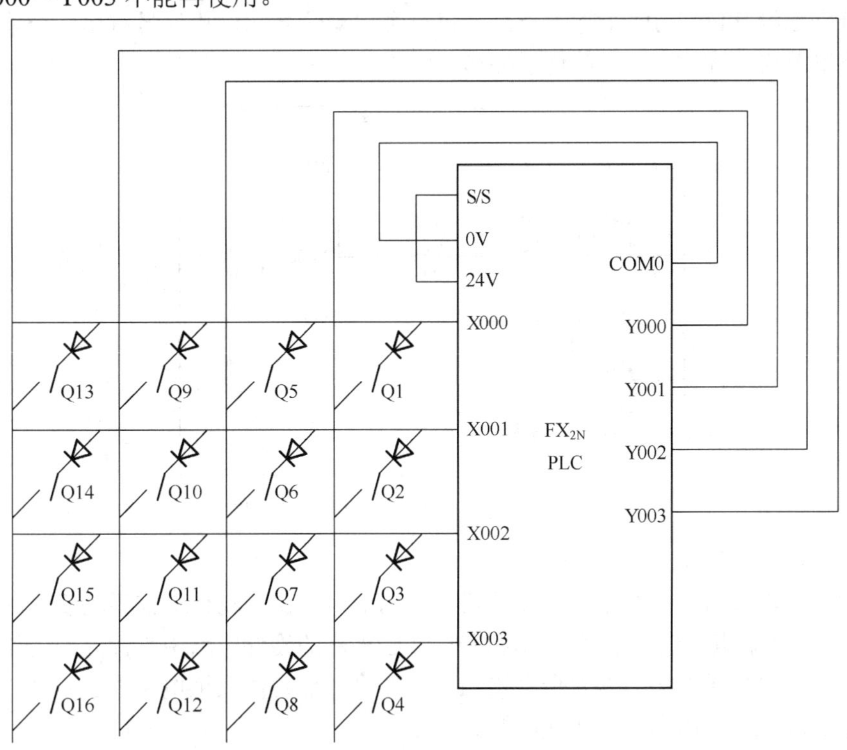

图 8-5　4×4 矩阵输入法的硬件接线图

4．输入设备多功能化

在传统的继电器控制系统中，一个主令（按钮、开关等）只产生一种功能信号。在 PLC 控制系统中，一个输入设备在不同的条件下可产生不同的信号，如一个按钮即可用来产生起动信号，又可用来产生停止信号。如图 8-6 所示，只用一个按钮通过 X000 去控制 Y000 的通与断，即第一次接通 X000 时 Y000 通，再次接通 X000 时 Y000 断。

5．输入触点的合并

如果某些外部输入信号总是以某种“或与非”组合的整体形式出现在梯形图中，可以将它们对应的触点在 PLC 外部实现串、并联后再作为一个整体输入 PLC，这样就只占 PLC 的一个输入点。

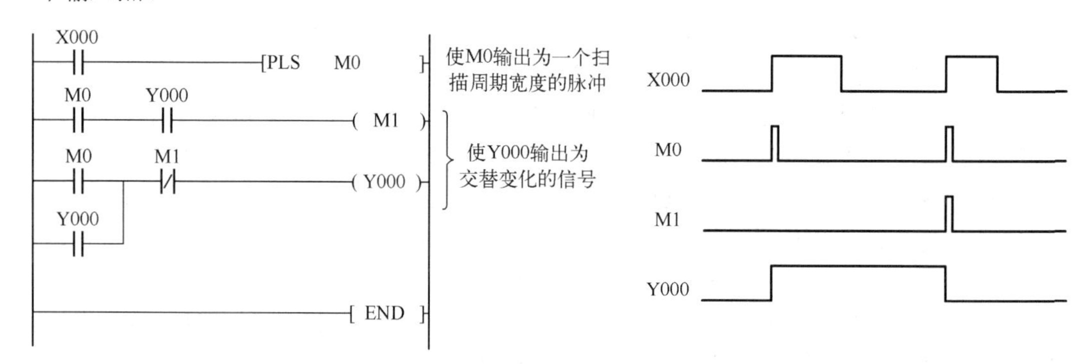

图 8-6　一个按钮产生起动、停止信号

如图 8-7 所示，如负载可在多处启动和停止，可以将 3 个启动信号并联，将 3 个停止信号串联，分别送给 PLC 的两个输入点。与每一个启动信号和停止信号占用一个输入点的方法相比，不仅节约了输入点，还简化了梯形图电路。

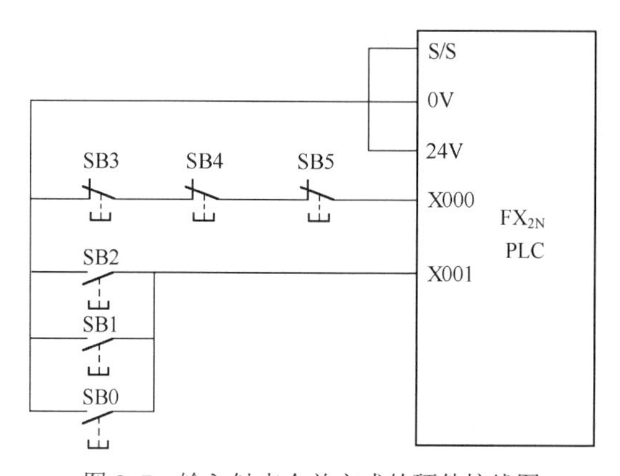

图 8-7　输入触点合并方式的硬件接线图

6. 将信号在 PLC 外部进行处理

系统的某些输入信号，如手动操作按钮提供的信号、保护动作后需手动复位的电动机热继电器 FR 的常闭触点提供的信号，都可以在 PLC 外部的硬件电路中进行处理，如图 8-8 所示。某些手动按钮需要串接一些安全联锁触点，如果外部硬件联锁电路过于复杂，则应考虑将有关信号送入 PLC，用梯形图实现联锁。

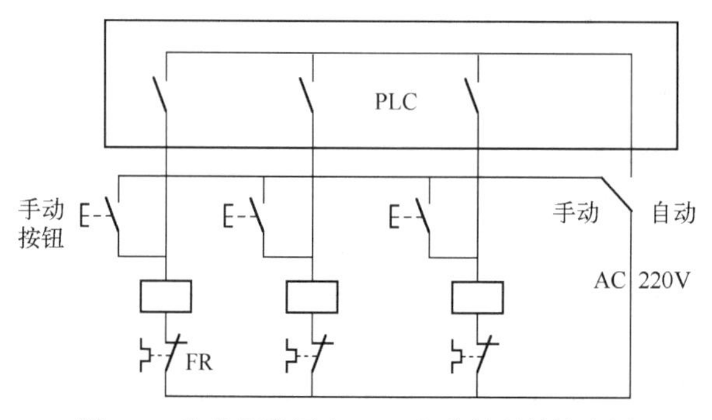

图 8-8　将信号设置在 PLC 之外的硬件接线图

8.2.2 节省输出点的方法

1．分组输出法

如图 8-9 所示，当两组负载不会同时工作时，可通过外部转换开关或受 PLC 控制的电器触点进行切换，使 PLC 的一个输出点可以控制两个不同时工作的负载。

2．矩阵输出法

图 8-10 中采用 8 个输出组成 4×4 矩阵，可接 16 个输出设备。要使某个负载接通工作，只要控制它所在的行与列对应的输出继电器接通即可。要使负载 KM1 得电，必须控制 Y0 和 Y4 输出接通。因此，在程序中要使某一负载工作均应使其对应的行与列输出继电器都接通，故 8 个输出点就可控制 16 个不同控制要求的负载。

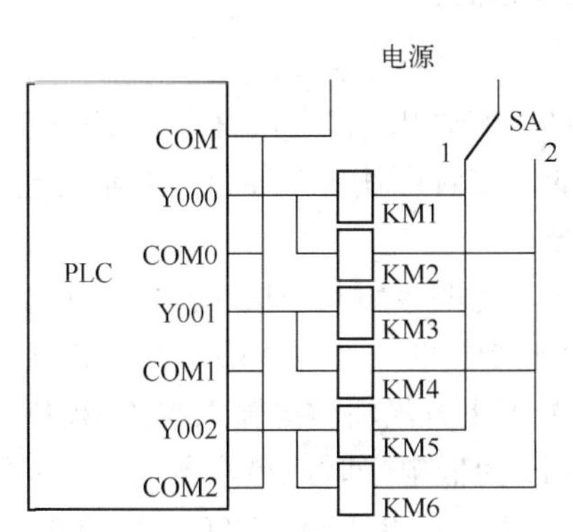

图 8-9 分组输出法的硬件接线图

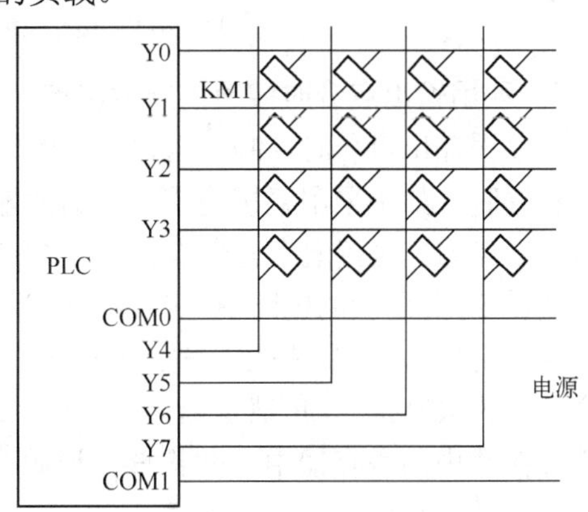

图 8-10 4×4 矩阵输出法的硬件接线图

当只有某一行对应的输出继电器接通，各列对应的输出继电器才可任意接通；或者当只有某一列对应的输出继电器接通，各行对应的输出继电器才可任意接通，否则将会出现负载接通错误。因此，采用矩阵输出时，必须要将同一时间段接通的负载安排在同一行或同一列中。

3．并联输出法

通断状态完全相同的负载，可以并联后共用 PLC 的一个输出点（要考虑 PLC 输出点的负载驱动能力）。例如若 PLC 控制的交通信号灯，对应方向（东与西对应、南与北对应）的灯通断规律完全相同，则将对应的灯并联以节省一半的输出点。

4．负载多功能化

一个负载实现多种用途。例如，在传统的继电控制系统中，一个指示灯只指示一种状态。在 PLC 控制系统中，利用 PLC 的软件容易实现利用一个输出点控制指示灯的常亮和闪亮，这样就可以利用一个指示灯表示两种不同的信息，从而节省 PLC 的输出点。

5．使某些输出信号不进入 PLC

系统中某些相对独立、比较简单的部分可以考虑不用 PLC 来控制，直接采用继电器控制即可。

6．外部译码输出

用七段码译码指令 SEGD 可以直接驱动一个七段数码管，十分方便，电路也比较简单，但需要 7 个输出端。如采用在输出端外部译码，则可减少输出端的数量。外部译码的方法很多，如用七段码分时显示指令 SEGL，可以用 12 点输出控制 8 个七段数码管等。

图 8-11 是用集成电路 4511 组成的 1 位 BCD 译码驱动电路，只用了 4 点输出。如显示

值小于 8 可用 3 点输出，显示值小于 4 可用 2 点输出。

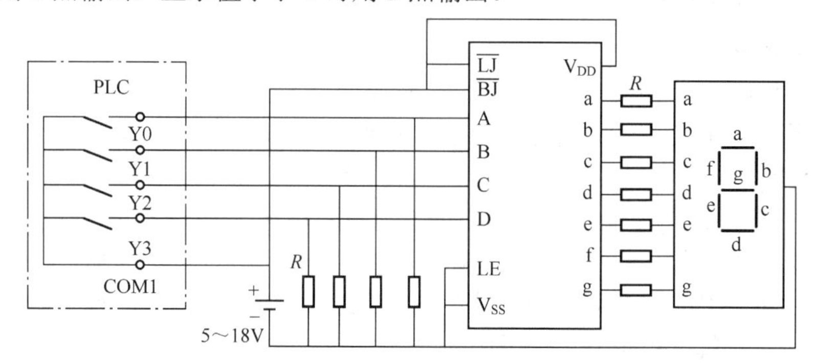

图 8-11　BCD 译码驱动七段数码管电路图

7．利用输出点分时接通扩展输出点

可以用输出点分时控制一组输出点的输出内容。例如：在输出端口上接有多位 LED 7 段码显示器时，如果采用直接连接，所需的输出点是很多的。这时可使用图 8-12 所示的电路利用输出点的分时接通来逐个点亮多位 LED 7 段码显示器。

在图 8-12 所示的电路中，CD4513 是具有锁存、译码功能的专用共阴极 7 段码显示器驱动电路，两只 CD4513 的数据输入端 A～D 共用可编程序控制器的 4 个输入端，其中 A 为最低位，D 为最高位。LE 端是锁存使能输入端，在 LE 信号的上升沿将数据输入端的 BCD 数据锁存在片内的寄存器中，并将该数译码后显示出来，LE 为低电平时，显示器的数不受数据输入信号的影响。显然 N 位显示器所占用的输出点 P=4+N。图 8-12 中 Y004 及 Y005 分别接通时，输出的数据分别送到上、下两片 CD4513 中。

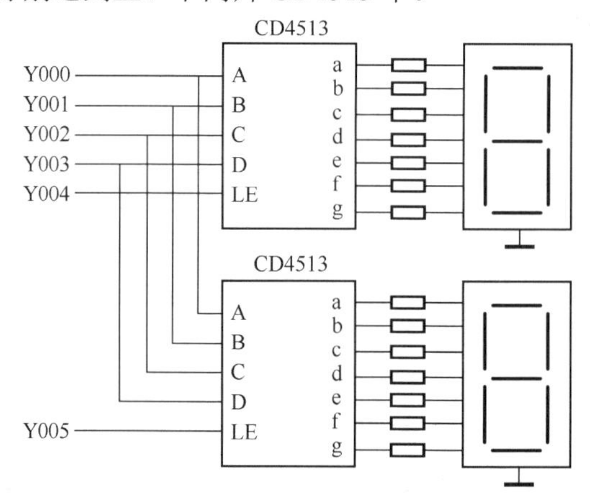

图 8-12　利用输出点分时接通扩展输出点电路图

8.3　综合实例

码 8-1　潮汐车道控制监控系统

码 8-2　潮汐车道控制监控系统

码 8-3　中控节能智能车库

8.3.1　应用实例：PLC 控制深孔钻系统

图 8-13 所示为 PLC 控制深孔钻装置。其工艺工程如下：

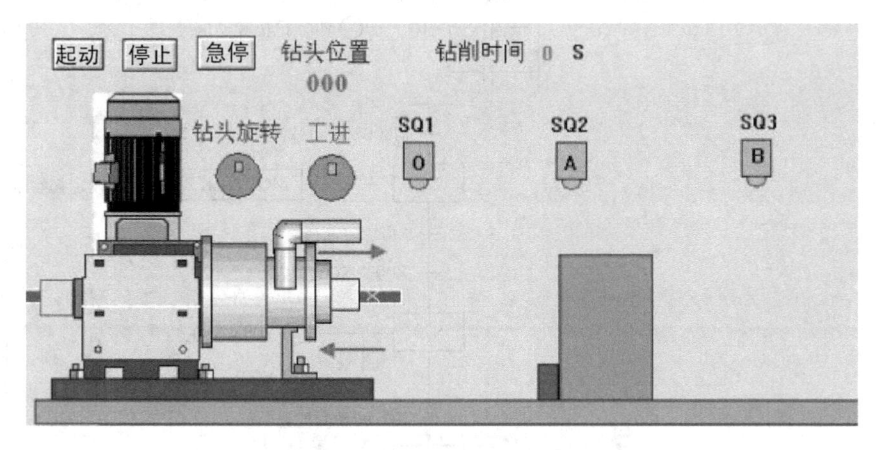

图 8-13　PLC 控制深孔钻装置示意图

自动工作时，当深孔钻头在原点 SQ1 时，按下起动按钮，钻头进给电动机以中速正转，使钻头正向快进，当深孔钻头快进到 SQ2 时，钻头进给电动机减速至切削速度（低速），钻头以切削速度正向工进，同时钻头旋转，做 3s 的钻削。当 3s 的钻削时间到后，钻头进给电动机以高速反转，钻头反向快退，直到退到 SQ2 为止，以便出屑。随后深孔钻头再次以切削速度正向工进，比上一次增加 3s 的钻削时间，然后仍快速退回到 SQ2。如此反复，直到碰到 SQ3，则表示钻削结束。这时，钻头进给电动机以高速反转，钻头快速退回到 SQ2 点，钻头停转。钻头进给电动机继续高速反转，退回到 SQ1 点，完成一次加工过程。

按下停止按钮时，深孔钻头立即以高速反转，钻头快速退回到 SQ2 点，钻头停转；此时钻头进给电动机继续以高速反转，使钻头退回到 SQ1 点，停止。再次按下起动按钮，钻头重新开始加工。

解：1）确定输入/输出（I/O）分配表如表 8-1 所列。

表 8-1　PLC 控制深孔钻系统 I/O 分配表

输　入		输　出	
输入设备	输入编号	输出设备	输出编号
起动按钮 S01	X000	变频器低速端口 RH	Y000
停止按钮 SB2	X001	变频器中速端口 RM	Y001
限位开关 SQ1	X002	变频器高速端口 RL	Y002
限位开关 SQ2	X003	变频器正转端口 STF	Y003
限位开关 SQ3	X004	变频器反转端口 STR	Y004
		深孔钻钻头旋转 KM1	Y010

2）根据工艺要求画出深孔钻控制程序状态转移图，如图 8-14 所示。

3）根据状态转移图，读者可自行画出梯形图及指令语句表。

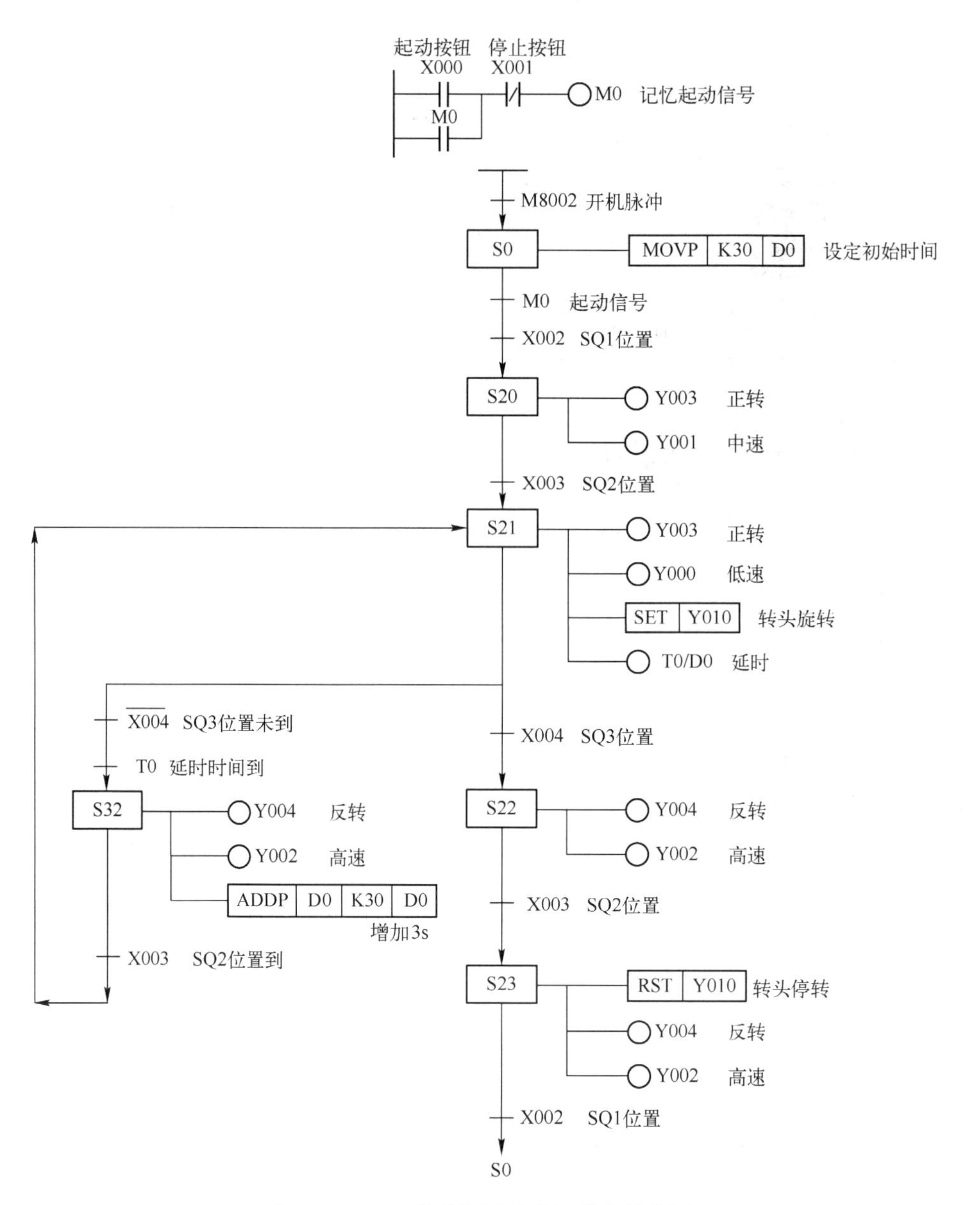

图 8-14　PLC 控制深孔钻装置状态转移图

8.3.2　应用实例：PLC 控制反应炉系统

图 8-15 所示为 PLC 控制反应炉系统示意图。其工艺工程如下：

反应炉工艺共分为 3 个过程。

第一个过为进料过程：当液面低于下液面限位，其传感器 SL2=1，温度低于低温限位，其传感器 ST2=1，压力低于低压限位，其传感器 SP2=1。按起动按钮 SB1 后，排气阀（YV1）和进料阀（YV2）打开，液面上升至上液面限位，其传感器 SL1=1，关闭排气阀和进料阀，延时 3s 打开氮气阀（YV3），反应炉内压力上升至高压限位，其传感器 SP1=1，关闭氮气阀。开始第二个过程。

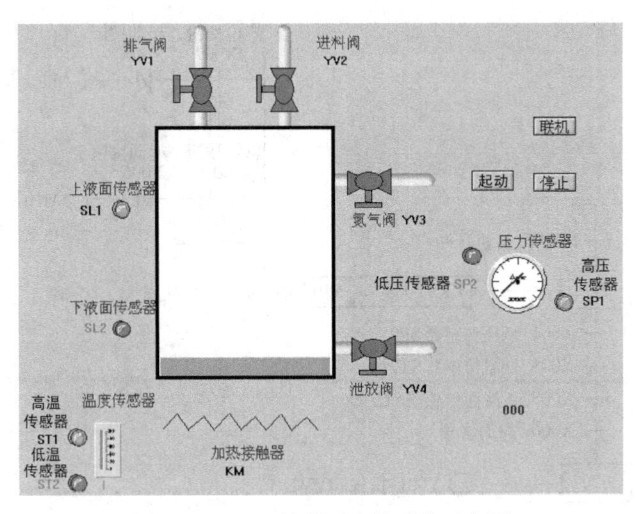

图 8-15　PLC 控制反应炉系统示意图

第二个过程为加热过程：加热接触器 KM 触点吸合，温度上升至高温限位，其传感器 ST1=1，保温 4s，然后断开加热接触器以降温，待温度降至低温限位，其传感器 ST2=1 时，开始第三个过程。

第三个过程为泄放过程：打开排气阀，气压下降至低压限位，其传感器 SP2=1，打开泄放阀，液位下降至下液面限位，其传感器 SL2=1 时，关闭排气阀和泄放阀。以上三个过程为一个循环。

按下起动按钮 SB1，反应炉工艺过程开始，一直循环下去，直到按了停止按钮 SB2，工艺完成当前一个循环后停止。

在第一、第二过程中，如按下急停按钮 SB3，则立即关闭进料阀、氮气阀、加热接触器，待温度降至低温限位，其传感器 ST2=1 时，打开排气阀将压力降至压力最低限位，其传感器 SP2=1，再打开泄放阀将炉内液体放完后停止。

解：1）确定输入/输出（I/O）分配表如表 8-2 所列。

表 8-2　PLC 控制反应炉系统 I/O 分配表

输　入		输　出	
输入设备	输入编号	输出设备	输出编号
高压传感器 SP1	X000	加热接触器 KM	Y000
低压传感器 SP2	X001	排气阀 YV1	Y001
高温传感器 ST1	X002	进料阀 YV2	Y002
低温传感器 ST2	X003	氮气阀 YV3	Y003
上液面传感器 SL1	X004	泄放阀 YV4	Y004
下液面传感器 SL2	X005		
起动按钮 SB1	X006		
停止按钮 SB2	X007		
急停按钮 SB3	X010		

2）根据工艺要求画出 PLC 控制反应炉系统程序状态转移图，如图 8-16 所示。

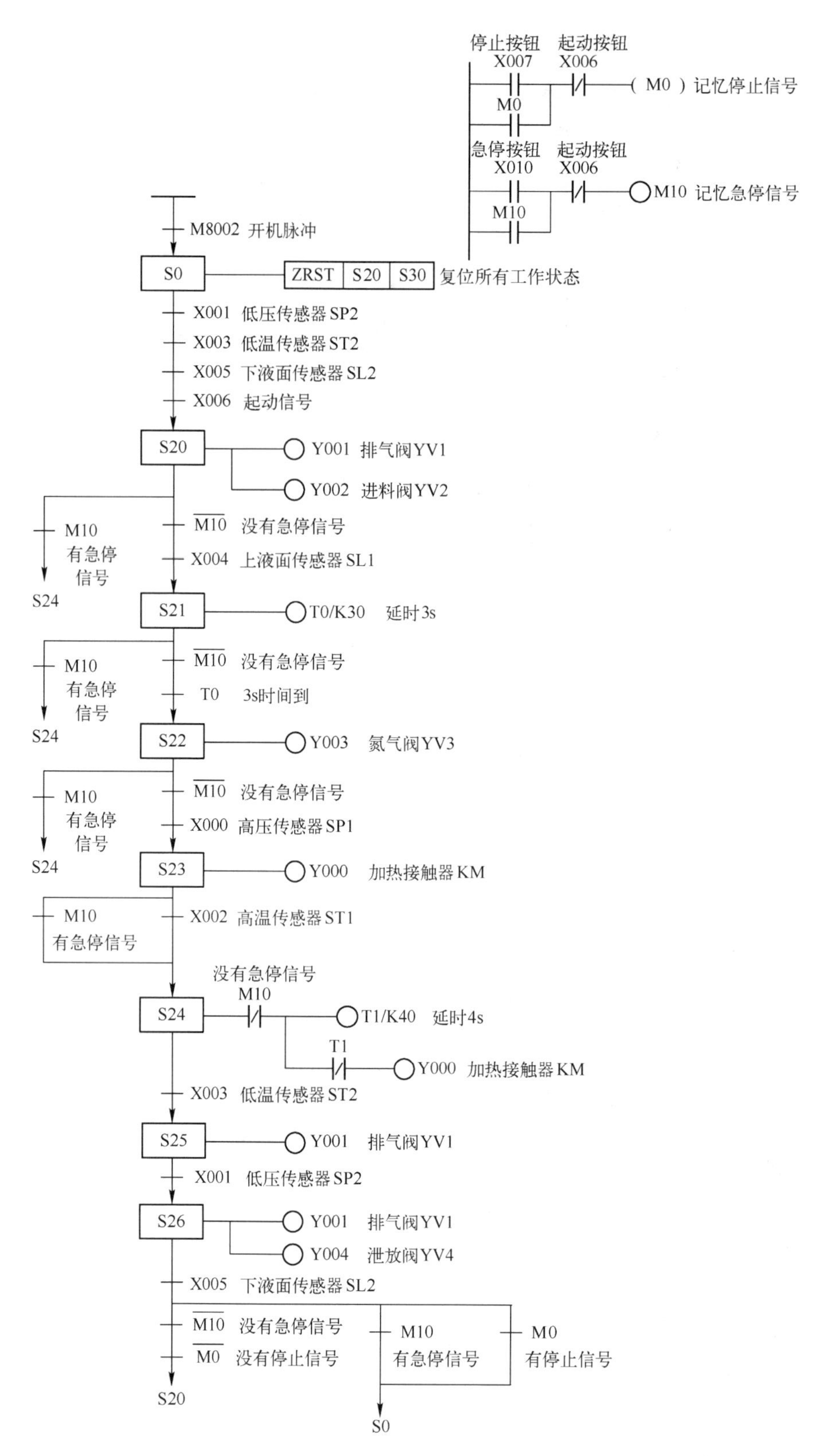

图8-16 PLC控制反应炉系统状态转移图

3）根据状态转移图，读者可自行画出梯形图及指令语句表。

8.3.3 PLC 控制传送、检测与分拣系统

物件传送、检测与分拣控制系统工作示意图如图 8-17 所示。该系统主要由供料部件、气动机械手搬运部件和带式输送机部件等组成。

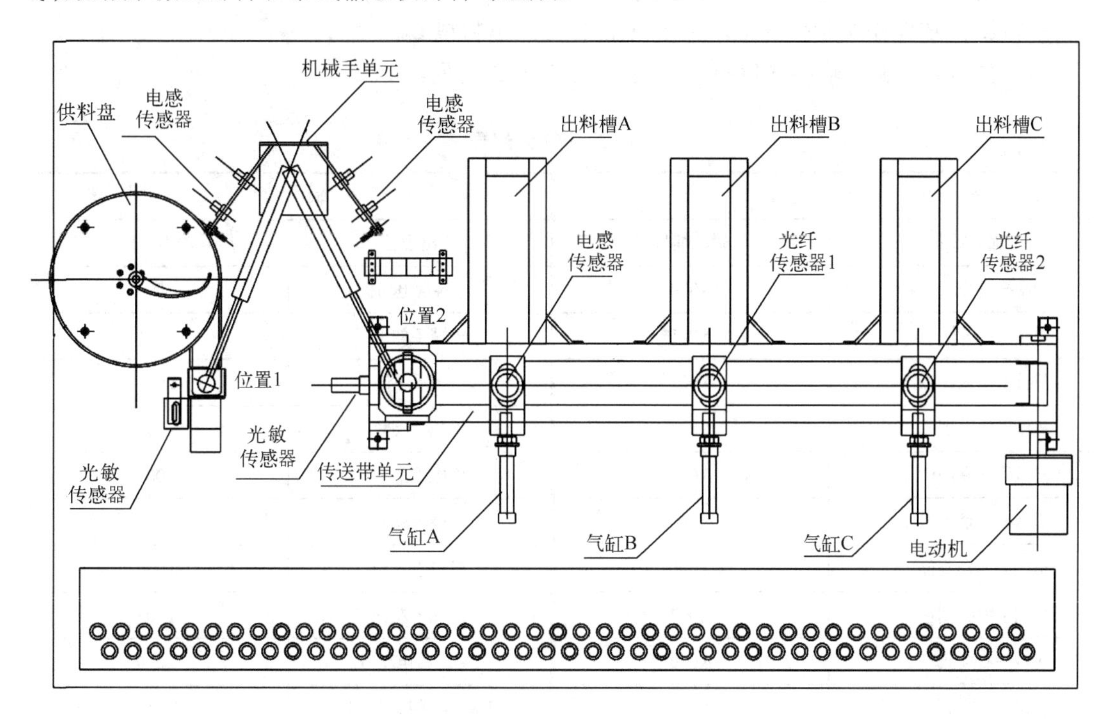

图 8-17 物件传送、检测与分拣控制系统工作示意图

1．供料部件

由供料盘和供料架组成。供料盘推料拨杆由直流电动机拖动，供料架通过光敏传感器进行物件到位检测。

2．气动机械手搬运部件

由手指气缸、机械手悬臂气缸、机械手手臂气缸和摆动气缸等组成。手指气缸装有夹紧和识别用的磁性开关，悬臂气缸和手臂气缸两端安装有磁性开关，机械手支架的两端装有检测气缸左右摆动位置的电容传感器。

3．进行物件传送、检测与分拣的带式输送机部件

在传送带的位置 2 装有漫射型光敏传感器，在位置 A、B、C 分别装有电感传感器和光纤传感器。气缸 A、B、C 都装有磁性开关，对应位置装有出料槽 A、B、C。

带式输送机由三相交流电动机（带减速箱）拖动，交流电动机转速由变频器控制。

控制工艺要求如下：

1）设备能自动完成金属物件、黑色塑料物件与白色塑料物件（顺序不确定）的传送、分拣与包装。

2）系统起动后，供料盘首先送出一个物件，当位置 1 的光敏传感器检测到物件后，由机械手将其搬运到带式输送机位置 2 的下料孔，再进行检测和分拣。

3）若送到输送带上的物件为金属物件，则由输送带将金属物件输送到位置 A，并由气缸 A 推入出料槽 A；若送到输送带上的物件为白色塑料物件，则由输送带将白色塑料物件输送到位置 B，并由气缸 B 推入出料槽 B；若送到输送带上的物件为黑色塑料物件，则由输送带将黑色塑料物件输送到位置 C，并由气缸 C 推入出料槽 C。

解：1）确定输入/输出（I/O）分配表，如表 8-3 所列。

表 8-3　I/O 分配表

输　入		输　出	
输入设备	输入编号	输出设备	输出编号
起动按钮 S01	X000	供料盘电动机	Y000
停止按钮 S02	X001	机械手伸出	Y001
位置 1 光敏传感器	X002	机械手下降	Y002
机械手伸出到位	X003	机械手夹紧	Y003
机械手下降到位	X004	机械手上升	Y004
机械手夹紧到位	X005	机械手缩回	Y005
机械手上升到位	X006	机械手右旋	Y006
机械手缩回到位	X007	机械手左旋	Y007
机械手右旋到位	X010	输送带电动机	Y010
机械手左旋到位	X011	气缸 A 活塞杆伸出	Y011
位置 2 光敏传感器	X012	气缸 B 活塞杆伸出	Y012
金属传感器	X013	气缸 C 活塞杆伸出	Y013
气缸 A 活塞杆伸出到位	X014		
气缸 A 活塞杆缩回到位	X015		
光纤传感器 1	X016		
气缸 B 活塞杆伸出到位	X017		
气缸 B 活塞杆缩回到位	X020		
光纤传感器 2	X021		
气缸 C 活塞杆伸出到位	X022		
气缸 C 活塞杆缩回到位	X023		

2）根据工艺要求画出的机械手控制程序状态转移图如图 8-18 所示，输送带控制程序状态转移图如图 8-19 所示。

3）根据状态转移图，读者可自行画出梯形图及指令语句表。

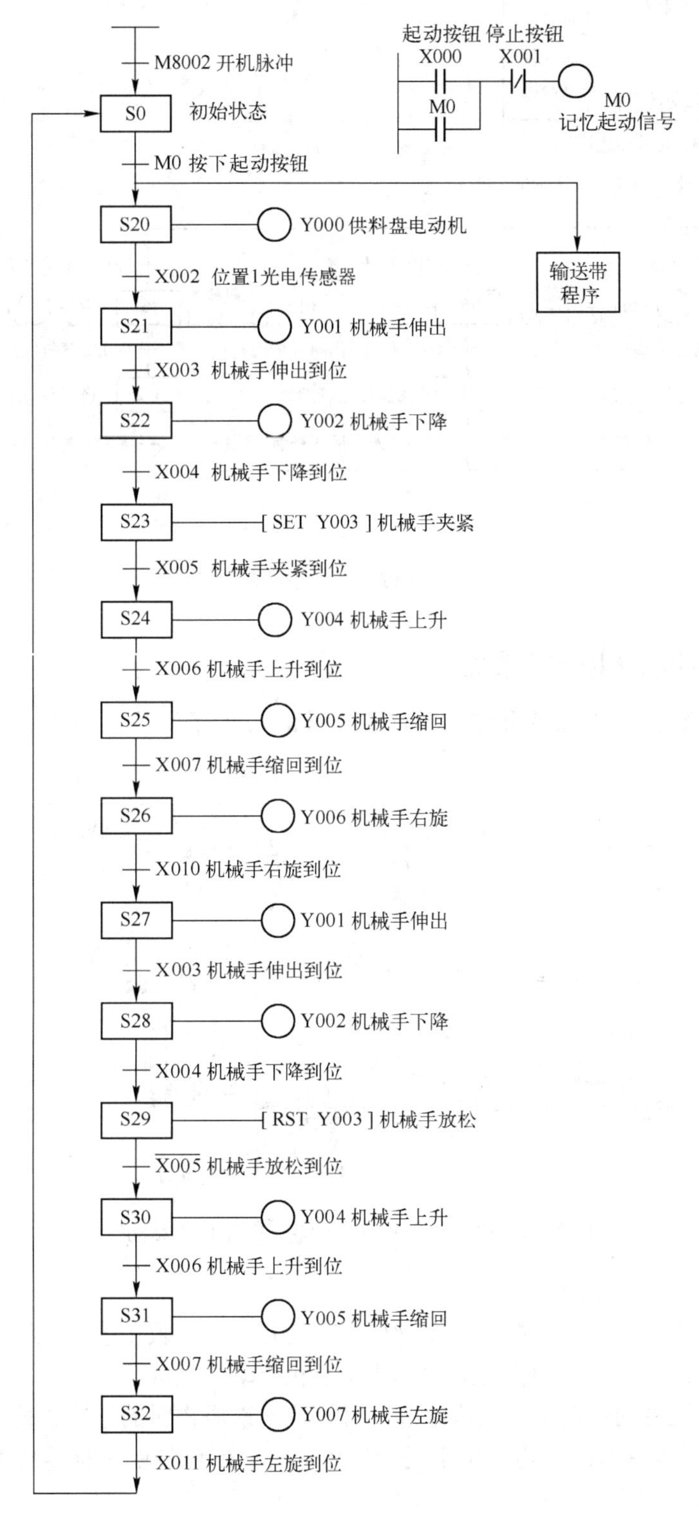

图 8-18 机械手控制程序状态转移图

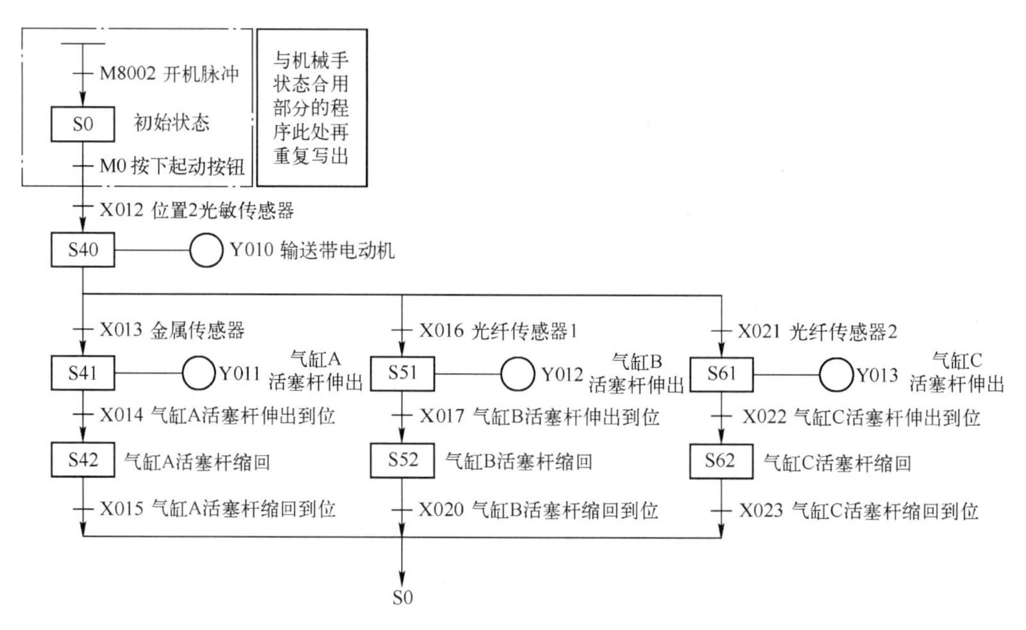

图 8-19　输送带控制程序状态转移图

8.3.4　PLC 控制自动生产线系统

PLC 控制自动生产线控制系统结构示意图如图 8-20 所示。

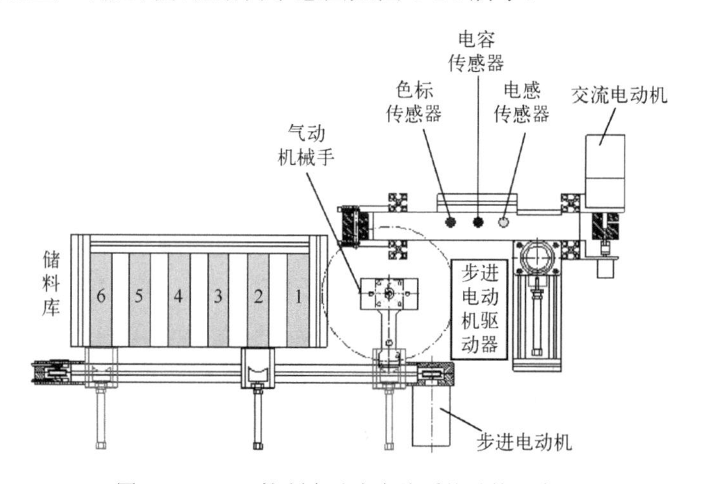

图 8-20　PLC 控制自动生产线系统结构示意图

控制系统的工艺要求如下：

1）传送站的物料斗中有物料时，在物料入口处有一个光敏传感器，检测到信号后，上料气缸动作，将物料推出到传送带上，之后由电动机带动传送带运行。

2）物料在传送带的带动下，依次经过：可检测出铁质物料的电感式传感器；可检测出金属物料的电容式传感器；可检测出不同的颜色，且色度可调的色标传感器。传送带运行 5s，物料到达传送带终点后自动停止，电动机停止运行。

3）在物料到达终点后，机械手将物料从传送带上夹起并放到货运台上，机械手返回以等待下一循环的工作。机械手由单作用气缸驱动，其工作顺序为：机械手下降→手爪夹紧→机械手上升→机械手右转→机械手下降→手爪放松→机械手上升→机械手左转回到原位。

4）货运台得到机械手搬运过来的物料后，根据在传送带上 3 个传感器得到的特性参数，将物料运送到相应的仓位，并由分拣气缸活塞杆将物料推到仓位内，最后货运台回到等待位置。物料属性对应的仓储位置如表 8-4 所列。

表 8-4　物料属性对应的仓储位置

仓储位置	物料属性检测		
	电容式传感器	电感式传感器	色标传感器
	非铁质金属	铁质金属	黄色
1 号仓	0	0	0
2 号仓	0	0	1
3 号仓	1	1	0
4 号仓	1	1	1
5 号仓	1	0	0
6 号仓	1	0	1

解：1）确定输入/输出（I/O）分配表如表 8-5 所列。

表 8-5　I/O 分配表

输　　入		输　　出	
输入设备	输入编号	输出设备	输出编号
起动按钮 S01	X000	步进电动机脉冲	Y000
停止按钮 S02	X001	步进电动机方向	Y001
上料光敏传感器	X002	上料气缸	Y002
上料气缸活塞杆伸出到位	X003	传送带电动机	Y003
上料气缸活塞杆缩回到位	X004	机械手下降	Y004
机械手下降到位	X005	机械手夹紧	Y005
机械手夹紧到位	X006	机械手右旋	Y006
机械手上升到位	X007	分拣气缸活塞杆伸出	Y007
机械手右旋到位	X010		
机械手左旋到位	X011		
电容式传感器	X012		
电感式传感器	X013		
色标传感器	X014		
分拣气缸活塞杆伸出到位	X015		
分拣气缸活塞杆缩回到位	X016		
分拣货运台原位	X017		

2）根据工艺要求画出控制程序状态转移图，如图 8-21 所示。

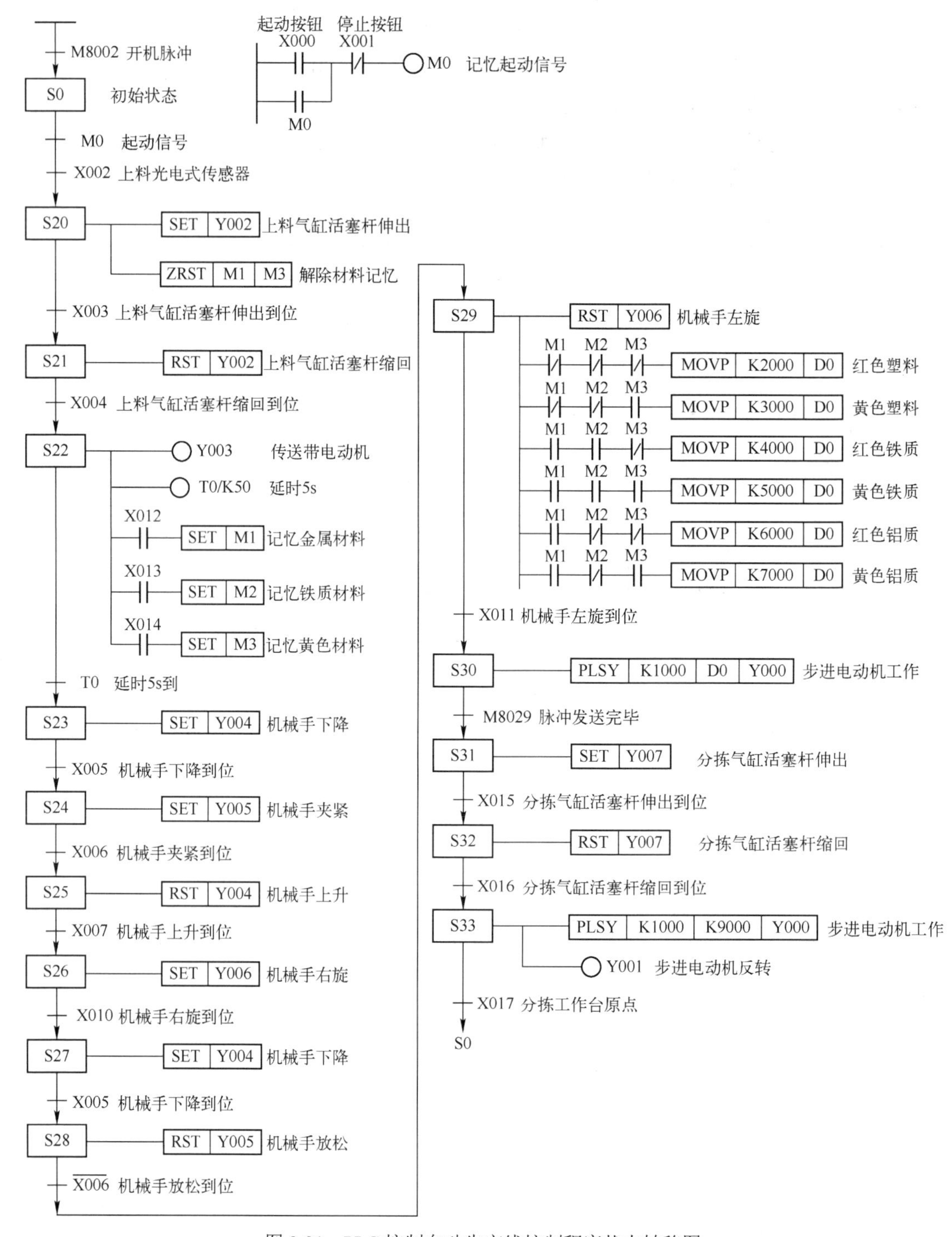

图 8-21　PLC 控制自动生产线控制程序状态转移图

8.3.5　应用实例：PLC 控制机床加工系统

图 8-22 所示为 PLC 控制机床加工系统示意图。其工艺工程如下：

有一台多工位、双动力头的组合机床，其回转工作台 M5 周边均匀安装了 12 个撞块，通过限位开关 SQ7 的信号可作最小为 30° 的分度，加工前回转工作台均在原位，即限位开关 SQ3、SQ6、SQ7 被压合，回转台上夹具放松。试用 PLC 控制组合机床的加工工艺流程。

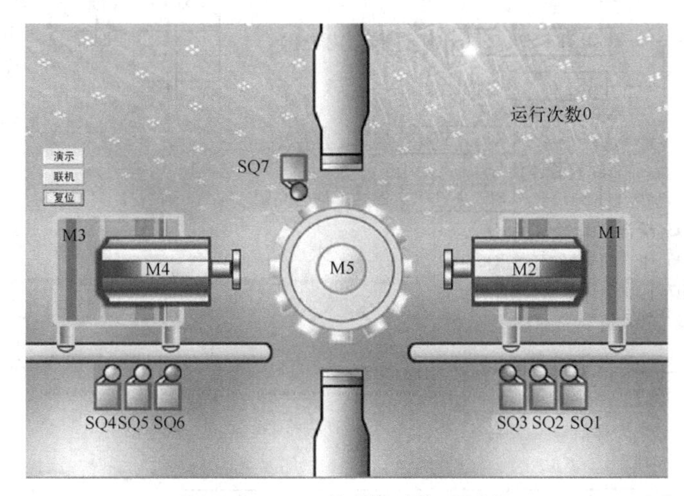

图 8-22 PLC 控制机床加工系统

工艺流程：

起动 ——→ 夹具夹紧 —延时3s→ { 滑台M1快进 —SQ1→ M1工进，动力头M2转 —SQ2→ ; 滑台M3快进 —SQ4→ M3工进，动力头M4转 —SQ5→ }

{ 动力头M2停，M1快退 —SQ3→ 滑台M1停 ; 动力头M4停，M3快退 —SQ6→ 滑台M3停 } 夹具放松 —延时3s→ 调整工位使回转工作台M5回转90° —SQ7→ 一只零件加工结束

按急停按钮后二个机械滑台 M1 和 M3 立即返回原点，同时动力头 M2 和 M4 停转，回转工作台 M5 仍夹紧。

解：1）确定输入/输出（I/O）分配表，如表 8-6 所列。

表 8-6 PLC 控制机床加工系统 I/O 分配表

输 入		输 出	
输入设备	输入编号	输出设备	输出编号
起动按钮 SB1	X000	滑台 M1 快进信号	Y000
滑台 M1 限位开关 SQ1	X001	滑台 M1 工进信号	Y000、Y001
滑台 M1 限位开关 SQ2	X002	滑台 M1 快退信号	Y002
滑台 M1 限位开关 SQ3	X003	滑台 M3 快进信号	Y003
滑台 M3 限位开关 SQ4	X004	滑台 M3 工进信号	Y003、Y004
滑台 M3 限位开关 SQ5	X005	滑台 M3 快退信号	Y005
滑台 M3 限位开关 SQ6	X006	回转工作台 M5 转动信号	Y006
回转工作台 M5 限位开关 SQ7	X007	回转工作台 M5 夹紧信号	Y007
急停按钮 SB2	X010	动力头 M2 转动信号	Y010
		动力头 M4 转动信号	Y011

2）根据工艺要求画出 PLC 控制机床加工系统程序状态转移图如图 8-23 所示。

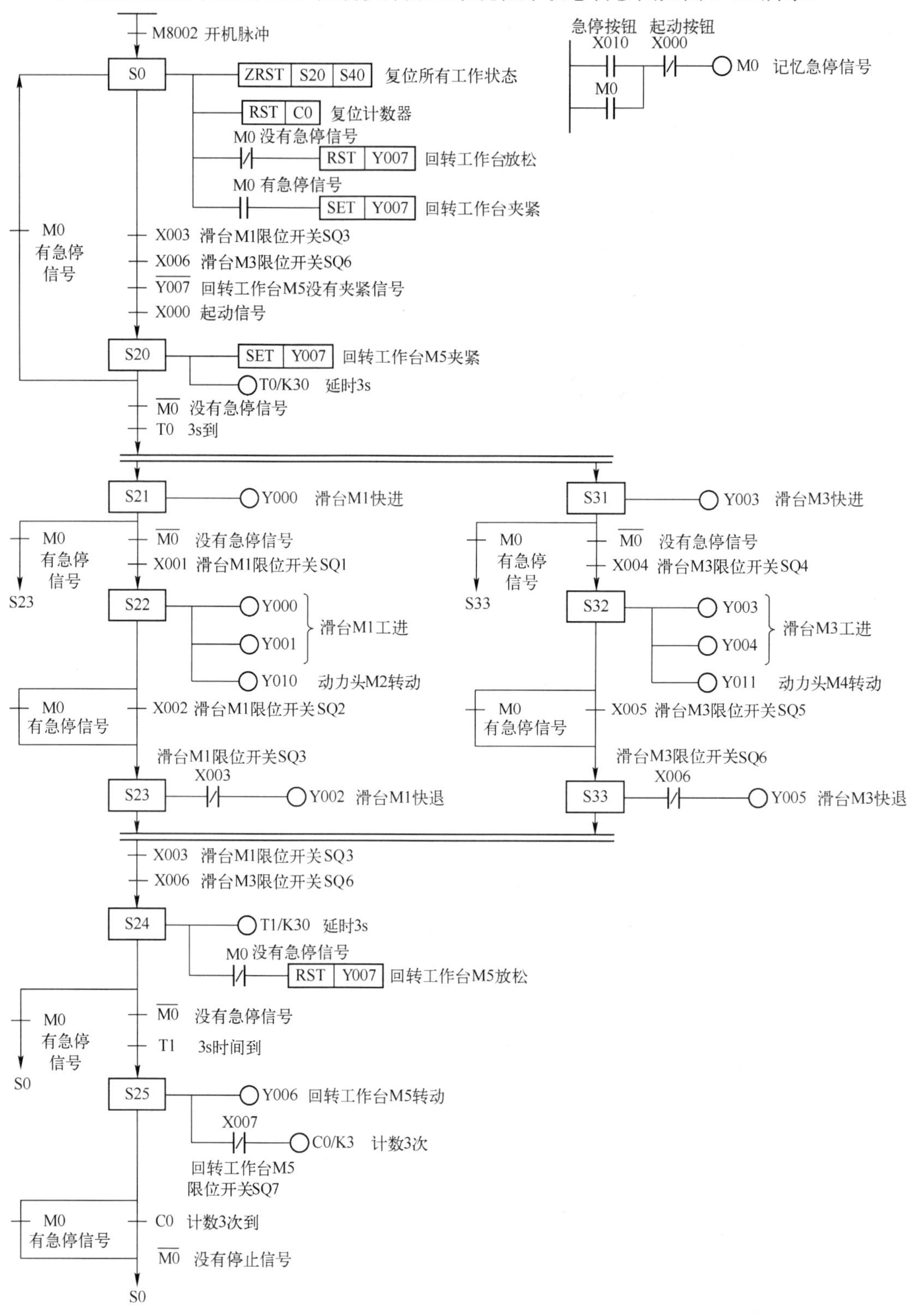

图 8-23　PLC 控制机床加工系统状态转移图

3）根据状态转移图，读者可自行画出梯形图及指令语句表。

习　题

1．PLC 控制系统的设计一般分为哪几步？
2．PLC 机型选择的基本原则是什么？
3．在具体选择 PLC 的型号时应考虑哪几方面因素？
4．节省 PLC 输入点的方法有哪几种？
5．节省 PLC 输出点的方法有哪几种？

参 考 文 献

[1] 王立权，等．可编程控制器原理与应用 [M]．哈尔滨：哈尔滨工程大学出版社，2005.
[2] 三菱电机株式会社．FX 系列可编程控制器编程手册．2001.
[3] 钟肇新，范建东．可编程控制器原理及应用[M]．3 版．广州：华南理工大学出版社，2003.
[4] 张万钟．可编程控制器应用技术[M]．北京：化学工业出版社，2002.
[5] 李俊秀，赵黎明．可编程控制器应用技术实训指导[M]．北京：化学工业出版社，2002.
[6] 王也仿．可编程控制器应用技术[M]．北京：机械工业出版社，2003.
[7] 郑晟，巩建平，张学．现代可编程控制器原理与应用[M]．北京：科学出版社，1999.
[8] 宋德玉．可编程控制器原理及应用系统设计技术[M]．北京：冶金工业出版社，1999.
[9] 钱锐，徐锋．PLC 应用技术[M]．北京：科学出版社，2006.
[10] 张孝三，杨洋，刘建华．维修电工（高级）[M]．上海：上海科学技术出版社，2007.
[11] 张静之，刘建华．电气自动控制综合应用[M]．上海：上海科学技术出版社，2007.
[12] 刘建华，张静之．传感器与 PLC 应用[M]．北京：科学出版社，2009.
[13] 张孝三，刘建华．电气系统安装与控制：下册[M]．上海：上海科学技术出版社，2009.